职业教育

数字媒体应用人才培养系列教材

Photoshop+Illustrator
平面设计
实例教程 微课版

钟淑平 张峰连／主编 郑加利 杨兆兴／副主编

人民邮电出版社

北京

图书在版编目（CIP）数据

Photoshop+Illustrator平面设计实例教程 : 微课版/ 钟淑平，张峰连主编. -- 北京 : 人民邮电出版社，2022.3
职业教育数字媒体应用人才培养系列教材
ISBN 978-7-115-57681-1

Ⅰ. ①P… Ⅱ. ①钟… ②张… Ⅲ. ①平面设计－图像处理软件－职业教育－教材 Ⅳ. ①TP391.413

中国版本图书馆CIP数据核字(2021)第210632号

内 容 提 要

本书结合高等职业院校数字媒体专业的实际教学需求，以平面设计的典型应用为主线，通过多个领域的案例，全面、细致地讲解了如何利用 Photoshop 和 Illustrator 完成各种商业设计项目。全书共 16 章，具体包括平面设计的基础知识、图形图像的基础知识、图标设计、标志设计、卡片设计、Banner 设计、宣传单设计、广告设计、海报设计、书籍封面设计、画册设计、包装设计、网页设计、UI 设计、H5 设计和 VI 设计等内容。

本书适合作为高等职业院校数字媒体专业平面设计课程的教材，也可供 Photoshop 和 Illustrator 的初学者及有一定平面设计经验的读者阅读参考。

◆ 主　　编　钟淑平　张峰连
副 主 编　郑加利　杨兆兴
责任编辑　王亚娜
责任印制　王　郁　焦志炜
◆ 人民邮电出版社出版发行　　北京市丰台区成寿寺路 11 号
邮编　100164　　电子邮件　315@ptpress.com.cn
网址　https://www.ptpress.com.cn
北京天宇星印刷厂印刷
◆ 开本：787×1092　1/16
印张：15　　2022 年 3 月第 1 版
字数：382 千字　　2022 年 3 月北京第 1 次印刷

定价：49.80 元

读者服务热线：(010)81055256　印装质量热线：(010)81055316
反盗版热线：(010)81055315
广告经营许可证：京东市监广登字 20170147 号

前言 PREFACE

Photoshop 和 Illustrator 自推出之日起就深受平面设计人员的喜爱，被广泛应用于平面设计、包装装潢、彩色出版等诸多领域。在实际的平面设计和制作工作中，是很少用单一软件来完成工作的，要想出色地完成一件平面设计作品，就需要利用不同软件各自的优势。本书主要讲解如何结合使用 Photoshop 和 Illustrator 来完成专业的平面设计项目。

本书遵循“平面设计基础－课堂案例示范－课后习题提升”的编写思路，借鉴专业平面设计公司的商业设计案例，对 Photoshop 和 Illustrator 结合使用的方法和技巧进行了详细的讲解。通过本书的学习，读者可以掌握运用 Photoshop 和 Illustrator 的操作技巧和商业设计项目的制作思路、流程，为今后从事平面设计工作打下良好的基础。

本书提供所有案例的素材及效果文件。另外，为方便教师教学，本书还配备了视频微课、PPT 课件、教学教案、大纲等丰富的教学资源，任课教师可到人邮教育社区（www.ryjiaoyu.com）免费下载使用。本书的参考学时为 64 学时，其中实训环节为 28 学时。各章的参考学时参见下面的学时分配表。

章	课程内容	学时分配	
		讲授	实训
第 1 章	平面设计的基础知识	1	—
第 2 章	图形图像的基础知识	1	—
第 3 章	图标设计	2	2
第 4 章	标志设计	2	2
第 5 章	卡片设计	2	2
第 6 章	Banner 设计	2	2
第 7 章	宣传单设计	2	2
第 8 章	广告设计	2	2
第 9 章	海报设计	2	2
第 10 章	书籍封面设计	4	2
第 11 章	画册设计	2	2
第 12 章	包装设计	4	2
第 13 章	网页设计	2	2
第 14 章	UI 设计	2	2
第 15 章	H5 设计	2	2
第 16 章	VI 设计	4	2
学时总计		36	28

本书由钟淑平、张峰连任主编，郑加利、杨兆兴任副主编。

由于编者水平有限，书中难免存在不妥之处，敬请广大读者批评指正。

编　者

2021 年 9 月

教学辅助资源

素材类型	数量	素材类型	数量
教学大纲	1 份	课堂案例	19 个
电子教案	1 套	课后习题	14 个
PPT 课件	16 章	视频微课	102 个

配套视频列表

章	视频微课	章	视频微课
第 3 章 图标设计	旅游出行 App 兼职图标设计	第 10 章 书籍封面设计	少儿书籍封面设计
	微拟物时钟图标设计		旅游书籍封面设计
	扁平化家电图标设计	第 11 章 画册设计	房地产画册封面设计
第 4 章 标志设计	盛发游戏标志设计		房地产画册内页 1 设计
	伯仑酒店标志设计		房地产画册内页 2 设计
第 5 章 卡片设计	产品宣传卡设计	第 12 章 包装设计	苏打饼干包装设计
	音乐会门票设计		奶粉包装设计
第 6 章 Banner 设计	电商类 App 主页 Banner 设计	第 13 章 网页设计	休闲生活类网页设计
	生活家电类 App 主页 Banner 设计		电商类手机网页设计
	生活家具类网站 Banner 设计	第 14 章 UI 设计	美食类 App 首页设计
第 7 章 宣传单设计	家居宣传单三折页设计		美食类 App 食品详情页设计
	旅游宣传单设计		美食类 App 购物车页设计
第 8 章 广告设计	咖啡厅广告设计	第 15 章 H5 设计	文化传媒行业企业招聘 H5 首页设计
	汽车广告设计		文化传媒行业企业招聘 H5 工作环境页设计
第 9 章 海报设计	店庆海报设计		文化传媒行业企业招聘 H5 待遇页设计
	街舞大赛海报设计	第 16 章 VI 设计	盛发游戏 VI 手册设计
			伯仑酒店 VI 手册设计

目录 CONTENTS

CONTENTS

目录

CONTENTS

01

第1章 平面设计的基础知识

本章介绍

本章主要介绍平面设计的基础知识，包括平面设计的概念、应用领域、基本要素、常用软件和工作流程等内容。在应用软件进行平面设计之前，只有对平面设计的基础知识进行全面的了解，才能更好地完成平面设计的创意和设计制作任务。

学习目标

- 了解平面设计的概念和应用领域。
- 了解平面设计的要素和常用软件。
- 掌握平面设计的工作流程。

1.1 平面设计的概念

1922 年，“平面设计（Graphic Design）”一词被提出。20 世纪 70 年代，设计艺术蓬勃发展，“平面设计”成为国际设计界认可的术语。

平面设计是一个包含设计学、信息学、心理学和经济学等领域的创造性视觉艺术学科。它在二维空间中进行表现，通过对图形、文字、色彩等元素的编排和设计来进行视觉沟通与信息传达。

1.2 平面设计的应用领域

目前常见的平面设计应用领域可以归纳为九大类：广告设计、书籍设计、刊物设计、包装设计、网页设计、标志设计、VI 设计、UI 设计、H5 设计。

1.2.1 广告设计

在现代社会，信息的传播方式多种多样。广告凭借着异彩纷呈的表现形式、丰富的内容信息及快捷便利的传播条件，成为当下受欢迎的信息传播方式。

广告的英语译文为 Advertisement，从拉丁文 Adverture 演化而来，其含义是“吸引人注意”。通俗意义上讲，广告即广而告之。从广义上讲，广告是指向公众通知某一件事并最终达到广而告之的目的；从狭义上讲，广告主要指广告方为了某种特定的需要，通过一定形式的媒介，耗费一定的费用，公开而广泛地向公众传递某种信息并最终从中获利的宣传手段。

广告设计是指利用图像、图形、文字、色彩、版面等视觉元素，结合广告媒体的使用特征，实现传达广告方目的和意图的艺术创意设计。

平面广告的类别主要包括 DM（Direct Mail，又称“快讯商品广告”）广告、POP（Point of Purchase，又称“店头陈设”）广告、杂志广告、报纸广告、招贴广告、网络广告和户外广告等。广告设计的效果如图 1-1 所示。

图 1-1

1.2.2 书籍设计

书籍是人类交流思想、传播知识、宣传经验、传承文化的重要依托，承载着古今中外的智慧结晶。

书籍设计（Book Design）又称书籍装帧设计，是指书籍的整体策划及造型设计。书籍设计包括对开本、封面、扉页、版面、字体、插图、护封、纸张、印刷、装订和材料的艺术设计等内容，属于平面设计范畴。

关于书籍的分类，有许多种方法，标准不同，分类也就不同。按书籍内容涉及的范围来分类，可将书籍分为文学艺术类、少儿动漫类、生活休闲类、人文科学类、科学技术类、经营管理类、医疗教育类等。书籍设计的效果如图 1-2 所示。

图 1-2

1.2.3 刊物设计

作为定期出版物，刊物是指经过装订、带有封面的期刊。这种媒体形式最早出现在德国，但在当时，期刊与报纸并无太大区别。随着科技的发展和人们生活水平的不断提高，期刊与报纸的差异明显起来，其内容更偏重于专题，更注重内容的深度，而非时效性。

在设计期刊时，设计的艺术风格、设计元素等都要和期刊本身的定位相呼应。期刊一般会选用质量较好的纸张进行印刷，图像的印刷工艺精美、还原效果好、印刷质量较高。

期刊一般分为消费者期刊、专业性期刊、行业性期刊等不同类别，具体包括财经期刊、IT 期刊、家居期刊、健康期刊、教育期刊、旅游期刊、美食期刊、汽车期刊、人物期刊、时尚期刊、数码期刊等。刊物设计的效果如图 1-3 所示。

图 1-3

1.2.4 包装设计

包装设计是艺术设计与科学技术相结合的产物，是技术、艺术、材料、经济、心理等多种要素综合的体现。

包装设计在广义上，是指包装的整体策划工程，主要包括包装方法的设计、包装材料的设计、视觉传达设计、包装机械的设计与应用、包装试验、包装成本的设计及包装的管理等。

包装设计在狭义上，是指选用适合商品的包装材料，运用恰当的制造工艺手段，为商品进行的容器结构功能化设计和形象化视觉造型设计，使包装具备整合容纳、保护产品、方便储运、优化形象、传达属性和促进销售的功能。

包装设计按商品内容可以分为日用品包装、食品包装、化妆品包装、医药包装、工艺品包装、化学品包装、五金家电包装、纺织品包装、儿童玩具包装等。包装设计的效果如图 1-4 所示。

图 1-4

1.2.5 网页设计

网页设计是指根据网站所要表达的主旨，将网站信息进行整合归纳后进行的版面编排和美化设计。通过网页设计，网页信息更有条理，页面更具有美感，可以提高网页的信息传达有效性和用户阅读效率。

根据网页的不同属性，可将网页分为综合性网页、商业性网页、文化性网页、娱乐性网页、行业性网页、区域性网页等类型。网页设计的效果如图 1-5 所示。

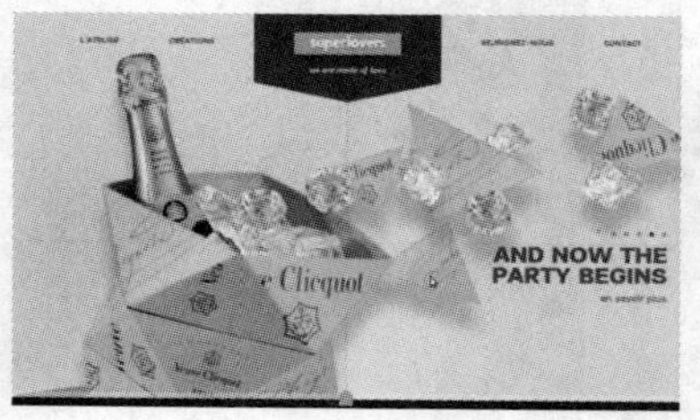

图 1-5

1.2.6 标志设计

标志是具有象征意义的视觉符号。它借助图形和文字的巧妙组合，艺术地传递出某种信息，表达某种特殊的含义。标志设计是指将具体的事物和抽象的理念通过特定的图形和符号进行物化，使人们在看到标志设计的同时，自然而然地产生联想，从而对宣传主题产生认同。对于一个企业而言，企业标志会渗透企业运营的各个环节，如日常经营活动、广告宣传、对外交流、文化建设等。作为企业的无形资产，企业标志的价值随同企业的增值不断累积。

标志按功能可以分为政府标志、城市标志、机构标志、企业标志、文化标志、环境标志、交通标志等。标志设计的效果如图 1-6 所示。

图 1-6

1.2.7 VI 设计

VI（Visual Identity）即视觉识别，是指将理念、使命、价值观、概念等变为静态的具体识别符号，以便于视觉化的传播。企业视觉识别是指通过各种视觉元素将企业形象、标志、产品包装等以统一的识别形象传递给社会公众，以起到宣传作用。

VI 在企业文化识别（Corporate Identity，CI）中效果最直接，也最具有传播力和感染力，容易被公众所接受，短期内获得的影响较明显。成功的 VI 设计能提高企业及产品在市场中的竞争力。

VI 主要由两大部分组成，即基础识别部分和应用识别部分。其中，基础识别部分包括企业标志设计、标准字体与印刷专用字体设计、色彩系统设计、辅助图形、品牌角色（吉祥物）等；应用识别部分包括办公系统、标识系统、广告系统、旗帜系统、服饰系统、交通系列、展示系统等。VI 设计效果如图 1-7 所示。

图 1-7

1.2.8　UI 设计

用户界面（User Interface，UI）设计是指对软件的人机交互、操作逻辑、界面美观的整体设计。

UI 设计从早期的只专注于工具的技法表现，发展到现在的要求 UI 设计师熟悉整个商业链条，兼顾商业目标和用户体验，在设计风格、技术实现、应用领域等方面都发生了巨大的变化。

UI 设计的风格经历了由拟物化到扁平化设计的转变。现在扁平化风格依然为主流，但加入了 Material Design 语言（材料设计语言，是由 Google 公司推出的设计语言），使设计效果更为醒目且细腻。

UI 设计的应用领域也越来越广阔，已由原先的 PC 端和移动端扩展到可穿戴设备、无人驾驶汽车、AI 机器人等。今后 UI 设计将越来越多地参与到产品设计中，实现人性化、包容化、多元化的目标。UI 设计效果如图 1-8 所示。

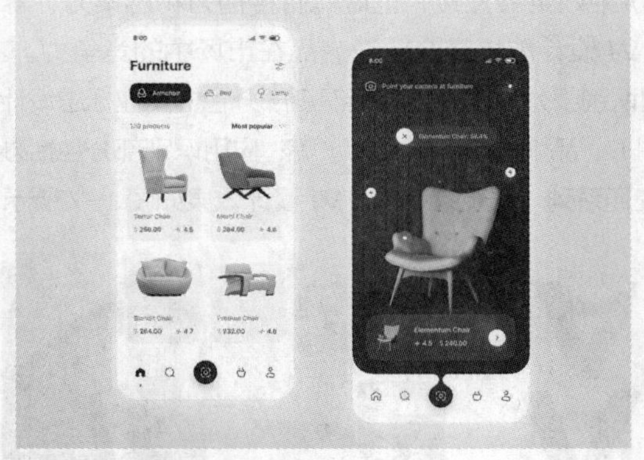

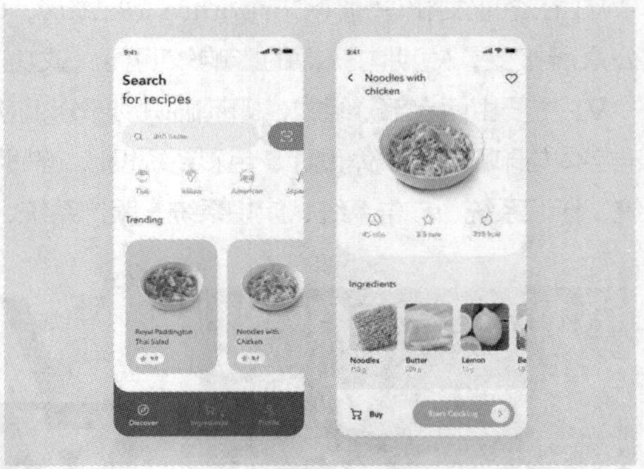

图 1-8

1.2.9　H5 设计

H5 指的是移动端上基于 HTML5（Hyper Text Markup Language 5）技术的交互动态网页，是一种新型营销工具，通过移动平台传播。

H5 具有跨平台、多媒体、强互动、易传播的特点。H5 的应用形式多样，常见的应用领域有品牌宣传、产品展示、活动推广、知识分享、新闻热点、会议邀请、企业招聘、培训招生等。

H5 一般可分为营销宣传、知识新闻、游戏互动和网站应用 4 类。H5 设计效果如图 1–9 所示。

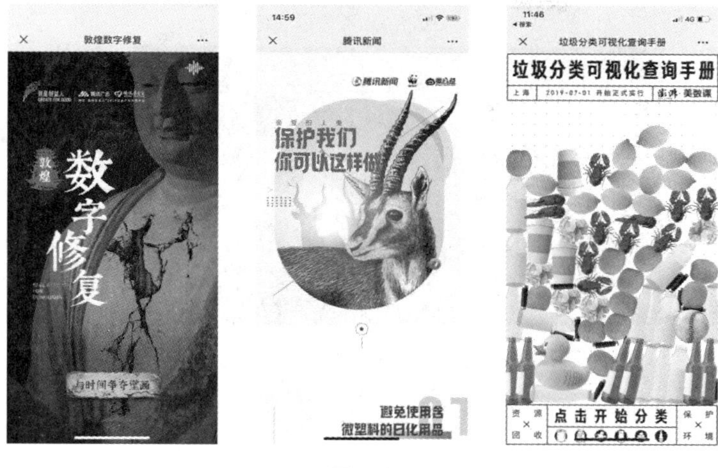

图 1–9

1.3 平面设计的要素

平面设计主要包括图形、文字和色彩 3 个要素。在平面设计作品中每个要素都起到了举足轻重的作用，3 个要素的变化又会使作品产生更加丰富的视觉效果。

1.3.1 图形

通常，人们在欣赏平面设计作品时，首先注意到的是图片，其次是标题，最后才是正文。如果说标题和正文作为符号化的文字受地域和语言背景限制的话，那么图形信息的传递则不受国家、民族、种族、语言的限制，它是一种通行于世界的语言，具有广泛的传播性。因此，图形的创意策划直接关系到平面设计的成败。图形的设计也是整个设计最直观的体现，它最大限度地表现了作品的主题和内涵，效果如图 1–10 所示。

图 1–10

1.3.2 文字

文字是最基本的信息传递符号。在进行平面设计时，相对于图形而言，文字的设计安排也占有相当重要的地位，文字的字体造型和构图编排恰当与否都直接影响到作品的诉求效果和视觉表现力，效果如图 1–11 所示。

图 1–11

1.3.3 色彩

平面设计作品给人的感受部分取决于作品的整体色彩。作为平面设计组成的重要因素之一，作品的色调与色彩搭配受宣传主题、企业形象、推广地域等因素的综合影响。因此，在进行平面设计时要考虑受众对颜色的一些固定心理感受及相关的地域文化，效果如图 1–12 所示。

图 1–12

1.4 平面设计的常用软件

目前在进行平面设计时常用的软件有 Photoshop、Illustrator 和 InDesign，这 3 款软件每一款都有鲜明的特色。要想根据创意制作出优秀的平面设计作品，就需要熟练使用这 3 款软件，并能很好地利用不同软件的优势，将其巧妙地结合使用。

1.4.1 Photoshop

Photoshop 是 Adobe 公司出品的功能强大的图像处理软件，集编辑修饰、制作处理、创意编排、图像输入与输出功能于一体。通过软件版本的升级，Photoshop 的功能不断完善，深受平面设计人员、照片后期处理人员的喜爱。Photoshop CC 2019 的启动界面如图 1–13 所示。

图 1-13

Photoshop 的主要功能包括绘制和编辑选区、绘制与修饰图像、绘制图形及路径、调整图像的色彩和色调、应用图层、使用文字、使用通道和蒙版、应用滤镜及动作。这些功能可以全面地辅助用户进行平面设计。

Photoshop 适合完成的平面设计任务包括图像抠像、图像调色、图像特效制作、文字特效制作、插图设计等。

1.4.2 Illustrator

Illustrator 由 Adobe 公司推出，是适用于出版、多媒体和在线图像的工业标准矢量插画软件。Illustrator 的应用人群主要包括印刷出版线稿的设计者和专业插画家、设计和绘制多媒体图像的艺术家、网页或在线内容的制作者。Illustrator CC 2019 的启动界面如图 1-14 所示。

图 1-14

Illustrator 的主要功能包括图形的绘制与编辑、路径的绘制与编辑、图像对象的组织、颜色填充与描边编辑、文本的编辑、图表的编辑、图层和蒙版的使用、混合与封套效果的使用、滤镜效果的使用、样式外观与效果的使用。这些功能可以全面地辅助用户进行矢量绘图。

Illustrator 适合完成的平面设计任务包括插图设计、标志设计、字体设计、图表设计、单页设计排版、折页设计排版等。

1.4.3 InDesign

InDesign 是由 Adobe 公司开发的专业排版设计软件。它功能强大、易学易用，深受版式编排人员和平面设计师的喜爱。用户利用其内置的创意工具和精确的排版控制可以为打印或数字出版物设计出美观、个性的页面版式。InDesign CC 2019 的启动界面如图 1-15 所示。

图 1-15

InDesign 的主要功能包括绘制与编辑图形对象、绘制与编辑路径、编辑描边与填充、编辑文本、处理图像、编排版式、处理表格与图层、编排页面、编排书籍。这些功能可以全面地辅助用户进行平面作品的创意设计与排版制作。

InDesign 适合完成的平面设计任务包括图表设计、单页排版、折页排版、广告设计、报纸设计、杂志设计、书籍设计等。

1.5 平面设计的工作流程

平面设计的工作流程是一个有明确目标、正确理念、负责态度、周密计划、清晰步骤和具体方法的工作过程。规范的工作流程中是优秀作品的基础。平面设计的工作流程如图 1-16 所示。

图 1-16

1.5.1 信息交流

客户提出设计项目的构想和工作要求，并提供项目相关文本和图片资料，如公司介绍、项目描述、基本要求等。

1.5.2 调研分析

设计师根据客户提出的设计构想和要求，运用客户的相关文本和图片资料，对客户的设计需求进行分析，并对客户同行业或同类型的设计产品进行市场调研。

1.5.3 草稿讨论

根据已经做好的分析和调研，设计师组织设计团队，依据调研分析结果设计出项目的创意草稿，并制作出样稿。设计师与客户就设计的草稿内容进行沟通讨论，并根据需要补充相关资料，达成设计构想上的共识。

1.5.4 签订合同

双方在设计草稿达成共识后，确认设计的具体细节、设计报价和完成时间，签订《设计协议书》，客户支付项目预付款，设计工作正式展开。

1.5.5 提案讨论

设计师根据前期的客户需求和市场调研，结合双方对草稿讨论的结果，开始设计方案的策划与调整。设计师一般要提交 3 个以上的设计方案，然后与客户讨论提案，客户做出选择并提出修改建议。

1.5.6 修改完善

根据提案会议的讨论内容和客户的修改意见，设计师对客户选定的方案进行修改调整，进一步完善整体设计，并提交给客户进行确认。等客户反馈意见后，设计师再次对方案的细节进行修改和细致的调整，使方案顺利完成。

1.5.7 验收完成

在设计项目制作完成后，设计师和客户一起对完成的设计项目进行验收，并由客户在设计合格确认书上签字。客户按《设计协议书》的规定支付项目设计余款，设计师将项目制作文件提交给客户，整个设计项目执行完成。

1.5.8 后期制作

在设计项目执行完成后，客户可能需要设计师进行设计项目的印刷包装等后期制作工作。设计师如果承接了后期制作工作，就需要和客户签订详细的后期制作合同，为客户提供满意的印刷和包装成品。

02

第 2 章 图形图像的基础知识

本章介绍

本章主要介绍图形图像的基础知识，包括位图和矢量图的概念与特点、图像的分辨率、色彩模式和文件格式等内容。通过本章的学习，读者可以快速掌握图形图像的基础知识，有助于后续更好地学习平面设计与制作。

学习目标

- 了解位图与矢量图的区别。
- 了解图像的分辨率。
- 了解常用的色彩模式和文件格式。

技能目标

- 掌握位图和矢量图的分辨方法。
- 掌握图像颜色模式的转换方法。

2.1 位图和矢量图

图像文件可以分为位图和矢量图两大类。在处理图像或绘图过程中，这两种类型的图像可以相互交叉使用。

2.1.1 位图

位图也称为点阵图，由许多单独的小方块组成，这些小方块又称为像素点。每个像素点都有其特定的位置和颜色值，位图的显示效果与像素点是密切相关的，不同位置和颜色的像素点在一起就组成了一幅色彩丰富的图像。

图像的原始效果如图 2-1 所示，使用图形图像软件中的“放大”工具放大后，可以清晰地看到像素的小方块形状与不同的颜色，效果如图 2-2 所示。

图 2-1

图 2-2

2.1.2 矢量图

矢量图也称为向量图，它是一种基于图形的几何特性来描述的图像。矢量图中的各种图形元素称为对象，每一个对象都是独立的个体，都具有大小、颜色、形状、轮廓等特性。

图形的原始效果如图 2-3 所示，使用图形图像软件中的“放大”工具放大后，其清晰度不变，效果如图 2-4 所示。

图 2-3

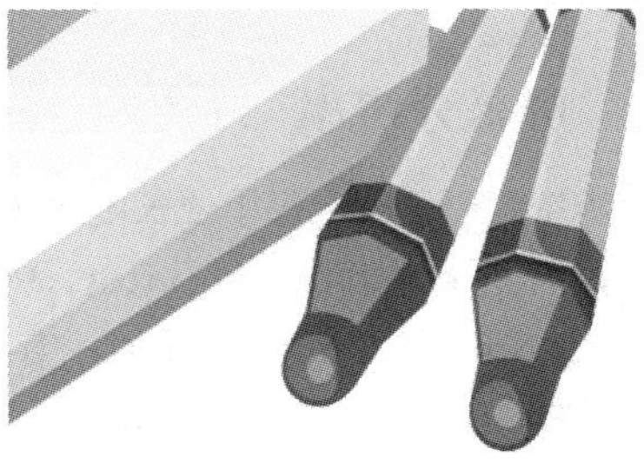

图 2-4

矢量图的优点是文件所占内存较小，其缺点是不易制作色调丰富的图像，而且无法像位图那样精确地描绘各种景象。

2.2 分辨率

分辨率是用于描述图像文件信息的术语，分为图像分辨率、屏幕分辨率和输出分辨率。下面分别讲解。

2.2.1 图像分辨率

在 Photoshop 中，图像中每单位长度上的像素数目称为图像分辨率，其单位为像素/英寸（Pixels Per Inch，PPI）。

在相同尺寸的两幅图像中，高分辨率图像包含的像素比低分辨率图像包含的像素多。例如，一幅尺寸为 1 英寸×1 英寸的图像，其图像分辨率为 72 ppi，这幅图像包含 5 184（72×72）个像素；同样的尺寸，分辨率为 300 ppi 的图像，图像包含 90 000 个像素。相同尺寸下，图像分辨率为 300 ppi 的图像效果如图 2-5 所示，图像分辨率为 72 ppi 的图像效果如图 2-6 所示。由此可见，在相同尺寸下，高分辨率的图像能更清晰地表现内容（1 in≈2.54 cm）。如果一幅图像所包含的像素是固定的，增加图像尺寸后，会降低图像分辨率。

图 2-5

图 2-6

提示

位图与图像分辨率有关，如果在屏幕上以较大的倍数放大显示图像，或以低于创建时的图像分辨率打印图像时，图像就会出现锯齿状的边缘，并且会丢失细节；矢量图与图像分辨率无关，可以将它缩放到任意大小，其清晰度不变，也不会出现锯齿状的边缘。矢量图在任何分辨率下显示或打印，都不会丢失细节。

2.2.2 屏幕分辨率

屏幕分辨率是显示器上每单位长度显示的像素数目。屏幕分辨率取决于显示器的大小和其像素设置。个人计算机（Personal Computer，PC）显示器的分辨率一般约为 96 ppi，Mac 显示器的分辨率一般约为 72 ppi。在 Photoshop 中，图像像素被直接转换成显示器像素，当图像分辨率高于屏幕分辨率时，屏幕中显示出的图像比实际尺寸大。

2.2.3 输出分辨率

输出分辨率是照排机或打印机等输出设备产生的每英寸的油墨点数（Dots Per Inch，DPI）。打印机的输出分辨率在 150 dpi 以上的可以使图像获得比较好的打印效果。

2.3 色彩模式

Photoshop 和 Illustrator 提供了多种色彩模式，这些色彩模式是作品能够在屏幕和印刷品中生动表现的重要保障。下面重点介绍几种常用的色彩模式：RGB 模式、CMYK 模式、灰度模式及 Lab 模式。每种色彩模式都有不同的色域，并且各模式之间可以相互转换。

2.3.1 RGB 模式

RGB 模式是一种加色模式，它通过红、绿、蓝 3 种色光相叠加来形成更多的颜色。RGB 模式是色光的彩色模式，一幅 24 bit 的 RGB 图像有 3 个色彩信息的通道：红色（R）、绿色（G）和蓝色（B）。

在 Photoshop 中，RGB“颜色”控制面板如图 2-7 所示，可以在其中设置 RGB 颜色。在 Illustrator 中，“颜色”控制面板也可以用于设置 RGB 颜色，如图 2-8 所示。

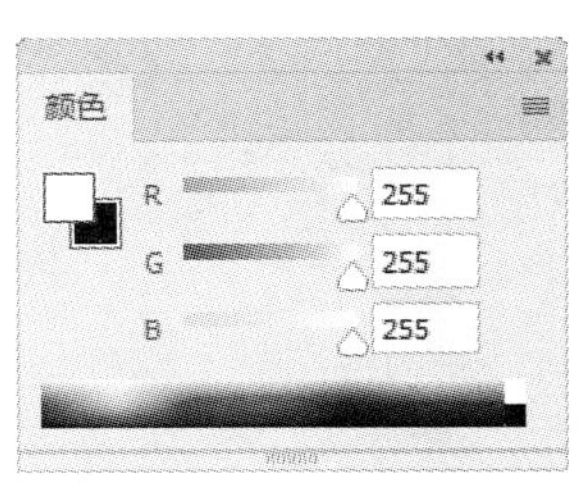

图 2-7

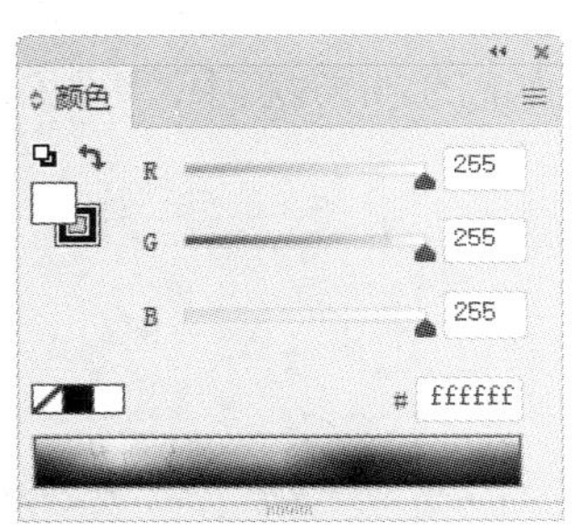

图 2-8

每个通道都有 8 位的色彩信息——一个 0～255 的亮度值色域。也就是说，每一种色彩都有 256 个亮度水平级。3 种色彩相叠加，可以有 16 777 216（256×256×256）种可能的颜色，足以表现出绚丽多彩的世界。

在 Photoshop 中编辑图像时，RGB 模式应是最佳选择。因为它可以提供全屏幕的、多达 24 位的色彩范围，一些计算机领域的色彩专家称之为“True Color（真彩显示）”。

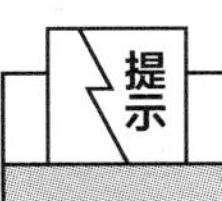

在视频编辑和设计过程中，设计师常使用 RGB 模式来编辑和处理图像。

2.3.2 CMYK 模式

CMYK 代表了印刷上用的 4 种油墨颜色：C 代表青色，M 代表洋红色，Y 代表黄色，K 代表黑色。CMYK 模式在印刷时应用了色彩学中的减色法混合原理，即减色色彩模式，它是平面作品中常用的一种印刷方式。这是因为在印刷中通常都要进行四色分色，出四色胶片，然后再进行印刷。

在 Photoshop 中，CMYK“颜色”控制面板如图 2-9 所示，可以在其中设置 CMYK 颜色。在 Illustrator 中，“颜色”控制面板也可以用于设置 CMYK 颜色，如图 2-10 所示。

> 若作品需要进行印刷，在 Photoshop 中制作平面作品时，一般会把图像文件的色彩模式设置为 CMYK 模式；在 Illustrator 中制作平面作品时，绘制的矢量图和制作的文字都要使用 CMYK 模式。

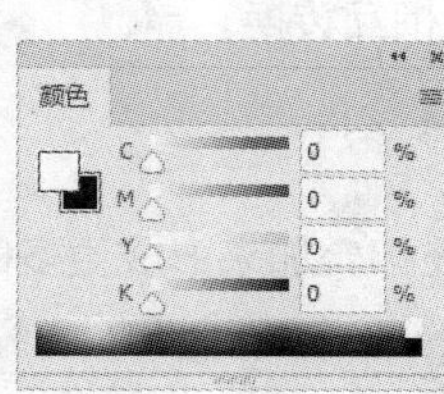

图 2-9

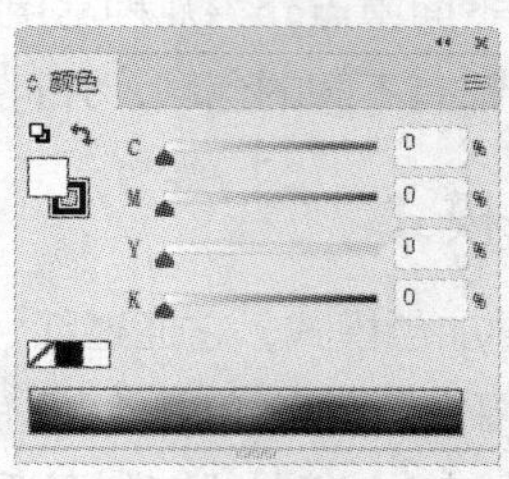

图 2-10

在新建 Photoshop 文件时，一般选择 CMYK 模式，如图 2-11 所示。这样可以避免成品的颜色失真，因为在整个作品的制作过程中，所制作的图像都在可印刷的色域中。

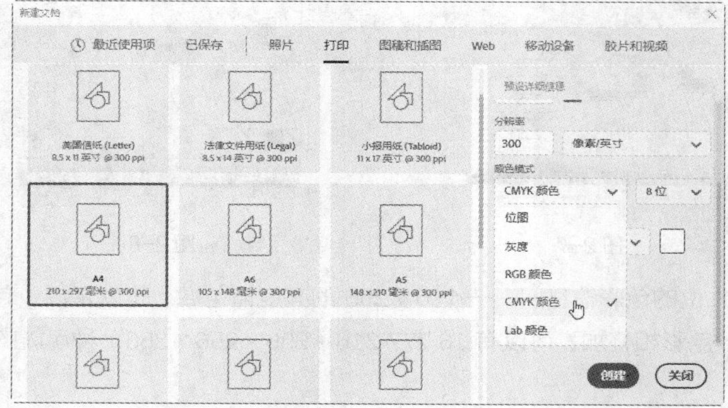

图 2-11

在 Photoshop 中，可以随时选择“图像 > 模式 > CMYK 颜色”命令，将图像转换成 CMYK 模式。但是一定要注意，在图像被转换为 CMYK 模式后，就无法再变回原来图像的 RGB 模式了。因为 RGB 模式在转换成 CMYK 模式时，色域外的颜色会变暗，这样才会使整个色彩成为可以印刷的文件。因此，在将 RGB 模式转换成 CMYK 模式之前，可以选择“视图 > 校样设置 > 工作中的 CMYK”命令，预览一下转换成 CMYK 模式时的图像效果，如果不满意 CMYK 模式效果，还可以根据需要调整图像。

2.3.3 灰度模式

灰度模式（灰度图）又称为 8 bit 深度图。每个像素用 8 个二进制位表示，能产生 2^8 即 256 级灰色调。当一个彩色文件被转换为灰度模式文件时，所有的颜色信息都将从文件中丢失。尽管 Photoshop 允许将一个灰度模式的图像转换为彩色模式的图像，但不可能将原来的颜色完全还原。所以，当要将图像的彩色模式转换为灰度模式时，应先做好图像的备份。

像黑白照片一样，一个灰度模式的图像只有明暗值，没有色相与饱和度这两种颜色信息。在

Photoshop 中，灰度“颜色”控制面板如图 2-12 所示。在 Illustrator 中，也可以用“颜色”控制面板设置灰度颜色，如图 2-13 所示，0%代表白，100%代表黑，其中的 K 值用于衡量黑色油墨用量。

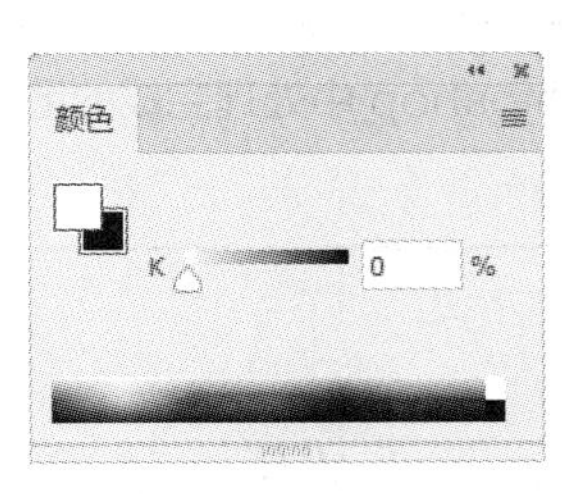

图 2-12

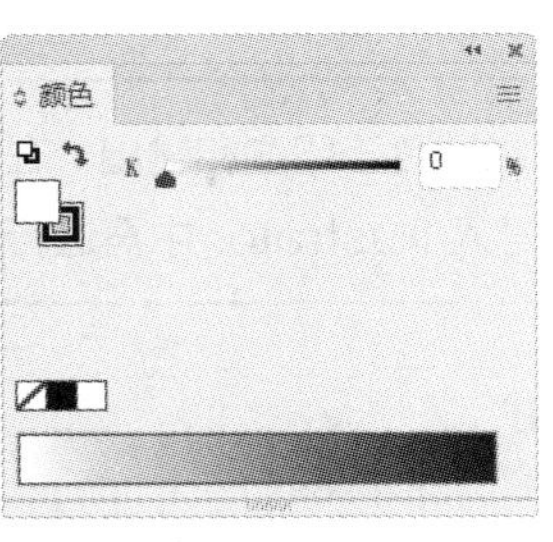

图 2-13

2.3.4 Lab 模式

Lab 是 Photoshop 中的一种国际色彩标准模式，它由 3 个通道组成：一个通道是透明度，即 L；其他两个是色彩通道，即色相与饱和度，分别用 a 和 b 表示。a 通道包括的颜色值从深绿到灰，再到亮粉红色；b 通道包括的颜色值从亮蓝色到灰，再到焦黄色。在 Photoshop 中，Lab“颜色”控制面板如图 2-14 所示。

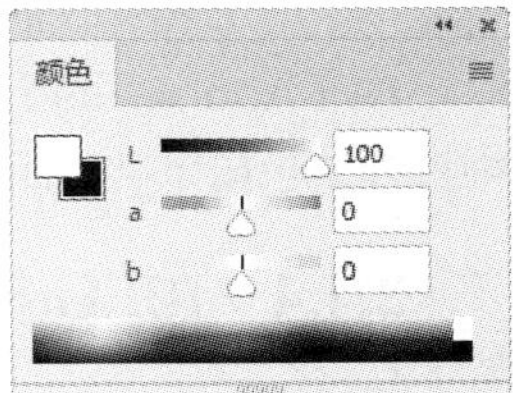

图 2-14

Lab 模式在理论上包括人眼可见的所有色彩，它弥补了 CMYK 模式和 RGB 模式的不足。在 Lab 模式下，图像的处理速度比在 CMYK 模式下快数倍，与 RGB 模式的速度相仿。在把 Lab 模式转换成 CMYK 模式的过程中，所有的色彩都不会丢失或被替换。

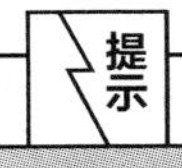

在 Photoshop 中将 RGB 模式转换成 CMYK 模式时，可以先将 RGB 模式转换成 Lab 模式，然后再将 Lab 模式转换成 CMYK 模式。这样会减少图像的颜色损失。

2.4 文件格式

当平面作品制作完成后，需要进行存储。这时，选择一种合适的文件格式就十分重要。在 Photoshop 和 Illustrator 中各有 20 多种文件格式可供选择。在这些文件格式中，既有 Photoshop 和 Illustrator 的专用格式，也有用于应用程序交换的文件格式，还有一些比较特殊的格式。下面重点讲解几种常用的文件格式。

2.4.1 TIF

标签图像格式（Tag Image File Format，TIFF）简称 TIF，该格式对于色彩通道图像来说具有很强的可移植性，它可以用于 PC、Macintosh 及 UNIX 工作站三大平台，是这三大平台上广泛使用的绘图格式。

用 TIF 存储时应考虑文件的大小，因为 TIF 的结构要比其他格式更复杂，占用的磁盘空间更大。

但 TIF 支持 24 个通道，能存储多于 4 个通道的文件格式。TIF 还允许使用 Photoshop 中的复杂工具和滤镜特效。

TIF 非常适合于印刷和输出。在 Photoshop 中处理完成的图像文件一般都会存储为 TIF，然后导入 Illustrator 中再进行编辑。

2.4.2 PSD 格式

PSD（Photoshop Document）格式是 Photoshop 自身的专用文件格式，PSD 格式能够保存图像数据的细小部分，如图层、蒙版、通道等，以及其他 Photoshop 对图像进行特殊处理的信息。在没有最终决定图像存储的格式前，最好先以 PSD 格式存储。另外，在 Photoshop 中打开和存储 PSD 格式的文件较其他格式更快。

2.4.3 AI 格式

AI（Adobe Illstrator）格式是 Illustrator 的专用格式。它的兼容度比较高，可以在 CorelDRAW 中打开，也可以将 CDR 格式的文件导出为 AI 格式。

2.4.4 JPEG 格式

联合图片专家组（Joint Photographic Experts Group，JPEG）格式既是 Photoshop 支持的一种文件格式，也是一种压缩方案。它是 Macintosh 上常用的一种存储类型。JPEG 格式是压缩格式中的“佼佼者”，与 TIF 格式采用的无损失压缩相比，它的压缩比例更大。但它使用的有损失压缩，会使图像丢失部分数据。使用 JPEG 格式时，用户可以在存储前选择图像的最后质量，这样就能控制数据的损失程度了。

在 Photoshop 中，有低、中、高和最高 4 种图像压缩质量可供选择。以最高质量保存的图像比以其他质量保存的图像占用更大的磁盘空间；而选择以低质量保存的图像则会损失较多数据，但占用的磁盘空间较少。

2.4.5 EPS 格式

EPS（Encapsulated Post Script）格式为压缩的 PostScript 格式，是为在 PostScript 打印机上输出图像开发的格式。其最大的优点是在排版软件中可以以低分辨率预览，而在打印时以高分辨率输出。它不支持 Alpha 通道，但支持裁切路径。

EPS 格式支持 Photoshop 中所有的颜色模式，可以用来存储位图和矢量图。在存储位图时，还可以将图像的白色像素设置为透明的效果。

2.4.6 PNG 格式

PNG（Portable Network Graphics）格式是用于无损压缩和在 Web 上显示图像的文件格式，是 GIF 格式的无专利替代品，它支持 24 位图像且能产生无锯齿状边缘的背景透明度；还支持无 Alpha 通道的 RGB 模式、索引颜色、灰度模式和位图模式的图像。某些 Web 浏览器不支持 PNG 图像。

03

第 3 章 图标设计

本章介绍

图标设计是用户界面（User Interface，UI）设计中的重要组成部分，可以帮助用户更好地理解产品的功能，是营造产品用户体验的关键一环。通过本章的学习，读者可以掌握图标的设计方法和制作技巧。

学习目标

- 掌握图标的设计思路和过程。
- 掌握图标的制作方法和技巧。

技能目标

- 掌握旅游出行 App 兼职图标的制作方法。
- 掌握微拟物时钟图标的制作方法。
- 掌握扁平化家电图标的制作方法。

3.1 旅游出行 App 兼职图标设计

案例学习目标

在 Illustrator 中，学习使用多种绘图工具、“变换”命令、“路径查找器”命令、“透明度”命令、“描边”命令和“填充”工具绘制旅游出行 App 兼职图标。

案例知识要点

在 Illustrator 中，使用“矩形”工具、“变换”控制面板、“联集”按钮、“减去顶层”按钮、“混合模式”选项和“渐变”工具绘制旅行箱，使用“椭圆”工具、“矩形”工具、“直接选择”工具和“描边”控制面板绘制表盘和指针。

效果所在位置

云盘 > Ch03 > 效果 > 旅游出行 App 兼职图标设计.ai，如图 3-1 所示。

图 3-1

3.1.1 绘制旅行箱

（1）打开 Illustrator CC 2019，按 Ctrl+N 组合键，弹出“新建文档”对话框。设置文档的宽度为 90 px，高度为 90 px，取向为纵向，颜色模式为 RGB，单击“创建”按钮，新建一个文档。

（2）选择“矩形”工具，绘制一个与页面大小相等的矩形，如图 3-2 所示。设置填充色为浅紫色（其 R、G、B 的值分别为 216、228、255），填充图形，并设置描边色为无，效果如图 3-3 所示。

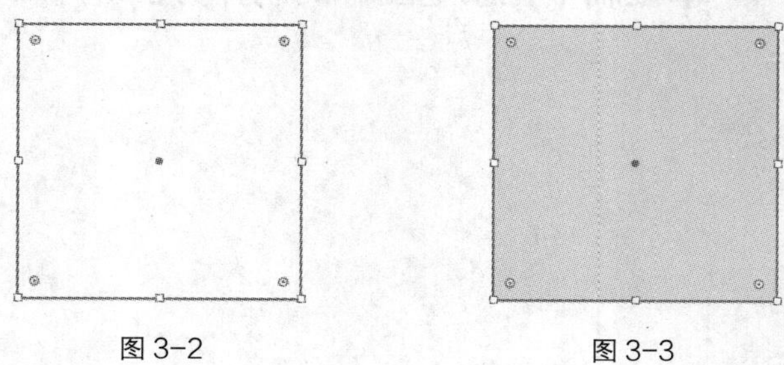

图 3-2　　图 3-3

（3）选择“窗口 > 变换”命令，弹出“变换”控制面板，在“矩形属性：”选项区中，将“圆角半径”选项均设为 22 px，如图 3-4 所示。按 Enter 键确定操作，效果如图 3-5 所示。

（4）选择“矩形”工具，在适当的位置绘制一个矩形，如图 3-6 所示。在“变换”控制面板中，将“圆角半径”选项均设为 9 px，如图 3-7 所示。按 Enter 键确定操作，效果如图 3-8 所示。

（5）选择“矩形”工具，在适当的位置绘制一个矩形，如图 3-9 所示。在“变换”控制面板中，将“圆角半径”选项设为 7 px 和 0 px，如图 3-10 所示。按 Enter 键确定操作，效果如图 3-11 所示。

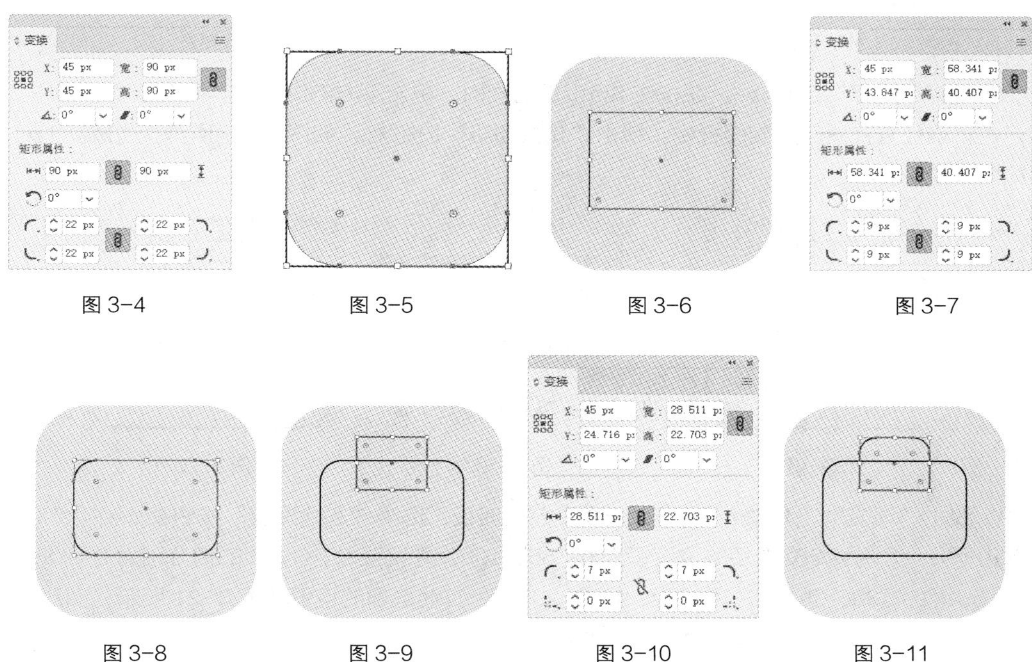

图 3-4　图 3-5　图 3-6　图 3-7

图 3-8　图 3-9　图 3-10　图 3-11

（6）选择“选择”工具，在按住 Shift 键的同时，单击下方圆角矩形将其同时选取，如图 3-12 所示。选择“窗口 > 路径查找器”命令，弹出“路径查找器”控制面板，单击“联集”按钮，如图 3-13 所示。生成新的对象，效果如图 3-14 所示。

图 3-12　图 3-13　图 3-14

（7）选择“矩形”工具，在适当的位置绘制一个矩形，如图 3-15 所示。在“变换”控制面板中，将“圆角半径”选项设为 2 px 和 0 px，如图 3-16 所示。按 Enter 键确定操作，效果如图 3-17 所示。

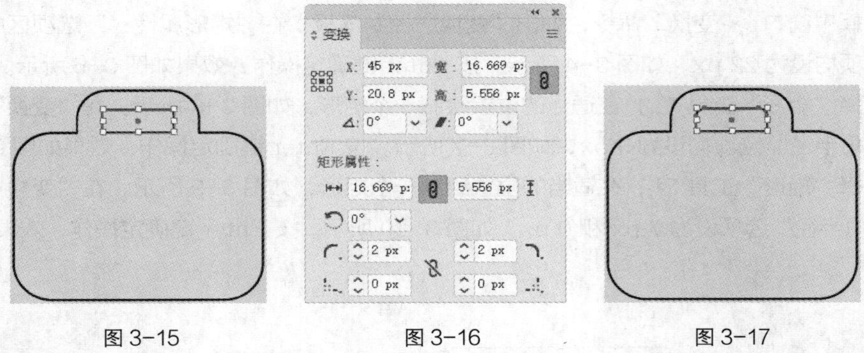
图 3-15　图 3-16　图 3-17

（8）选择“选择”工具▶，在按住 Shift 键的同时，单击下方的图形将其同时选取，如图 3-18 所示。在“路径查找器”控制面板中，单击“减去顶层”按钮，如图 3-19 所示。生成新的对象，效果如图 3-20 所示。

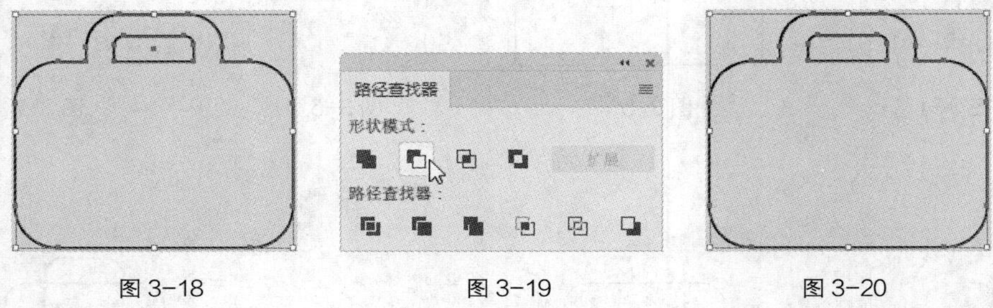
图 3-18　图 3-19　图 3-20

（9）双击“渐变”工具，弹出“渐变”控制面板，选中“线性渐变”按钮，在色带上设置 3 个渐变滑块，分别将渐变滑块的位置设为 0、55、100，并设置 R、G、B 的值分别为 0（13、176、255）、55（1、130、251）、100（3、127、235），其他选项的设置如图 3-21 所示。图形被填充为渐变色，设置描边色为无，效果如图 3-22 所示。

（10）选择“选择”工具▶，选取图形，按 Ctrl+C 组合键，复制图形，按 Ctrl+B 组合键，将复制的图形粘贴在后面。按→和↓方向键，微调复制的图形到适当的位置，填充图形为黑色，效果如图 3-23 所示。

图 3-21　图 3-22　图 3-23

（11）选择“窗口 > 透明度”命令，弹出“透明度”控制面板，将混合模式设为“叠加”，如图 3-24 所示，效果如图 3-25 所示。

图 3-24

图 3-25

3.1.2 绘制表盘和指针

（1）选择“椭圆”工具，在按住 Shift 键的同时，在适当的位置绘制一个圆形，效果如图 3-26 所示。

（2）在“渐变”控制面板中，选中“线性渐变”按钮，在色带上设置 3 个渐变滑块，分别将渐变滑块的位置设为 0、55、100，并设置 R、G、B 的值分别为 0（13、176、255）、55（1、130、251）、100（3、127、235），其他选项的设置如图 3-27 所示。图形被填充为渐变色，设置描边色为无，效果如图 3-28 所示。

图 3-26

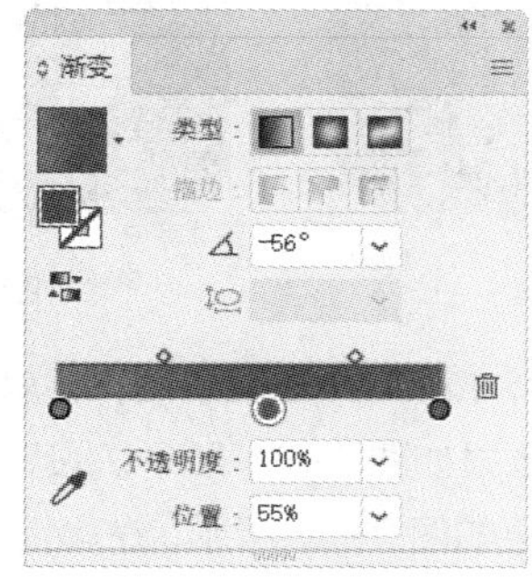

图 3-27

图 3-28

（3）选择“选择”工具，按 Ctrl+C 组合键，复制圆形，按 Ctrl+B 组合键，将复制的圆形粘贴在后面。按→和↓方向键，微调复制的圆形到适当的位置，填充图形为黑色，效果如图 3-29 所示。在“透明度”控制面板中，将混合模式设为“叠加”，如图 3-30 所示，效果如图 3-31 所示。

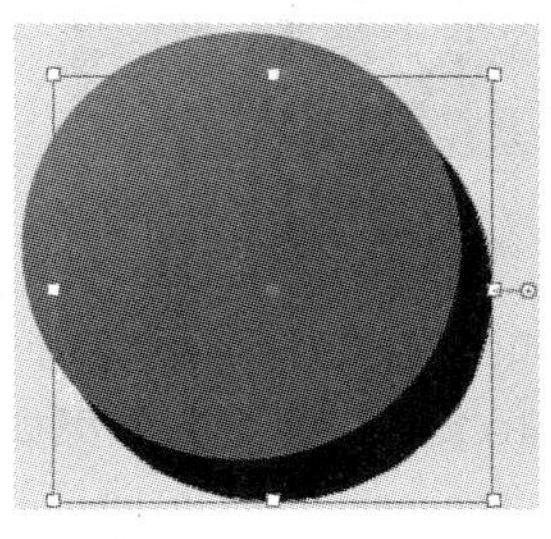

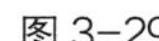

图 3-29

图 3-30

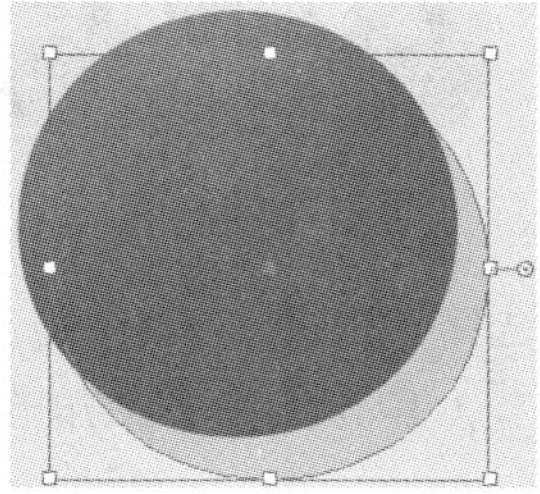

图 3-31

（4）选择“选择”工具，在按住 Shift 键的同时，单击原图形将其同时选取，如图 3-32 所示。在按住 Alt+Shift 组合键的同时，水平向右拖曳图形到适当的位置，复制图形，效果如图 3-33 所示。

图 3-32　　图 3-33

（5）选择“椭圆”工具，在按住 Shift 键的同时，在适当的位置绘制一个圆形，设置描边色为浅紫色（其 R、G、B 的值分别为 216、228、255），填充描边，效果如图 3-34 所示。在属性栏中将“描边粗细”选项设置为 4 pt，按 Enter 键确定操作，效果如图 3-35 所示。

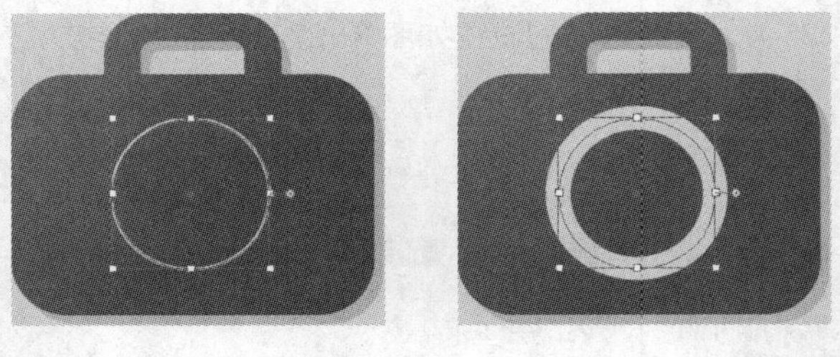

图 3-34　　图 3-35

（6）按 Ctrl+C 组合键，复制图形，按 Ctrl+B 组合键，将复制的图形粘贴在后面。按→和↓方向键，微调复制的图形到适当的位置，效果如图 3-36 所示。设置填充色为海蓝色（其 R、G、B 的值分别为 1、104、187），填充图形，效果如图 3-37 所示。在属性栏中将“描边粗细”选项设置为 3 pt，按 Enter 键确定操作，效果如图 3-38 所示。

图 3-36　　图 3-37　　图 3-38

（7）选择“矩形”工具，在适当的位置绘制一个矩形，如图 3-39 所示。选择“直接选择”工具，单击选中右上角的锚点，如图 3-40 所示，按 Delete 键将其删除，效果如图 3-41 所示。

（8）选择“选择”工具，选取折线，设置描边色为浅紫色（其 R、G、B 的值分别为 216、228、255），填充描边，效果如图 3-42 所示。

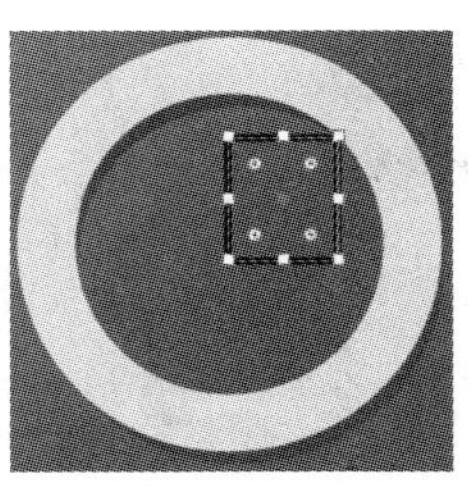

图 3-39

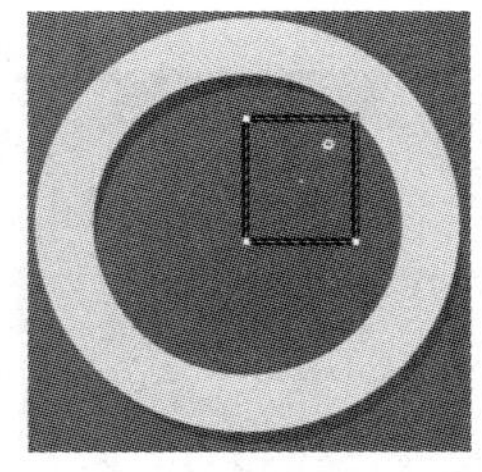

图 3-40

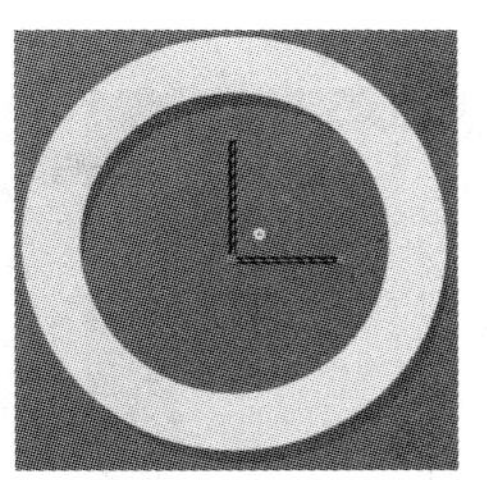

图 3-41

（9）选择“窗口 > 描边”命令，弹出“描边”控制面板，单击“端点”选项中的“圆头端点”按钮，其他选项的设置如图 3-43 所示。按 Enter 键确定操作，效果如图 3-44 所示。

图 3-42

图 3-43

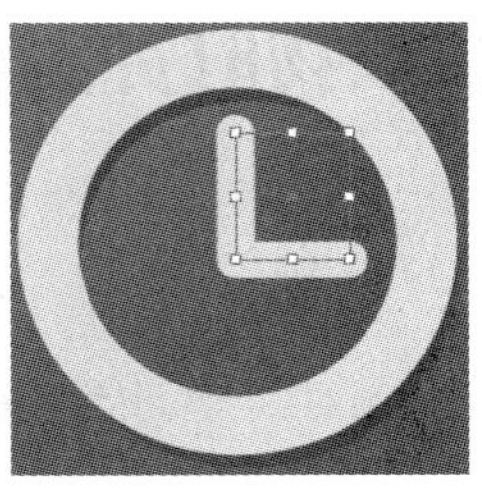

图 3-44

（10）按 Ctrl+C 组合键，复制折线，按 Ctrl+B 组合键，将复制的折线粘贴在后面。按→和↓方向键，微调复制的折线到适当的位置，效果如图 3-45 所示。设置描边色为海蓝色（其 R、G、B 的值分别为 1、104、187），填充描边，效果如图 3-46 所示。

（11）选择“椭圆”工具，在按住 Shift 键的同时，在适当的位置绘制一个圆形，设置填充色为浅紫色（其 R、G、B 的值分别为 216、228、255），填充图形，并设置描边色为无，效果如图 3-47 所示。

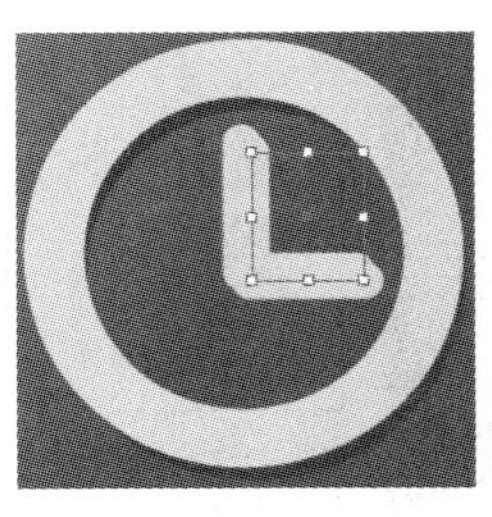

图 3-45

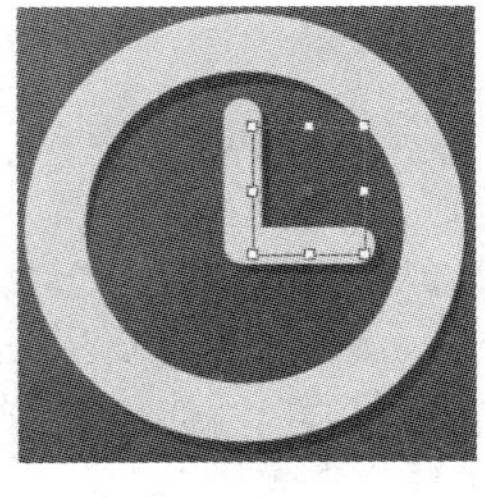

图 3-46

图 3-47

（12）按 Ctrl+C 组合键，复制圆形，按 Ctrl+B 组合键，将复制的圆形粘贴在后面。按→和↓方向键，微调复制的圆形到适当的位置，效果如图 3-48 所示。设置填充色为海蓝色（其 R、G、B 的值分别为 1、104、187），填充图形，效果如图 3-49 所示。旅游出行 App 兼职图标绘制完成，效果如图 3-50 所示。

（13）按 Ctrl+S 组合键，弹出“存储为”对话框，将其命名为“旅游出行 App 兼职图标设计”，保存为 AI 格式，单击“保存”按钮，弹出“Illustrator 选项”对话框，单击“确定”按钮，将文件保存。

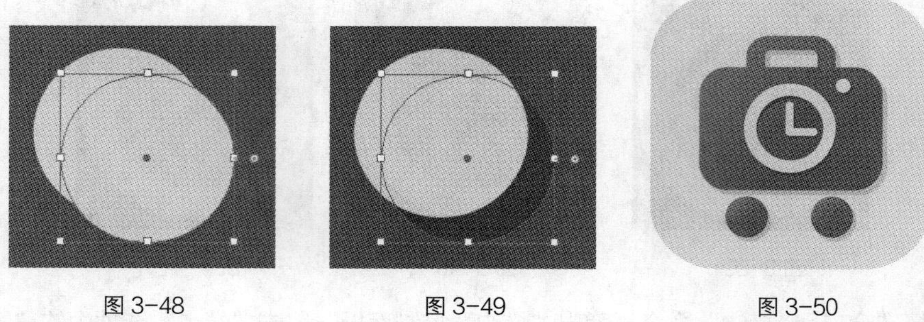
图 3-48 图 3-49 图 3-50

3.2 微拟物时钟图标设计

案例学习目标

在 Photoshop 中，学习使用多种路径绘制工具及“图层样式”命令绘制微拟物时钟图标。

案例知识要点

在 Photoshop 中，使用“椭圆”工具、“减去顶层形状”命令和“添加图层样式”命令绘制表盘，使用“圆角矩形”工具、“矩形”工具和“创建剪贴蒙版”命令绘制指针和刻度，使用“钢笔”工具、“图层”控制面板和“渐变”工具制作投影。

效果所在位置

云盘 > Ch03 > 效果 > 微拟物时钟图标设计.psd，如图 3-51 所示。

图 3-51

3.2.1 绘制时钟表盘和指针

（1）打开 Photoshop CC 2019，按 Ctrl+N 组合键，弹出“新建文档”对话框。设置宽度为 1 024 px，高度为 1 024 px，分辨率为 72 ppi，颜色模式为 RGB，背景内容为蓝色（其 R、G、B 的值分别为 55、191、207），单击“创建”按钮，新建一个文件，如图 3-52 所示。

（2）选择“椭圆”工具，在属性栏的“选择工具模式”选项中选择“形状”，将填充色设为白色，描边色设为无。在按住 Shift 键的同时，在图像窗口中绘制一个圆形，效果如图 3-53 所示，在“图层”控制面板中生成新的形状图层“椭圆 1”。

（3）按 Ctrl+J 组合键，复制“椭圆 1”图层，生成新的图层“椭圆 1 拷贝”。在属性栏中将填充色设为粉红色（其 R、G、B 的值分别为 237、62、58），效果如图 3-54 所示。

（4）在属性栏中单击“路径操作”按钮，在弹出的菜单中选择“减去顶层形状”命令，如图 3-55 所示。在按住 Alt+Shift 组合键的同时，在图像窗口中以大圆中心为中点绘制小圆，路径相减效果如图 3-56 所示。

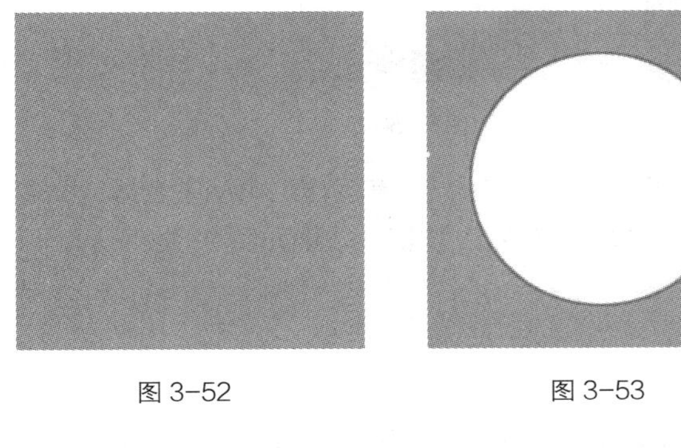

图 3-52　图 3-53

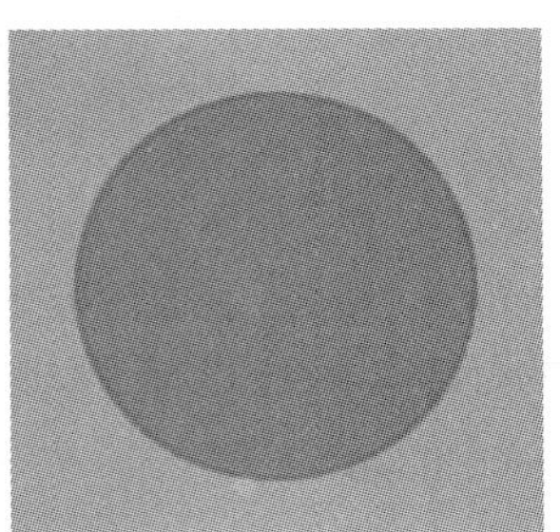

图 3-54

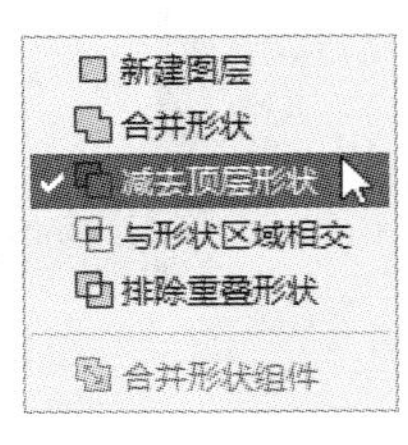

图 3-55

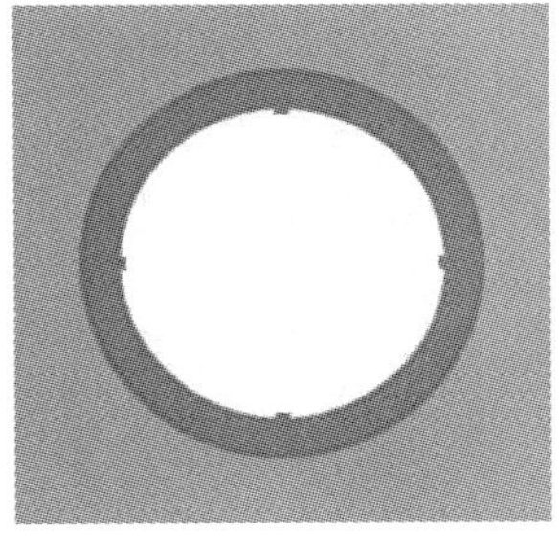

图 3-56

（5）单击“图层”控制面板下方的“添加图层样式”按钮 fx，在弹出的菜单中选择“斜面和浮雕”命令，在弹出的对话框中进行设置，如图 3-57 所示。选择“投影”选项，切换到相应的对话框中进行设置，如图 3-58 所示。单击“确定”按钮，效果如图 3-59 所示。

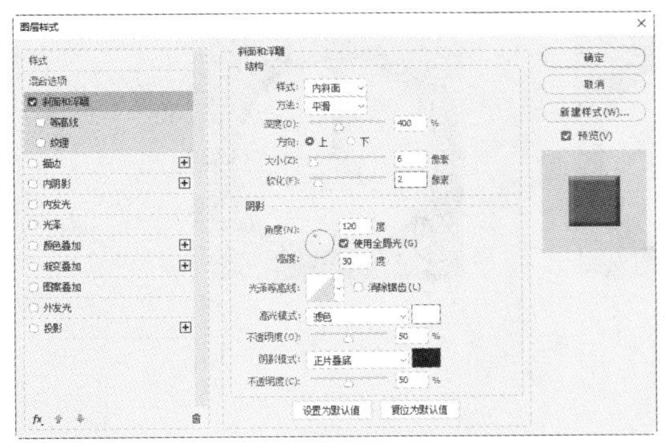

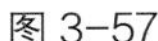

图 3-57

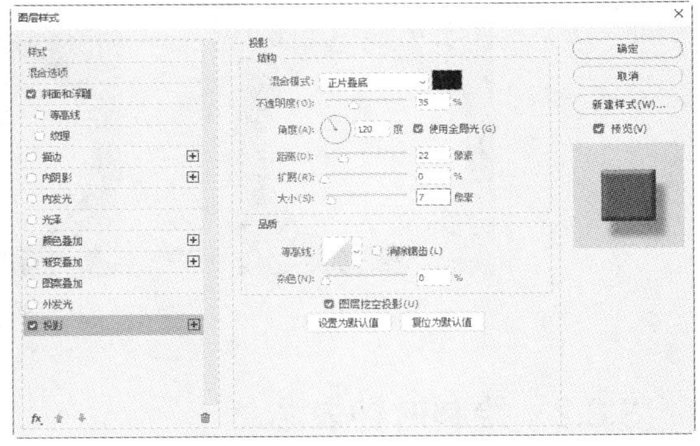

图 3-58

（6）新建图层组并将其命名为“指针”。选择“圆角矩形”工具▢，在属性栏中将“半径”选项设为 15 px，在图像窗口中绘制一个圆角矩形，将填充色设为蓝色（其 R、G、B 的值分别为 55、191、207），描边色设为无，效果如图 3-60 所示。在“图层”控制面板中生成新的形状图层并将其命名为“分针”。

图 3-59

图 3-60

（7）单击“图层”控制面板下方的“添加图层样式”按钮 fx，在弹出的菜单中选择“投影”命令，在弹出的对话框中进行设置，如图 3-61 所示。单击“确定”按钮，效果如图 3-62 所示。

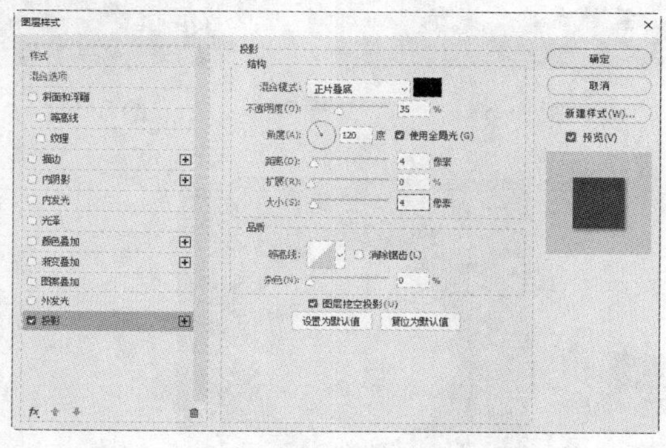

图 3-61

图 3-62

（8）选择“矩形”工具▭，在属性栏中单击“路径操作”按钮⧉，在弹出的菜单中选择“新建图层”命令，在图像窗口中绘制一个矩形，将填充色设为深蓝色（其 R、G、B 的值分别为 15、142、157），描边色设为无，效果如图 3-63 所示，在“图层”控制面板中生成新的图层“矩形 1”。

（9）按 Ctrl+Alt+G 组合键，为“矩形 1”图层创建剪贴蒙版，图像效果如图 3-64 所示。用相同的方法绘制“时针”“秒针”和“刻度”，效果如图 3-65 所示。

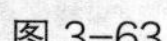

图 3-63

图 3-64

图 3-65

3.2.2 绘制时钟表芯

（1）选择“椭圆”工具◯，在按住 Shift 键的同时，在图像窗口中绘制一个圆形，将填充色设为粉红色（其 R、G、B 的值分别为 255、145、144），描边色设为无，效果如图 3-66 所示，在“图层”控制面板中生成新的形状图层“椭圆 2”。

（2）单击“图层”控制面板下方的“添加图层样式”按钮 fx，在弹出的菜单中选择“斜面和浮雕”命令，在弹出的对话框中进行设置，如图 3-67 所示。选择“投影”选项，切换到相应的对话框中进行设置，如图 3-68 所示。单击“确定”按钮，效果如图 3-69 所示。

图 3-66

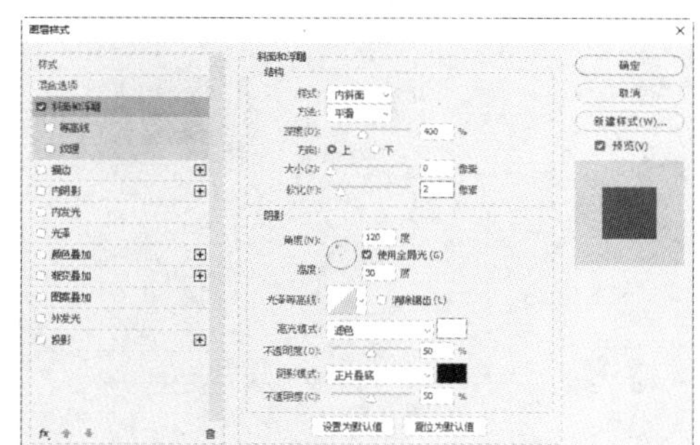

图 3-67

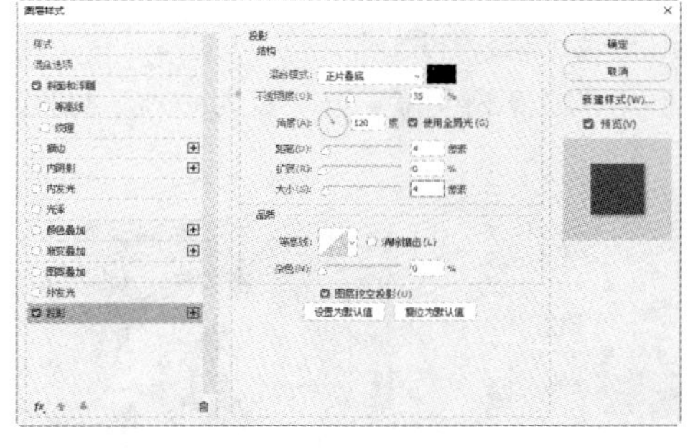

图 3-68

图 3-69

（3）按 Ctrl+J 组合键，复制“椭圆 2”图层，生成新的图层“椭圆 2 拷贝”。按 Ctrl+T 组合键，在圆形周围出现变换框，单击属性栏中的“保持长宽比”按钮，在按住 Alt+Shift 组合键的同时，向内拖曳右上角的控制手柄，等比例缩小圆形，如图 3-70 所示。按 Enter 键确定操作，效果如图 3-71 所示。

（4）在“图层”控制面板中，删除“斜面和浮雕”和“投影”样式，效果如图 3-72 所示。在属性栏中将填充色设为粉红色（其 R、G、B 的值分别为 237、62、58），效果如图 3-73 所示。

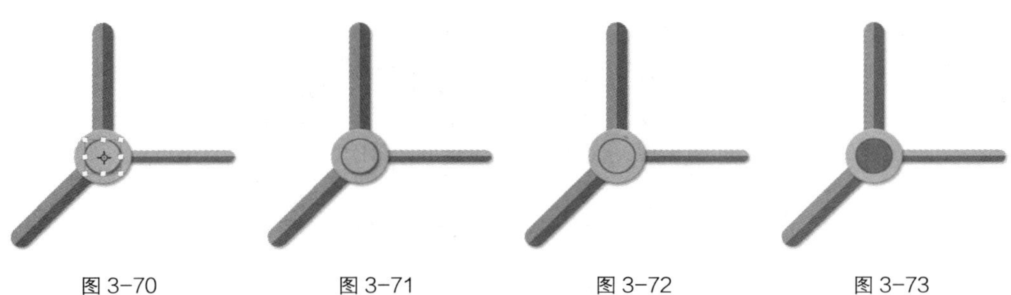

图 3-70　　图 3-71　　图 3-72　　图 3-73

（5）单击“图层”控制面板下方的“添加图层样式”按钮 fx，在弹出的菜单中选择“内阴影”命令，在弹出的对话框中进行设置，如图 3-74 所示。单击“确定”按钮，效果如图 3-75 所示。用相同的方法再复制一个圆形，等比例缩小并添加图层样式，效果如图 3-76 所示。

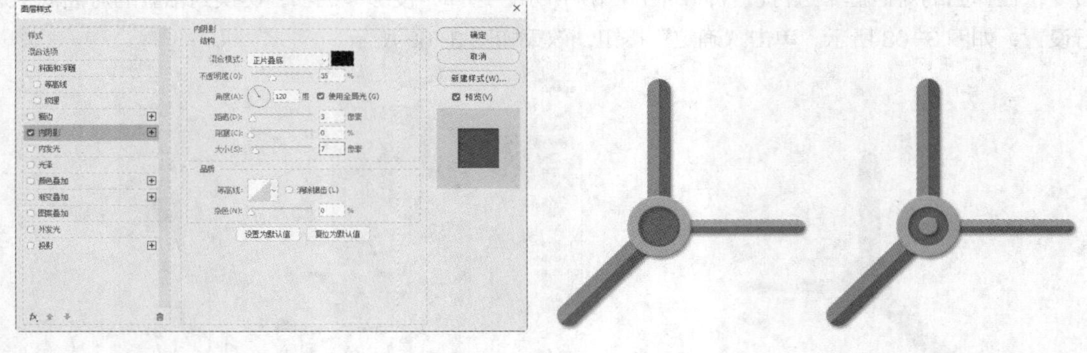

图 3-74　　图 3-75　　图 3-76

（6）选择“钢笔”工具，在属性栏的“选择工具模式”选项中选择“形状”，在图像窗口中绘制一个形状，将填充色设为淡黑色（其 R、G、B 的值分别为 29、29、29），描边色设为无，效果如图 3-77 所示，在“图层”控制面板中生成新的形状图层“投影”。

（7）在“图层”控制面板上方，将“投影”图层的“不透明度”选项设为 60%，如图 3-78 所示，图像效果如图 3-79 所示。

图 3-77

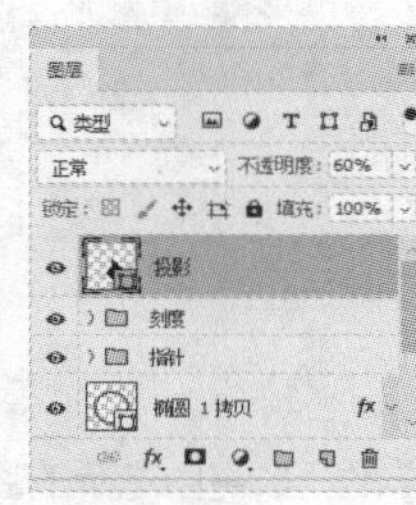

图 3-78

图 3-79

（8）单击“图层”控制面板下方的“添加图层蒙版”按钮，为“投影”图层添加图层蒙版，如图 3-80 所示。选择“渐变”工具，单击属性栏中的“点按可编辑渐变”按钮，弹出“渐变编辑器”对话框，将渐变色设为黑色到白色，单击“确定”按钮。在形状上从右下角至左上角拖曳鼠标指针填充渐变色，效果如图 3-81 所示。

图 3-80

图 3-81

（9）在“图层”控制面板中，将“投影”图层拖曳到“指针”图层组的下方，如图 3–82 所示，图像效果如图 3–83 所示。至此，时钟图标绘制完成。将图标应用在手机中，会自动应用圆角遮罩图标，呈现出圆角效果，如图 3–84 所示。

图 3–82

图 3–83

图 3–84

（10）按 Ctrl+S 组合键，弹出“另存为”对话框，将其命名为“微拟物时钟图标设计”，保存为 PSD 格式。单击“保存”按钮，弹出“Photoshop 格式选项”对话框，单击“确定”按钮，将文件保存。

3.3 课后习题——扁平化家电图标设计

习题知识要点

在 Illustrator 中，使用“圆角矩形”工具、“描边”控制面板、“椭圆”工具、“矩形”工具和“变换控制”面板绘制洗衣机外形和功能按钮，使用“椭圆”工具、“直线段”工具和“描边”控制面板绘制洗衣机滚筒。

效果所在位置

云盘 > Ch03 > 效果 > 扁平化家电图标设计.ai，如图 3–85 所示。

图 3–85

04

第 4 章 标志设计

本章介绍

标志，是用于传达事物特征的特定视觉符号，它可以代表企业的形象和文化，体现企业的服务水平、管理机制及综合实力等。在企业视觉战略推广中，标志起着举足轻重的作用。通过本章的学习，读者可以掌握标志的设计方法和制作技巧。

学习目标

- 掌握标志的设计思路和过程。
- 掌握标志的制作方法和技巧。

技能目标

- 掌握盛发游戏标志的制作方法。
- 掌握伯仑酒店标志的制作方法。

4.1 盛发游戏标志设计

案例学习目标

在 Illustrator 中，学习使用绘图工具、“路径查找器”控制面板和“填充”工具绘制标志图形；在 Photoshop 中，学习使用“置入嵌入对象”命令、“添加图层样式”按钮制作标志立体效果。

案例知识要点

在 Illustrator 中，使用“钢笔”工具、“椭圆”工具、“联集”按钮绘制卡通脸型，使用“椭圆”工具、“矩形”工具、“圆角矩形”工具、“旋转”工具和“多边形”工具绘制游戏手柄，使用“文字”工具、“字符”控制面板添加标准字；在 Photoshop 中，使用“图案叠加”命令添加背景底纹，使用“置入嵌入对象”命令添加标志图形，使用“斜面和浮雕”命令、“投影”命令为标志图形添加立体效果。

效果所在位置

云盘 > Ch04 > 效果 > 盛发游戏标志设计 > 盛发游戏标志.ai、盛发游戏标志立体效果.psd，如图 4-1 所示。

图 4-1

4.1.1 制作标志

（1）打开 Illustrator CC 2019，按 Ctrl+N 组合键，弹出“新建文档”对话框。设置文档的宽度为 210 mm，高度为 297 mm，取向为纵向，出血为 3 mm，颜色模式为 CMYK，单击“创建”按钮，新建一个文档。

（2）选择“钢笔”工具，在页面中绘制一个不规则图形，如图 4-2 所示。选择“椭圆”工具，在页面中分别绘制 3 个椭圆，如图 4-3 所示。

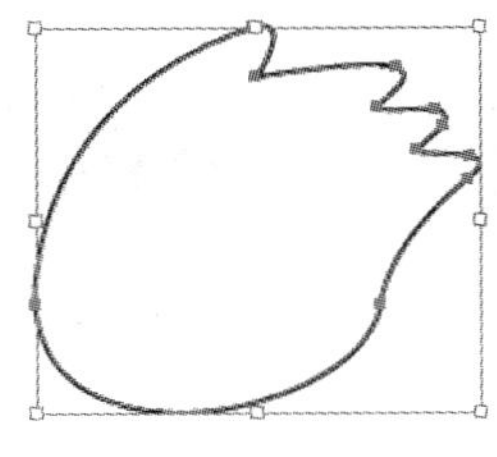

图 4-2

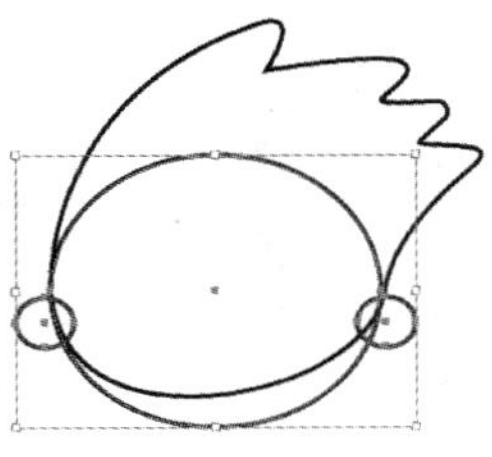

图 4-3

（3）选择“选择”工具▶，用框选的方法将所绘制的图形同时选取。选择“窗口 > 路径查找器”命令，弹出“路径查找器”控制面板，单击“联集”按钮，如图 4-4 所示。生成新的对象，如图 4-5 所示。设置填充色为蓝色（其 C、M、Y、K 的值分别为 100、30、0、0），填充图形，并设置描边色为无，效果如图 4-6 所示。

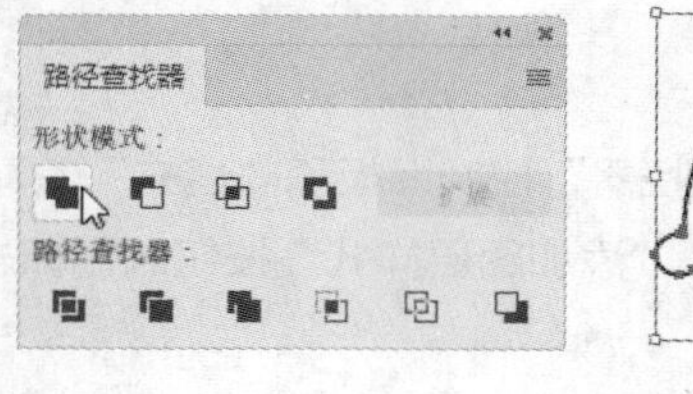

图 4-4

图 4-5

图 4-6

（4）选择“椭圆”工具，按住 Shift 键的同时，在适当的位置绘制一个圆形，如图 4-7 所示。填充图形为白色，并设置描边色为无，效果如图 4-8 所示。

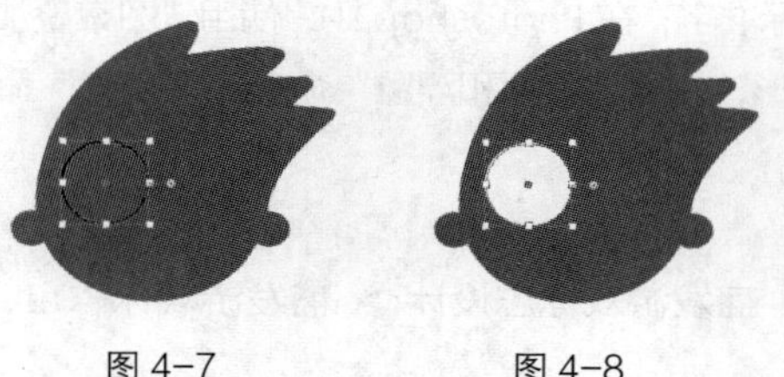
图 4-7　　图 4-8

（5）选择“选择”工具▶，在按住 Alt+Shift 组合键的同时，水平向右拖曳圆形到适当的位置，复制圆形，效果如图 4-9 所示。

（6）选择“矩形”工具，在适当的位置绘制一个矩形，如图 4-10 所示。填充图形为白色，并设置描边色为无，效果如图 4-11 所示。

图 4-9　　图 4-10　　图 4-11

（7）选择“选择”工具▶，在按住 Shift 键的同时，将矩形和两个圆形同时选取。在“路径查找器”控制面板中，单击“联集”按钮，生成新的对象，效果如图 4-12 所示。

（8）选择“钢笔”工具，在适当的位置绘制一个不规则图形，如图 4-13 所示。填充图形为白色，并设置描边色为无，效果如图 4-14 所示。

图 4-12　　图 4-13　　图 4-14

（9）选择“文字”工具 T，在页面外输入需要的文字。选择“选择”工具，在属性栏中选择合适的字体并设置文字大小，效果如图 4-15 所示。

（10）双击“旋转”工具，在弹出的对话框中进行设置，如图 4-16 所示。单击“确定”按钮，旋转文字。选择“选择”工具，填充文字为白色，并将其拖曳到页面中适当的位置，效果如图 4-17 所示。

（11）选择“文字 > 创建轮廓”命令，将文字转换为轮廓路径。用框选的方法将所有图形和文字同时选取，选择“对象 > 复合路径 > 建立”命令，建立复合路径，效果如图 4-18 所示。

图 4-15　图 4-16　图 4-17　图 4-18

（12）选择“圆角矩形”工具，在页面中单击鼠标，弹出“圆角矩形”对话框，选项的设置如图 4-19 所示。单击“确定”按钮，得到一个圆角矩形。选择“选择”工具，拖曳圆角矩形到适当的位置，效果如图 4-20 所示。设置填充色为蓝色（其 C、M、Y、K 的值分别为 100、30、0、0），填充图形，并设置描边色为无，效果如图 4-21 所示。

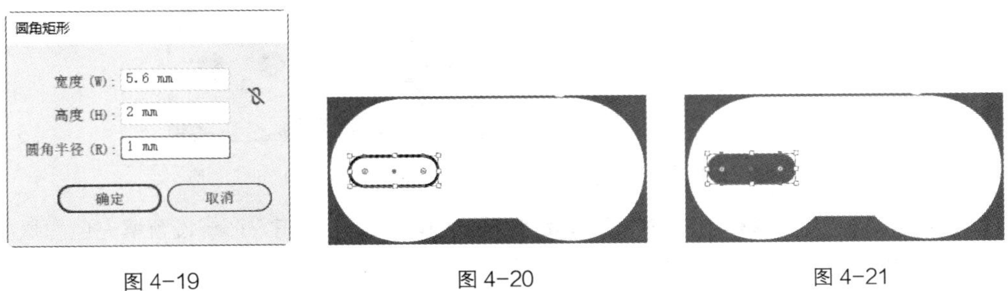

图 4-19　图 4-20　图 4-21

（13）双击“旋转”工具，在弹出的对话框中进行设置，如图 4-22 所示。单击“复制”按钮，效果如图 4-23 所示。

（14）选择“矩形”工具，在适当的位置绘制一个矩形。设置填充色为蓝色（其 C、M、Y、K 的值分别为 100、30、0、0），填充图形，并设置描边色为无，效果如图 4-24 所示。

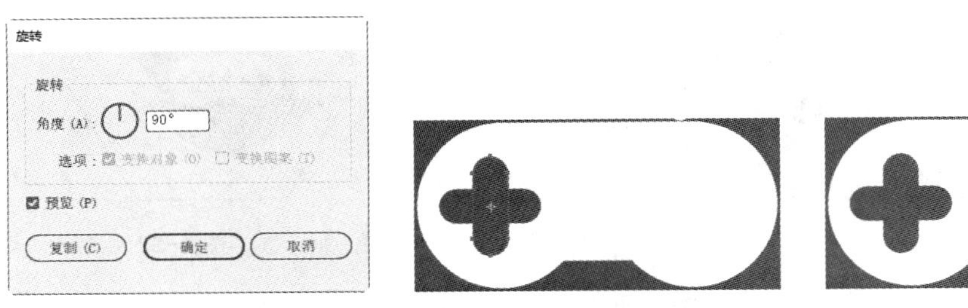

图 4-22　图 4-23　图 4-24

（15）选择“椭圆”工具，在按住 Shift 键的同时，在适当的位置绘制一个圆形。设置填充色为蓝色（其 C、M、Y、K 的值分别为 100、30、0、0），填充图形，并设置描边色为无，效果如图 4-25 所示。

（16）选择“选择”工具，按住 Alt+Shift 组合键的同时，水平向右拖曳圆形到适当的位置，复制图形，效果如图 4-26 所示。设置填充色为红色（其 C、M、Y、K 的值分别为 0、100、100、0），填充图形，并设置描边色为无，效果如图 4-27 所示。

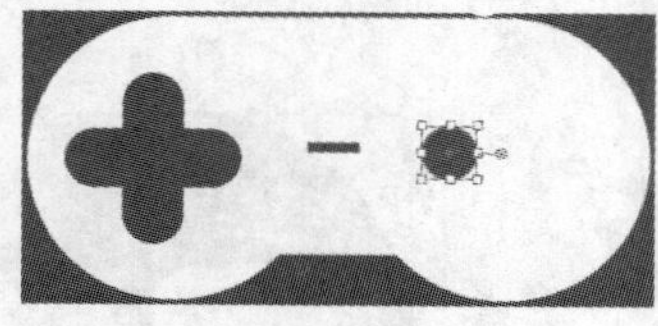
图 4-25

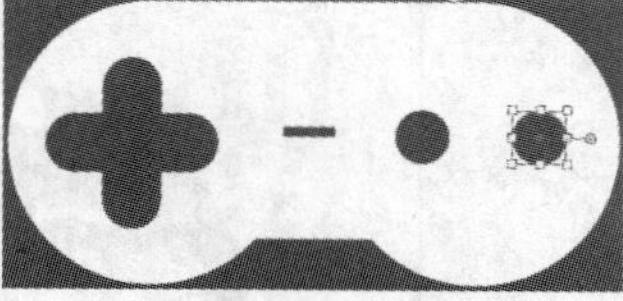
图 4-26

图 4-27

（17）选择“多边形”工具，在页面中单击鼠标，弹出“多边形”对话框，在对话框中进行设置，如图 4-28 所示。单击“确定”按钮，得到一个三角形。选择“选择”工具，拖曳三角形到适当的位置，设置填充色为黄色（其 C、M、Y、K 的值分别为 0、20、100、0），填充图形，并设置描边色为无，效果如图 4-29 所示。

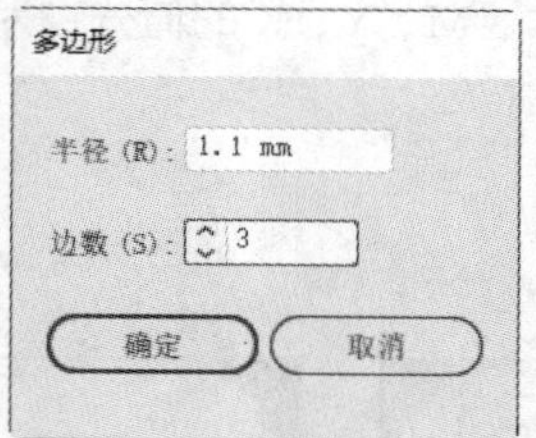

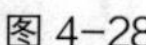
图 4-28

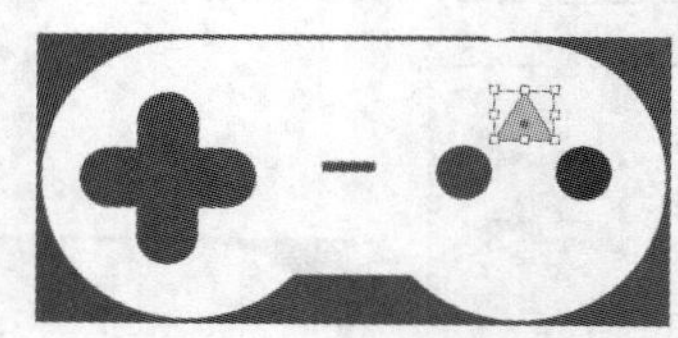
图 4-29

（18）选择“矩形”工具，在按住 Shift 键的同时，绘制一个正方形。设置填充色为绿色（其 C、M、Y、K 的值分别为 75、0、100、0），填充图形，并设置描边色为无，效果如图 4-30 所示。

（19）选择“多边形”工具，在页面中单击鼠标，弹出“多边形”对话框，在对话框中进行设置，如图 4-31 所示。单击“确定”按钮，得到一个多边形。选择“选择”工具，拖曳多边形到适当的位置，效果如图 4-32 所示。

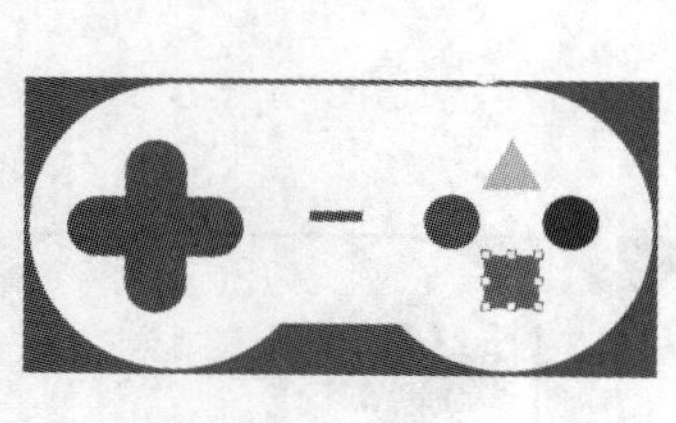
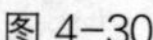
图 4-30

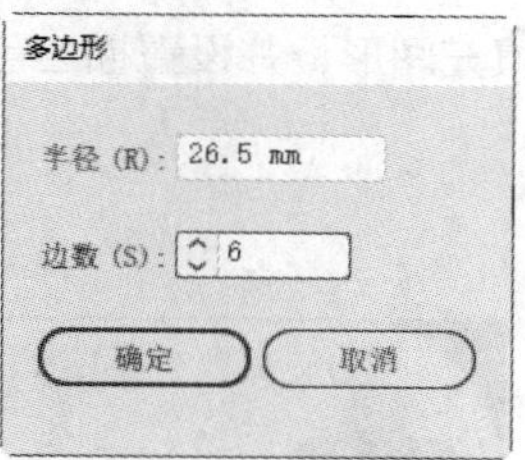

图 4-31

图 4-32

（20）在属性栏中将“描边粗细”选项设置为 2 pt，按 Enter 键确定操作，效果如图 4-33 所示。设置描边色为蓝色（其 C、M、Y、K 的值分别为 100、30、0、0），填充描边，效果如图 4-34 所示。

图 4-33

图 4-34

（21）选择“窗口 > 变换”命令，弹出“变换”控制面板，在“多边形属性：”选项区中，将“圆角半径”选项均设为 4 mm，其他选项的设置如图 4-35 所示，按 Enter 键确定操作，效果如图 4-36 所示。选择“对象 > 路径 > 轮廓化描边”命令，创建对象的描边轮廓，效果如图 4-37 所示。

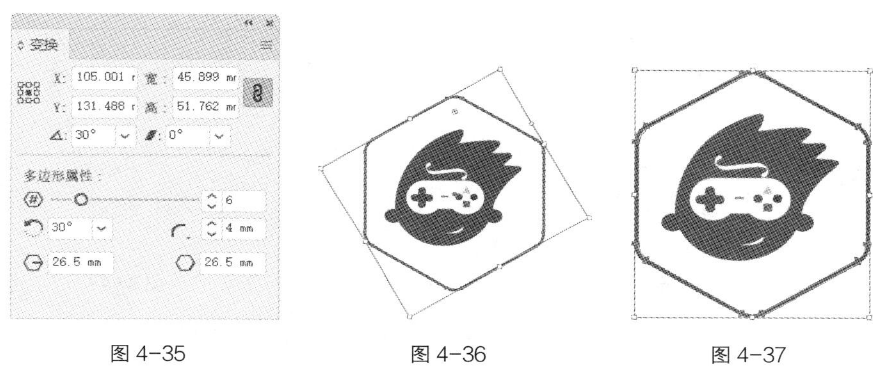

图 4-35　　图 4-36　　图 4-37

（22）选择“文字”工具，在页面中分别输入需要的文字。选择“选择”工具，在属性栏中分别选择合适的字体并设置文字大小，效果如图 4-38 所示。

（23）选择下方的英文，按 Ctrl+T 组合键，弹出“字符”控制面板。将“设置所选字符的字距调整”选项设为 100，其他选项的设置如图 4-39 所示。按 Enter 键确定操作，效果如图 4-40 所示。

图 4-38

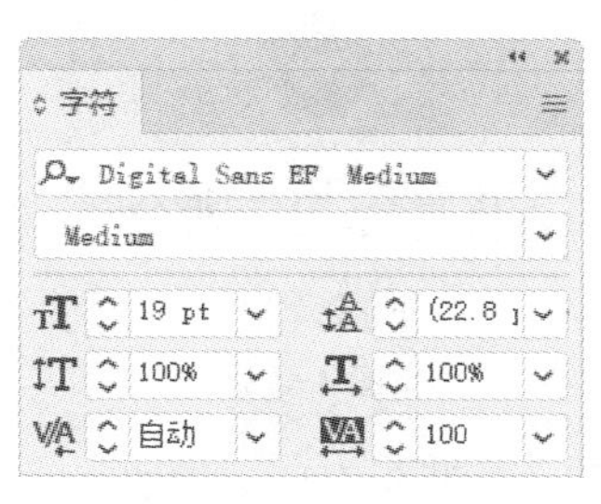

图 4-39

盛发游戏开发有限公司
SHENG FA GAME DEVELOPMENT CO.,LTD.

图 4-40

（24）盛发游戏标志设计完成。按 Ctrl+S 组合键，弹出“存储为”对话框，将其命名为“盛发游戏标志”，保存为 AI 格式。单击“保存”按钮，弹出“Illustrator 选项”对话框，单击“确定”按钮，将文件保存。

4.1.2　制作标志立体效果

（1）打开 Photoshop CC 2019，按 Ctrl+N 组合键，弹出“新建文档”对话框，设置宽度为 20 cm，

高度为 12 cm，分辨率为 150 ppi，颜色模式为 RGB，背景内容为白色。单击“创建”按钮，新建一个文件。

（2）新建图层并将其命名为“底纹”。按 D 键，恢复默认前景色和背景色。按 Ctrl+Delete 组合键，用背景色填充“底纹”图层。

（3）单击“图层”控制面板下方的“添加图层样式”按钮 fx，在弹出的菜单中选择“图案叠加”命令，弹出“图层样式”对话框，单击“图案”选项右侧的 按钮，在弹出的列表框中选择“灰色花岗岩花纹纸”图案，如图 4-41 所示。单击“确定”按钮，效果如图 4-42 所示。

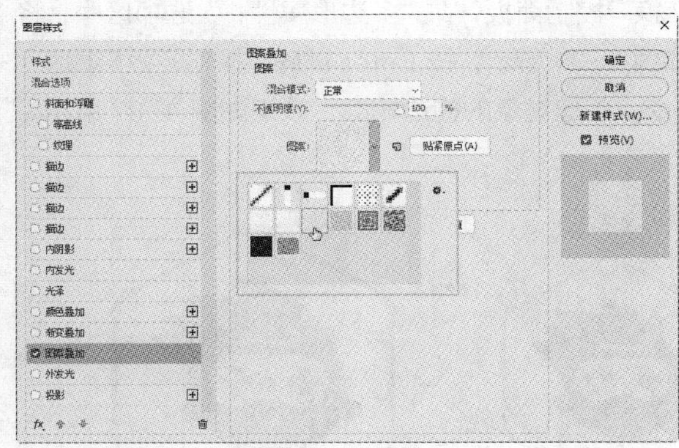

图 4-41

图 4-42

（4）选择“文件 > 置入嵌入对象”命令，弹出“置入嵌入的对象”对话框。选择云盘中的“Ch04 > 效果 > 盛发游戏标志设计 > 盛发游戏标志.ai”文件，单击“置入”按钮，将图片置入到图像窗口中，并将其拖曳到适当的位置。按 Enter 键确定操作，效果如图 4-43 所示，在“图层”控制面板中生成新的图层。

图 4-43

（5）单击“图层”控制面板下方的“添加图层样式”按钮 fx，在弹出的菜单中选择“斜面和浮雕”命令，在弹出的“图层样式”对话框中进行设置，如图 4-44 所示。单击“光泽等高线”选项右侧的按钮 ，在弹出的列表框中选择“画圆步骤”等高线，如图 4-45 所示。选择“投影”选项，切换到相应的面板中进行设置，如图 4-46 所示。单击“确定”按钮，效果如图 4-47 所示。盛发游戏标志立体效果制作完成。

（6）按 Ctrl+S 组合键，弹出“另存为”对话框，将其命名为“盛发游戏标志立体效果”，保存为 PSD 格式。单击“保存”按钮，弹出“Photoshop 格式选项”对话框，单击“确定”按钮，将文件保存。

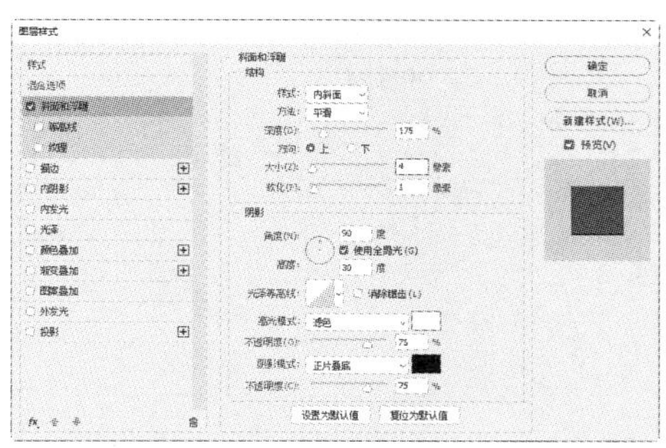

图 4-44

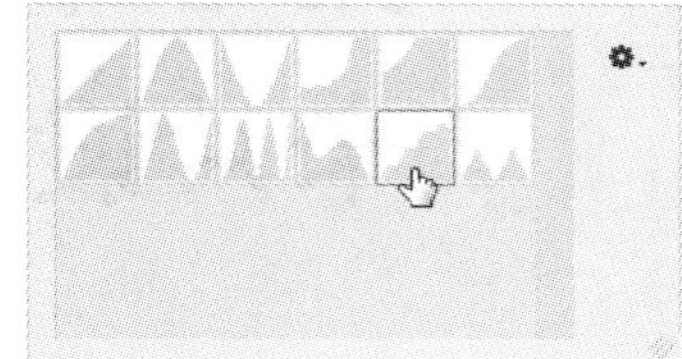

图 4-45

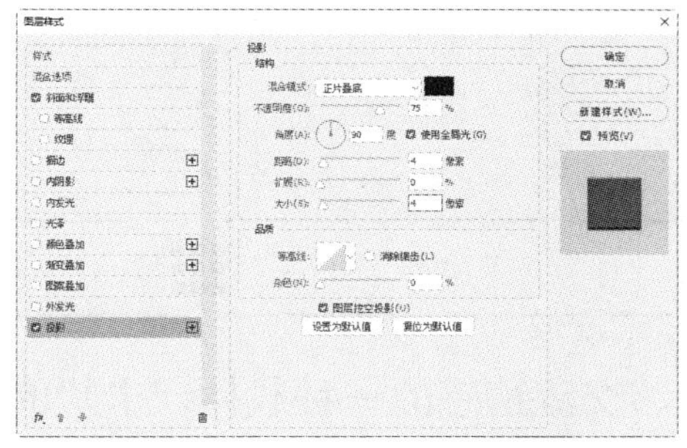

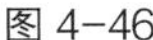

图 4-46

图 4-47

4.2 课后习题——伯仑酒店标志设计

习题知识要点

在 Illustrator 中，使用“钢笔”工具、“矩形”工具、“路径查找器”控制面板、“椭圆”工具、“填充”工具和“文字”工具制作标志；在 Photoshop 中，使用“创建新的填充或调整图层”按钮、“渐变”工具添加背景底纹，使用“置入嵌入对象”命令、“添加图层样式”按钮制作标志立体效果。

效果所在位置

云盘 > Ch04 > 效果 > 伯仑酒店标志设计 > 伯仑酒店标志.ai、伯仑酒店标志立体效果.psd，如图 4-48 所示。

图 4-48

05

第 5 章 卡片设计

本章介绍

卡片是人们传递信息、交流情感的一种载体。卡片的种类繁多，有邀请卡、祝福卡、宣传卡等，门票也属于卡片的一种。通过本章的学习，读者可以掌握卡片的设计方法和制作技巧。

学习目标

- 掌握卡片的设计思路和过程。
- 掌握卡片的制作方法和技巧。

技能目标

- 掌握产品宣传卡的制作方法。
- 掌握音乐会门票的制作方法。

5.1 产品宣传卡设计

案例学习目标

在 Photoshop 中，学习使用“渐变”工具、“选区”工具、“变换”命令和“添加图层样式”按钮制作产品宣传卡的背景图；在 Illustrator 中，学习使用绘图工具、“效果”命令、“文字”工具、“字符”控制面板、“字形”控制面板制作产品宣传卡的正面和背面。

案例知识要点

在 Photoshop 中，使用“矩形选框”工具、“变换”命令和“填充”命令制作放射光效果，使用“添加图层蒙版”按钮、“渐变”工具制作放射光渐隐效果，使用“颜色叠加”命令为图片叠加颜色；在 Illustrator 中，使用“矩形”工具、“倾斜”工具制作矩形倾斜效果，使用“星形”工具、“圆角”命令、“旋转”工具和“文字”工具制作装饰星形，使用“符号”面板添加符号图形，使用“高斯模糊”命令为文字添加模糊效果，使用“文字”工具和“填充”工具添加标题及相关信息。

效果所在位置

云盘 > Ch05 > 效果 > 产品宣传卡设计 > 产品宣传卡.ai，如图 5-1 所示。

图 5-1

5.1.1 制作背景图

（1）打开 Photoshop CC 2019，按 Ctrl+N 组合键，弹出“新建文档”对话框。设置宽度为 6.6 cm，高度为 9.6 cm，分辨率为 300 ppi，颜色模式为 RGB，背景内容为白色。单击“创建”按钮，新建一个文件。

（2）选择“视图 > 新建参考线版面”命令，弹出“新建参考线版面”对话框，设置如图 5-2 所示。单击“确定”按钮，完成版面参考线的创建，如图 5-3 所示。

（3）选择“渐变”工具 ，单击属性栏中的“点按可编辑渐变”按钮 ，弹出“渐变编辑器”对话框。在“位置”选项中分别输入 0、50、100 3 个位置点，设置 3 个位置点颜色的 R、G、B 值分别为 0（26、183、200）、50（139、208、224）、100（26、183、200），如图 5-4 所示。在按住 Shift 键的同时，在图像窗口中由上至下拖曳鼠标指针填充渐变色，松开鼠标后，效果如图 5-5 所示。

（4）单击“图层”控制面板下方的“创建新组”按钮 ，生成新的图层组并将其命名为“放射光”。

新建图层并将其命名为“矩形 1”。将前景色设为淡黄色（其 R、G、B 的值分别为 255、253、232）。选择“矩形选框”工具，在图像窗口中绘制矩形选区，如图 5-6 所示。

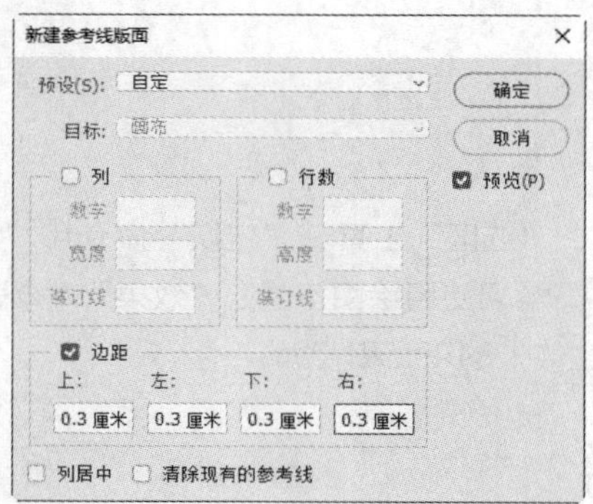

图 5-2

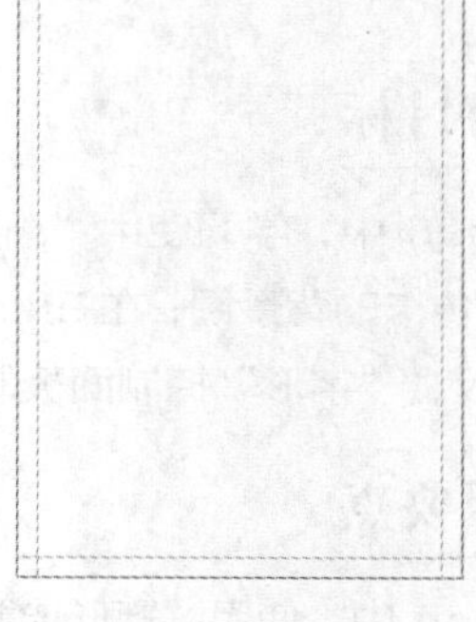

图 5-3

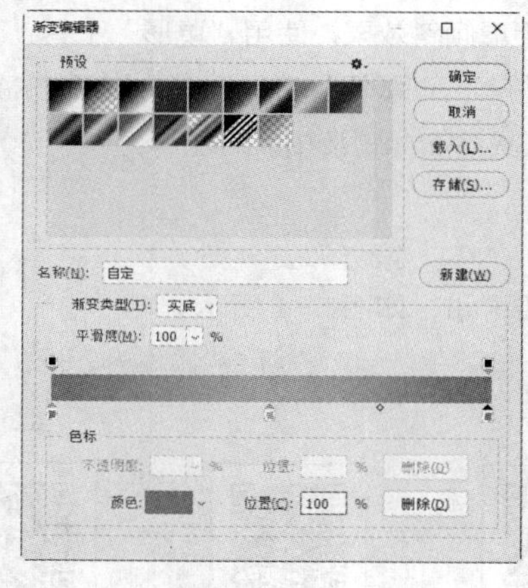

图 5-4

图 5-5

图 5-6

（5）选择“选择 > 变换选区”命令，选区周围出现变换框，如图 5-7 所示。在变换框中单击鼠标右键，在弹出的快捷菜单中选择“透视”命令，向右拖曳右下角的控制手柄到适当的位置，调整选区的大小，如图 5-8 所示，按 Enter 键确定操作。按 Alt+Delete 组合键，用前景色填充选区，按 Ctrl+D 组合键，取消选区，效果如图 5-9 所示。

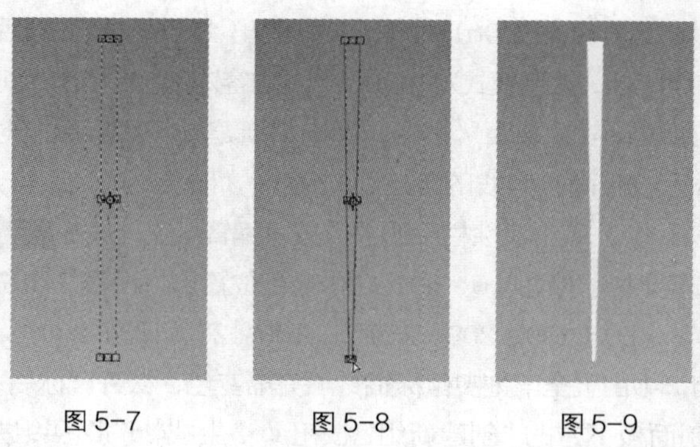

图 5-7　　图 5-8　　图 5-9

（6）按 Ctrl+Alt+T 组合键，在图像周围出现变换框，在按住 Alt 键的同时，拖曳中心点到控制手柄下边中间的位置，如图 5-10 所示。将图形旋转到适当的角度，如图 5-11 所示，按 Enter 键确定操作，效果如图 5-12 所示。连续按 Ctrl+Shift+Alt+T 组合键，按需要再复制多个图形，如图 5-13 所示。单击“放射光”图层组左侧的三角形图标，将“放射光”图层组中的图层隐藏。

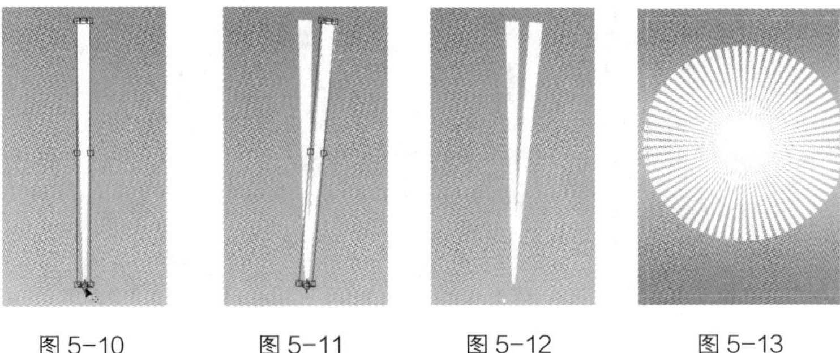

图 5-10　　图 5-11　　图 5-12　　图 5-13

（7）单击“图层”控制面板下方的“添加图层蒙版”按钮，为“放射光”图层组添加图层蒙版，如图 5-14 所示。选择“渐变”工具，单击属性栏中的“点按可编辑渐变”按钮，弹出“渐变编辑器”对话框。将渐变色设为从白色到黑色，选中属性栏中的“径向渐变”按钮，在图像窗口中从中心向右下角拖曳鼠标指针填充渐变色，如图 5-15 所示。松开鼠标后，效果如图 5-16 所示。

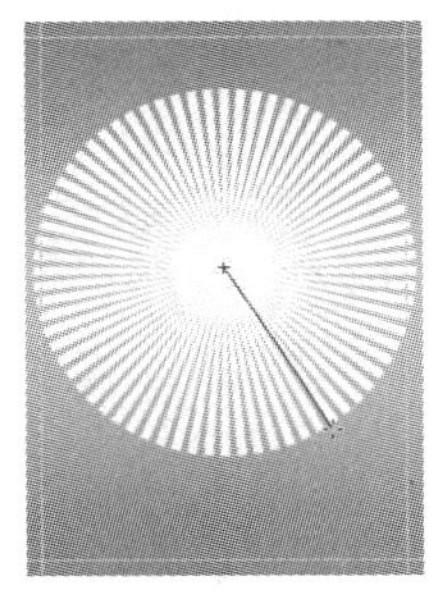

图 5-14　　图 5-15　　图 5-16

（8）新建图层并将其命名为“羽化圆”。选择“椭圆选框”工具，在按住 Shift 键的同时，在图像窗口中拖曳鼠标指针绘制圆形选区，效果如图 5-17 所示。按 Shift+F6 组合键，弹出“羽化选区”对话框，选项的设置如图 5-18 所示。单击“确定”按钮，羽化选区。按 Alt+Delete 组合键，用前景色填充选区，按 Ctrl+D 组合键，取消选区，效果如图 5-19 所示。

图 5-17　　图 5-18　　图 5-19

（9）在“图层”控制面板中，在按住 Shift 键的同时，单击“放射光”图层组将其同时选取，如图 5-20 所示。按 Ctrl+E 组合键，合并图层并将其命名为“放射光”，如图 5-21 所示。按 Ctrl+T 组合键，在图像周围出现变换框，单击属性栏中的“保持长宽比”按钮 。在按住 Alt 键的同时，拖曳右上角的控制手柄等比例放大图形，按 Enter 键确定操作，效果如图 5-22 所示。

图 5-20　　图 5-21　　图 5-22

（10）按 Ctrl+J 组合键，复制“放射光”图层，生成新的图层“放射光 拷贝”，如图 5-23 所示。单击“图层”控制面板下方的“添加图层样式”按钮 fx，在弹出的菜单中选择“颜色叠加”命令，弹出“图层样式”对话框。将叠加颜色设为白色，其他选项的设置如图 5-24 所示。单击“确定”按钮，效果如图 5-25 所示。

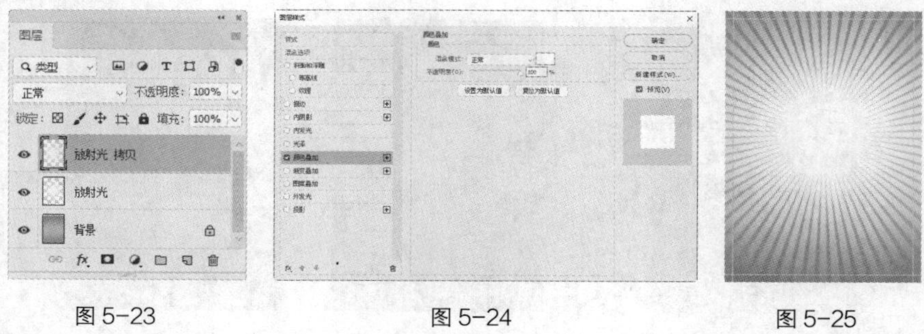

图 5-23　　图 5-24　　图 5-25

（11）单击“图层”控制面板下方的“添加图层蒙版”按钮 ，为“放射光 拷贝”图层添加图层蒙版，如图 5-26 所示。选择“渐变”工具 ，单击属性栏中的“点按可编辑渐变”按钮 ，弹出“渐变编辑器”对话框。将渐变色设为从黑色到白色，选中属性栏中的“线性渐变”按钮 。在图像窗口中从中心向上拖曳鼠标指针填充渐变色，松开鼠标后，效果如图 5-27 所示。

图 5-26　　图 5-27

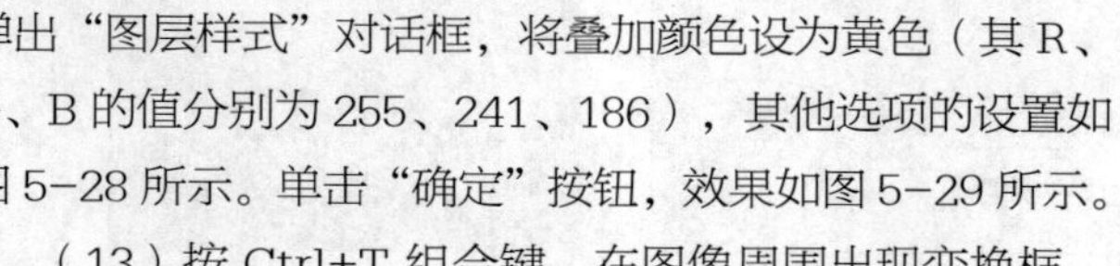

（12）按 Ctrl+J 组合键，复制“放射光 拷贝”图层，生成新的图层“放射光 拷贝 2”。双击“颜色叠加”选项，弹出“图层样式”对话框，将叠加颜色设为黄色（其 R、G、B 的值分别为 255、241、186），其他选项的设置如图 5-28 所示。单击“确定”按钮，效果如图 5-29 所示。

（13）按 Ctrl+T 组合键，在图像周围出现变换框，将鼠标指针放在变换框的控制手柄外边，当鼠标指针变为旋转图标 时，拖曳鼠标指针将图像旋转到适当的角度，按 Enter 键确定操作，效果如图 5-30 所示。产品宣传卡背景图制作完成。

（14）按 Shift+Ctrl+E 组合键，合并可见图层。按 Ctrl+S 组合键，弹出“另存为”对话框，将其命名为“产品宣传卡背景图”，保存为 JPEG 格式。单击“保存”按钮，弹出“JPEG 选项”对话框，单击“确定”按钮，将图像保存。

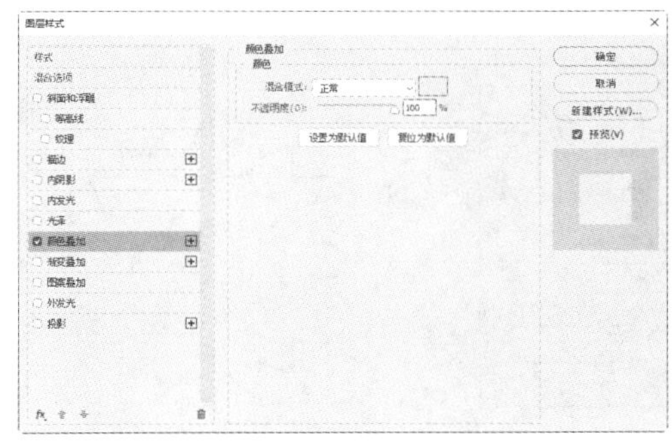

图 5-28

图 5-29

图 5-30

5.1.2 制作宣传卡正面

（1）打开 Illustrator CC 2019，按 Ctrl+N 组合键，弹出“新建文档”对话框。设置文档的宽度为 60 mm，高度为 90 mm，取向为纵向，出血为 3 mm，颜色模式为 CMYK，单击“创建”按钮，新建一个文档。

（2）选择“文件 > 置入”命令，弹出“置入”对话框，选择云盘中的“Ch05 > 效果 > 产品宣传卡设计 > 产品宣传卡背景图.jpg”文件，单击“置入”按钮，在页面中单击置入图片。单击属性栏中的“嵌入”按钮，嵌入图片。选择“选择”工具▶，拖曳图片到适当的位置，效果如图 5-31 所示。

（3）选择“矩形”工具□，在适当的位置拖曳鼠标指针绘制一个矩形，填充图形为白色，并设置描边色为无，效果如图 5-32 所示。

（4）双击“倾斜”工具，弹出“倾斜”对话框，选项的设置如图 5-33 所示。单击“确定”按钮，效果如图 5-34 所示。

图 5-31

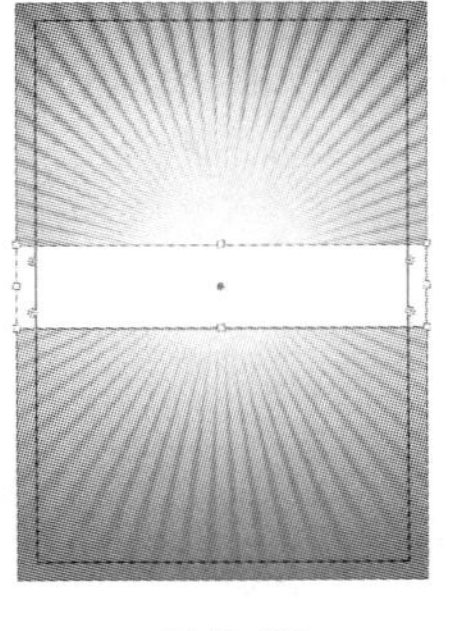

图 5-32

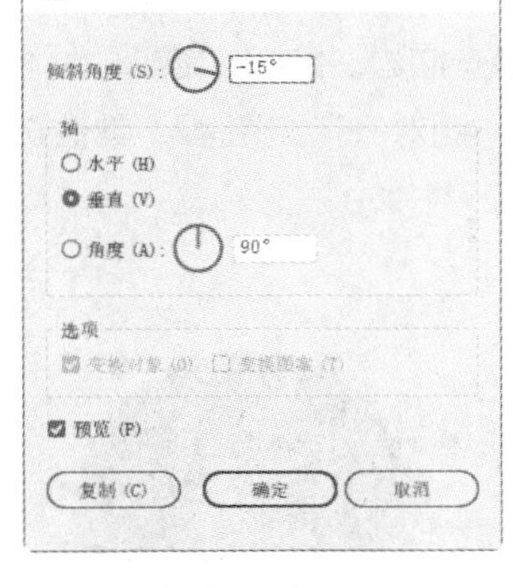

图 5-33

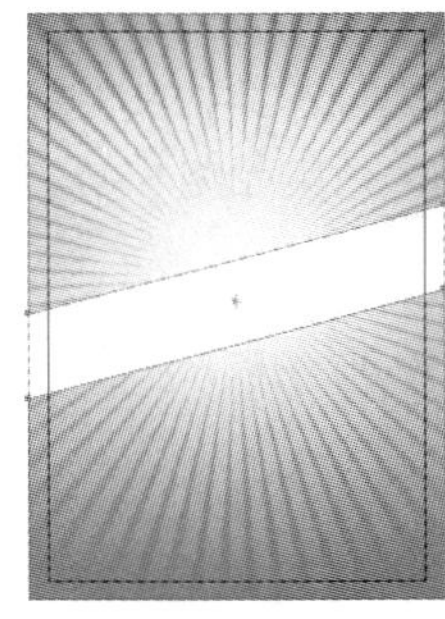

图 5-34

（5）选择“选择”工具▶，在按住 Alt+Shift 组合键的同时，垂直向上拖曳图形到适当的位置，复制图形。设置填充色为红色（其 C、M、Y、K 的值分别为 0、100、100、10），填充图形，效果如图 5-35 所示。

（6）选择“星形”工具，在页面外单击鼠标左键，弹出“星形”对话框，选项的设置如图 5-36 所示。单击“确定”按钮，出现一个多角星形，如图 5-37 所示。

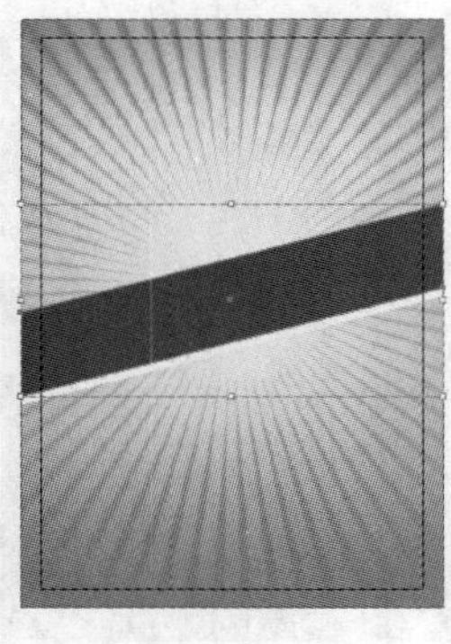
图 5-35

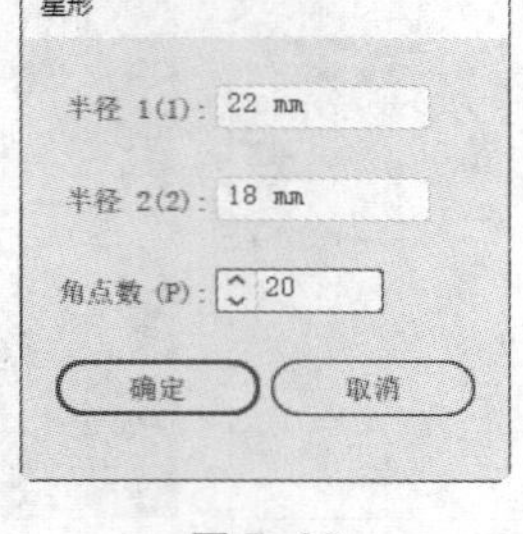

图 5-36

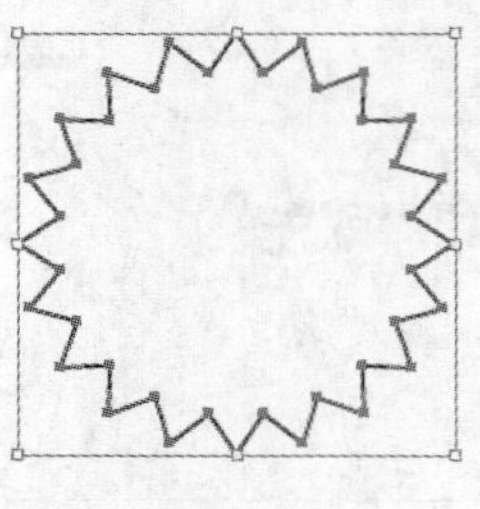
图 5-37

（7）选择“效果 > 风格化 > 圆角”命令，在弹出的“圆角”对话框中进行设置，如图 5-38 所示。单击“确定”按钮，效果如图 5-39 所示。设置填充色为红色（其 C、M、Y、K 的值分别为 0、100、100、10），填充图形，并设置描边色为无，效果如图 5-40 所示。

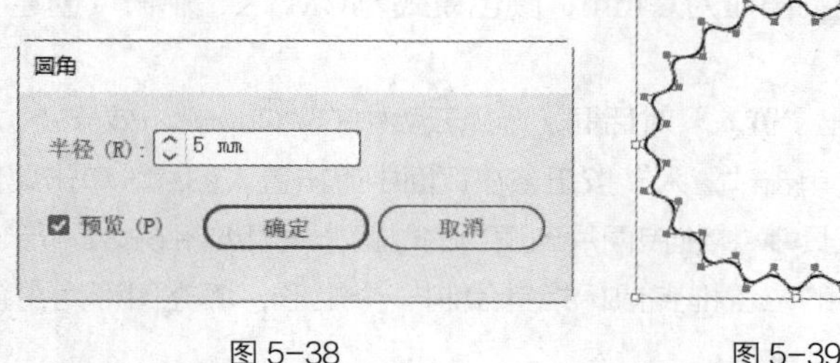

图 5-38　图 5-39

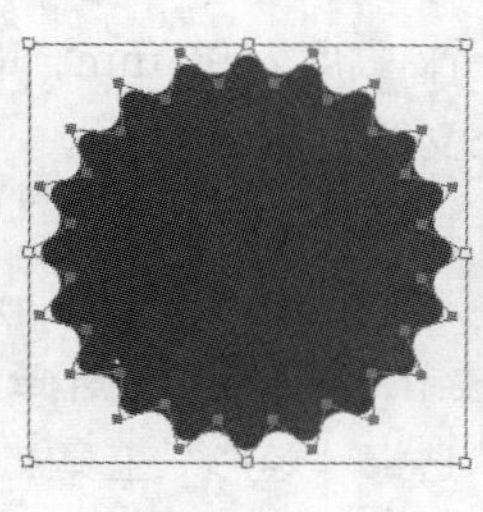
图 5-40

（8）双击“旋转”工具，弹出“旋转”对话框，选项的设置如图 5-41 所示。单击“复制”按钮，旋转并复制图形，效果如图 5-42 所示。

（9）选择“选择”工具，取消图形填充色，并设置描边色为浅黄色（其 C、M、Y、K 的值分别为 0、0、50、0），填充描边。选择“窗口 > 描边”命令，弹出“描边”控制面板，单击“对齐描边”选项中的“使描边外侧对齐”按钮，其他选项的设置如图 5-43 所示。按 Enter 键确定操作，描边效果如图 5-44 所示。

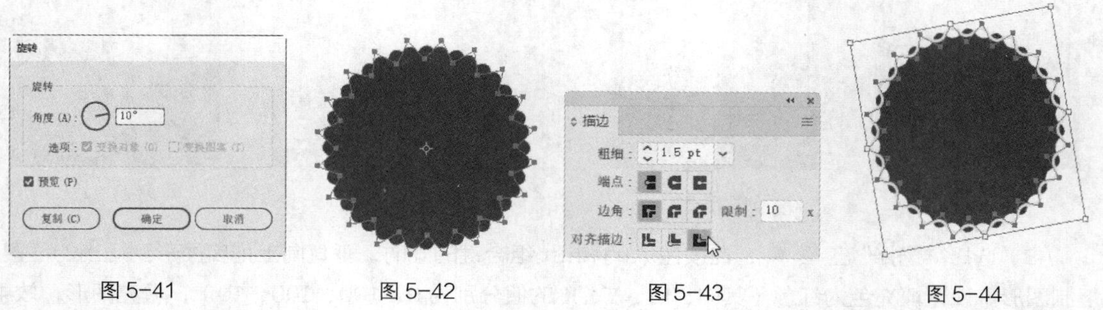

图 5-41　图 5-42　图 5-43　图 5-44

（10）选择“对象 > 变换 > 缩放”命令，在弹出的“比例缩放”对话框中进行设置，如图 5-45 所示，单击“复制”按钮，缩放并复制图形，效果如图 5-46 所示。设置填充色为黄色（其 C、M、Y、K 的值分别为 0、15、100、10），填充图形，并设置描边色为无，效果如图 5-47 所示。

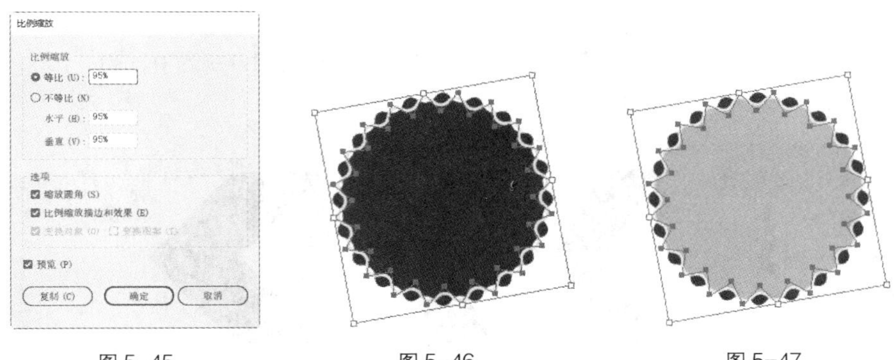

图 5-45　图 5-46　图 5-47

（11）选择“效果 > 风格化 > 内发光”命令，弹出“内发光”对话框。将发光颜色设为褐色（其 C、M、Y、K 的值分别为 36、72、100、1），其他选项的设置如图 5-48 所示。单击“确定”按钮，效果如图 5-49 所示。

（12）选择“文字”工具 T，在适当的位置分别输入需要的文字。选择“选择”工具 ▶，在属性栏中分别选择合适的字体并设置文字大小，填充文字为白色，效果如图 5-50 所示。选择“文字”工具 T，选取数字“75”，在属性栏中选择合适的字体并设置文字大小，效果如图 5-51 所示。

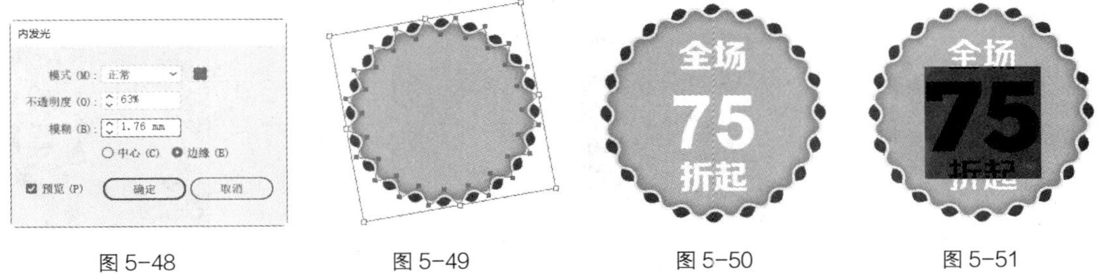

图 5-48　图 5-49　图 5-50　图 5-51

（13）选择“选择”工具 ▶，在按住 Shift 键的同时，依次单击将输入的文字同时选取，如图 5-52 所示。设置描边色为土黄色（其 C、M、Y、K 的值分别为 0、30、100、0），填充文字描边，效果如图 5-53 所示。用框选的方法将文字和图形同时选取，并将其拖曳到页面中适当的位置，效果如图 5-54 所示。

图 5-52　图 5-53　图 5-54

（14）选择“窗口 > 符号库 > 箭头”命令，弹出“箭头”面板，选择需要的符号，如图 5-55 所示，拖曳符号到适当的位置，并调整其大小，效果如图 5-56 所示。在符号图形上单击鼠标右键，在弹出的快捷菜单中选择“断开符号链接”命令，效果如图 5-57 所示。

（15）选择“选择”工具，在按住 Alt 键的同时，向下拖曳上边中间的控制手柄，调整其大小，效果如图 5-58 所示。设置填充色为土黄色（其 C、M、Y、K 的值分别为 0、30、100、0），填充图形，并设置描边色为无，效果如图 5-59 所示。

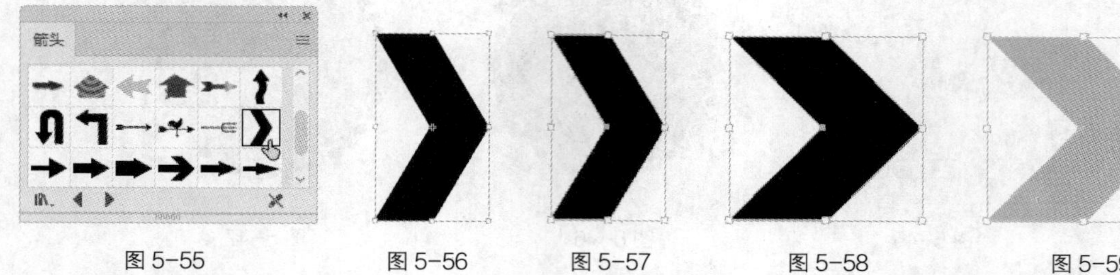

图 5-55　图 5-56　图 5-57　图 5-58　图 5-59

（16）在按住 Alt+Shift 组合键的同时，水平向左拖曳图形到适当的位置，复制图形，并调整其大小，效果如图 5-60 所示。

（17）填充图形为白色，用框选的方法将所绘制的图形同时选取，按 Ctrl+G 组合键，将其编组，拖曳编组图形到页面中适当的位置，并将其旋转到适当的角度，效果如图 5-61 所示。

（18）双击“旋转”工具，弹出“旋转”对话框，选项的设置如图 5-62 所示。单击“复制”按钮，旋转并复制图形。选择“选择”工具，向左拖曳复制的图形到适当的位置，效果如图 5-63 所示。

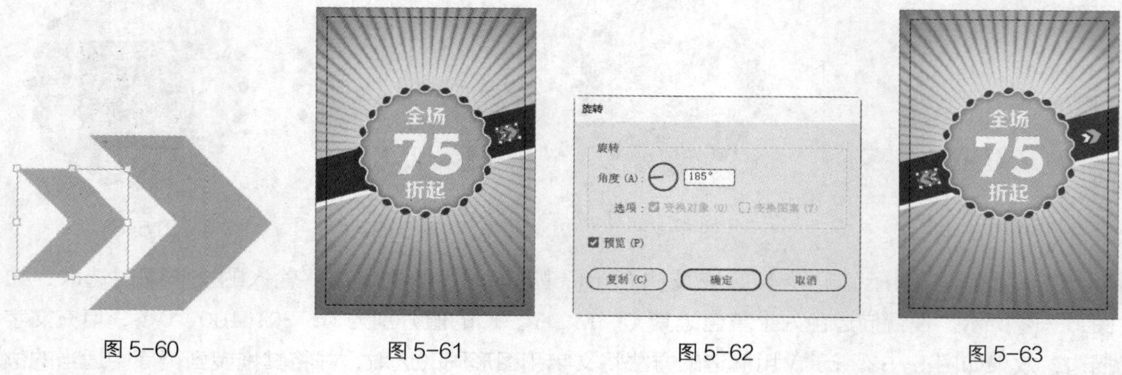

图 5-60　图 5-61　图 5-62　图 5-63

（19）选择“文字”工具，在适当的位置分别输入需要的文字。选择“选择”工具，在属性栏中选择合适的字体并设置文字大小，效果如图 5-64 所示。设置填充色为黄色（其 C、M、Y、K 的值分别为 0、15、100、10），填充文字，效果如图 5-65 所示。

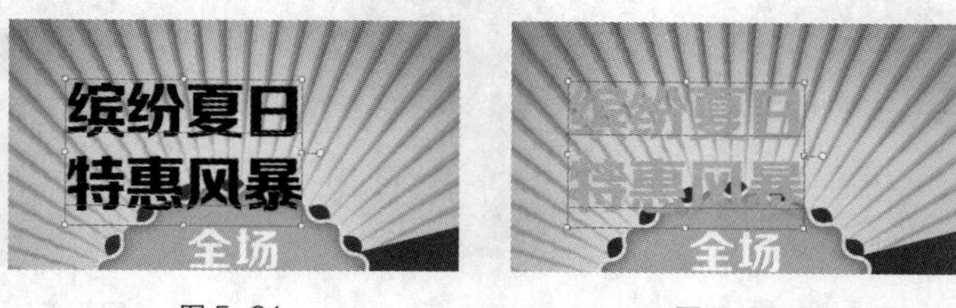

图 5-64　图 5-65

（20）按 Ctrl+T 组合键，弹出“字符”控制面板，将“设置行距”选项设为 23 pt，其他选项的设置如图 5-66 所示。按 Enter 键确定操作，效果如图 5-67 所示。

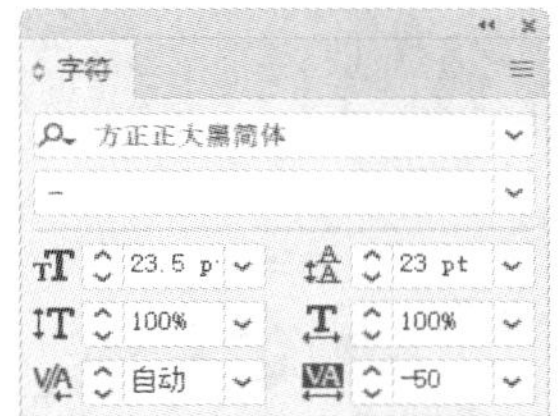

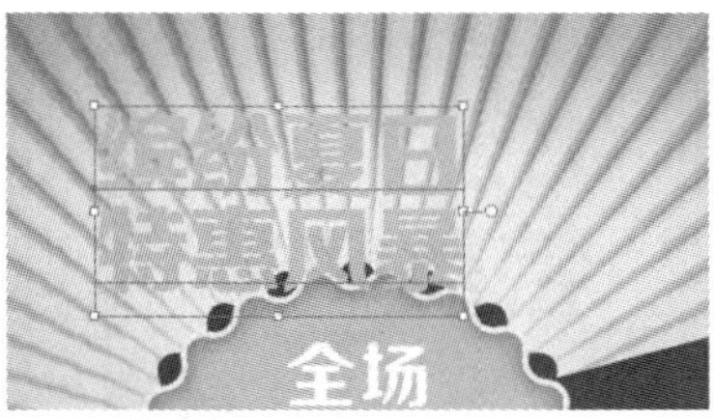

图 5-66　　图 5-67

（21）选择“文字”工具，选取文字“特惠风暴”，设置填充色为红色（其 C、M、Y、K 的值分别为 0、100、100、10），填充文字，效果如图 5-68 所示。在文字“特”左侧单击鼠标左键，插入光标，如图 5-69 所示。

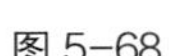
图 5-68　　图 5-69

（22）按 Alt+Ctrl+T 组合键，弹出“段落”控制面板，将“左缩进”选项设为 38 pt，其他选项的设置如图 5-70 所示。按 Enter 键确定操作，效果如图 5-71 所示。选择“选择”工具，按 Ctrl+C 组合键，复制文字（此文字作为备用）。

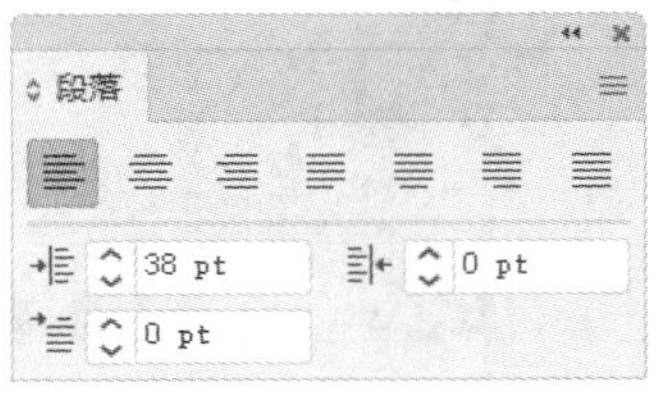

图 5-70　　图 5-71

（23）选择“效果 > 风格化 > 内发光”命令，弹出“内发光”对话框。将发光颜色设为褐色（其 C、M、Y、K 的值分别为 36、72、100、1），其他选项的设置如图 5-72 所示。单击“确定”按钮，效果如图 5-73 所示。

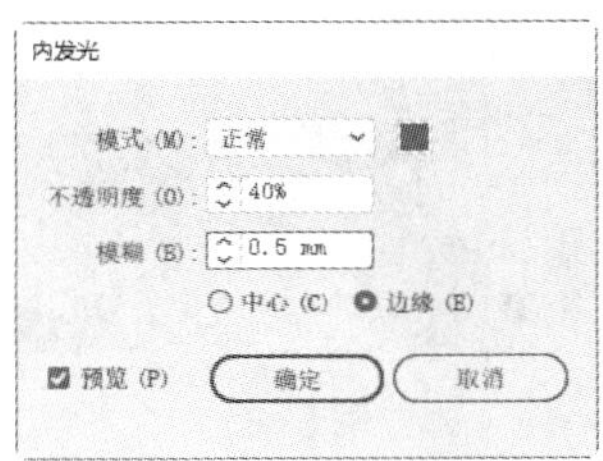

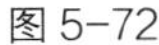
图 5-72　　图 5-73

（24）按 Shift+Ctrl+V 组合键，就地粘贴（备用）文字，如图 5-74 所示。设置文字填充色和描边色均为白色，并在属性栏中将“描边粗细”选项设置为 3 pt。按 Enter 键，效果如图 5-75 所示。

图 5-74

图 5-75

（25）选择“文字 > 创建轮廓”命令，将文字转换为轮廓，效果如图 5-76 所示。选择“对象 > 扩展”命令，弹出“扩展”对话框，单击“确定”按钮，扩展文字外观，效果如图 5-77 所示。

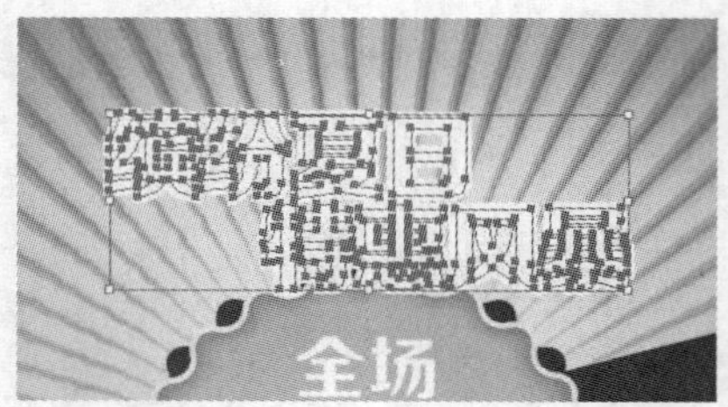

图 5-76

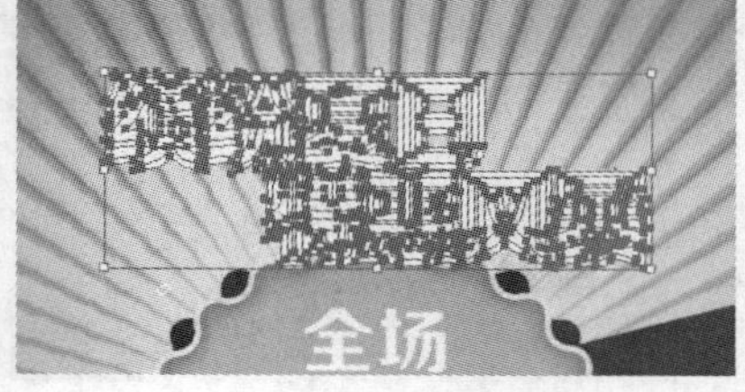

图 5-77

（26）选择“效果 > 模糊 > 高斯模糊”命令，在弹出的“高斯模糊”对话框中进行设置，如图 5-78 所示。单击“确定”按钮，效果如图 5-79 所示。

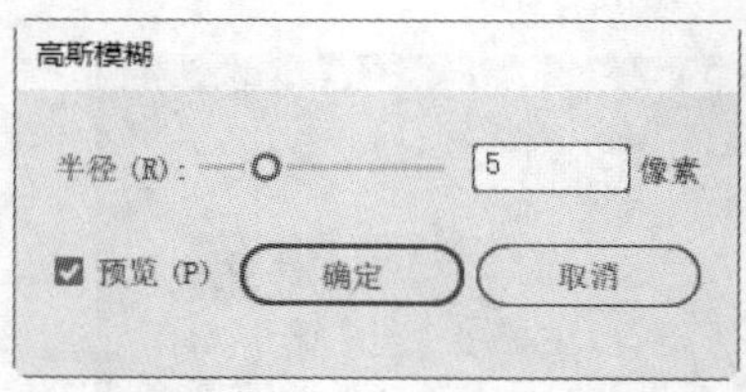

图 5-78

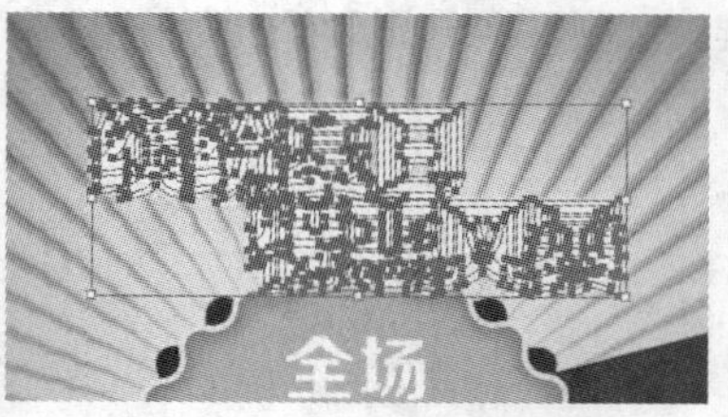

图 5-79

（27）连续按 Ctrl+［ 组合键，将文字向后移至适当的位置，效果如图 5-80 所示。选择“选择”工具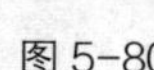，在按住 Shift 键的同时，单击上方文字将其同时选取，如图 5-81 所示。

图 5-80

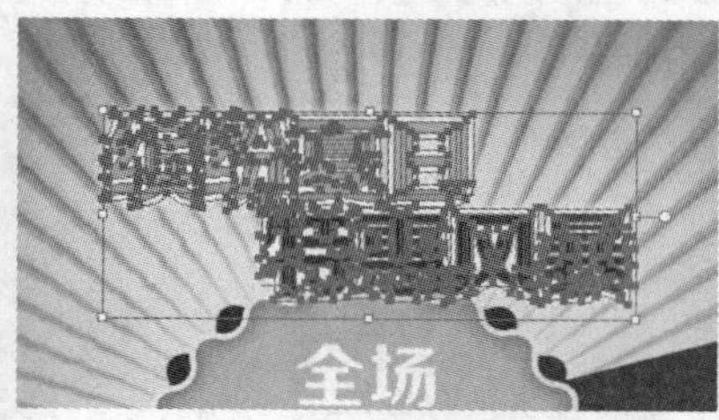

图 5-81

（28）选择“窗口 > 变换”命令，弹出“变换”控制面板，将“旋转”选项设为 14°，如图 5-82

所示。按 Enter 键确定操作，取消选取状态，效果如图 5-83 所示。

（29）选择“椭圆”工具，在按住 Shift 键的同时，在适当的位置绘制一个圆形，设置填充色为大红色（其 C、M、Y、K 的值分别为 0、100、100、0），填充图形，并设置描边色为无，效果如图 5-84 所示。

图 5-82

图 5-83

图 5-84

（30）选择“选择”工具，按 Ctrl+C 组合键，复制图形，按 Ctrl+F 组合键，将复制的图形粘贴在前面。在按住 Alt+Shift 组合键的同时，拖曳右上角的控制手柄，等比例缩小图形，填充图形为白色，效果如图 5-85 所示。在按住 Shift 键的同时，单击下方红色圆形将其同时选取。按 Ctrl+8 组合键，建立复合路径，效果如图 5-86 所示。

（31）选择“钢笔”工具，在适当的位置绘制一个不规则图形，设置填充色为大红色（其 C、M、Y、K 的值分别为 0、100、100、0），填充图形，并设置描边色为无，效果如图 5-87 所示。

（32）选择“文字”工具，在适当的位置输入需要的文字。选择“选择”工具，在属性栏中选择合适的字体并设置文字大小，效果如图 5-88 所示。

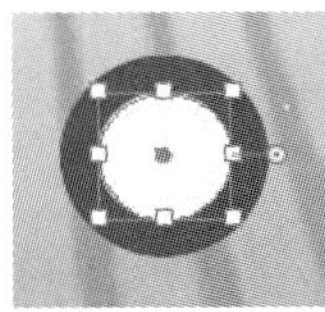

图 5-85

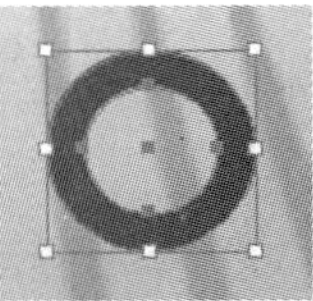

图 5-86

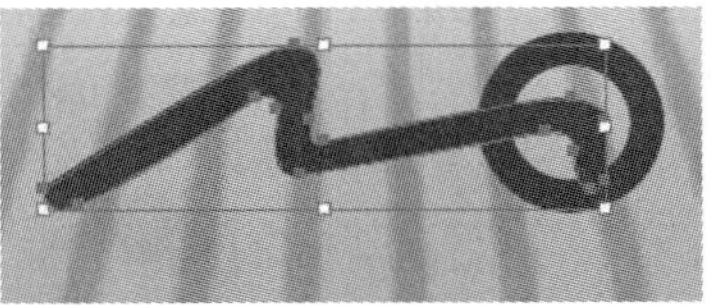

图 5-87

图 5-88

（33）选择“文字”工具，在适当的位置输入需要的文字。选择“选择”工具，在属性栏中选择合适的字体并设置文字大小，填充文字为白色，效果如图 5-89 所示。在按住 Shift 键的同时，在页面中选取需要的图形和文字，如图 5-90 所示。按 Ctrl+C 组合键，复制图形和文字（此图形和文字作为备用）。

图 5-89

图 5-90

5.1.3 制作宣传卡背面

（1）在 Illustrator CC 2019 中，选择“窗口 > 图层”命令，弹出“图层”控制面板，单击面板下方的“创建新图层”按钮，生成新的图层“图层 2”，如图 5-91 所示。单击“图层 1”图层左侧的眼睛图标，将“图层 1”图层隐藏，如图 5-92 所示。

（2）按 Shift+Ctrl+V 组合键，就地粘贴图形和文字（备用），如图 5-93 所示。选择“选择”工具，按住 Shift 键的同时，选取需要的图形，水平向上拖曳图形到适当的位置，效果如图 5-94 所示。使用相同的方法调整其他图形和文字的位置，并调整其大小，效果如图 5-95 所示。

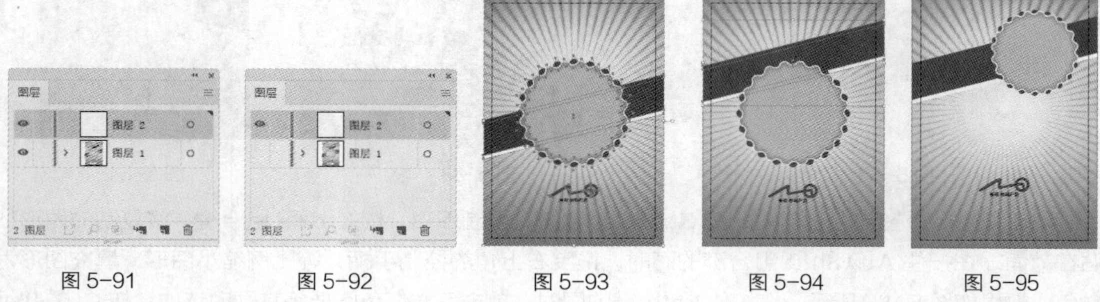

图 5-91　图 5-92　图 5-93　图 5-94　图 5-95

（3）选择“椭圆”工具，在按住 Shift 键的同时，在适当的位置绘制一个圆形，填充图形为白色，并设置描边色为无，效果如图 5-96 所示。选择“效果 > 模糊 > 高斯模糊”命令，在弹出的“高斯模糊”对话框中进行设置，如图 5-97 所示。单击“确定”按钮，效果如图 5-98 所示。

（4）选择“文件 > 置入”命令，弹出“置入”对话框。选择云盘中的“Ch05 > 素材 > 产品宣传卡设计 > 01”文件，单击“置入”按钮，将图片置入到页面中。单击属性栏中的“嵌入”按钮，嵌入图片。选择“选择”工具，拖曳图片到适当的位置，并调整其大小，效果如图 5-99 所示。

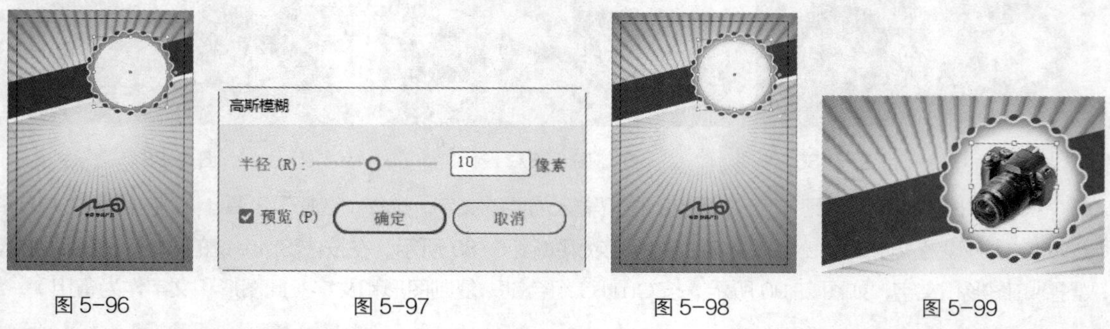

图 5-96　图 5-97　图 5-98　图 5-99

（5）选择“文字”工具，在适当的位置输入需要的文字。选择“选择”工具，在属性栏中选择合适的字体并设置文字大小。设置填充色为土黄色（其 C、M、Y、K 的值分别为 0、40、100、0），填充文字，效果如图 5-100 所示。

（6）选择“文字”工具，选取文字“爆款”，在属性栏中设置文字大小，效果如图 5-101 所示。设置填充色为红色（其 C、M、Y、K 的值分别为 0、100、90、0），填充文字，效果如图 5-102 所示。

（7）选择“选择”工具，在“变换”控制面板中，将“旋转”选项设为 15°，如图 5-103 所示。按 Enter 键确定操作，取消选取状态，效果如图 5-104 所示。用相同的方法输入其他文字，填充相应的颜色并将文字旋转到适当的角度，效果如图 5-105 所示。

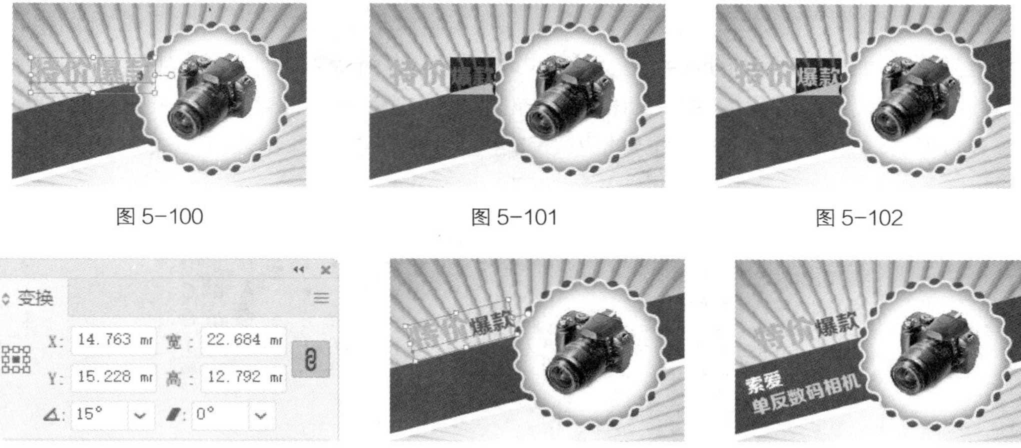

图 5-100　图 5-101　图 5-102

图 5-103　图 5-104　图 5-105

（8）选择“圆角矩形”工具，在页面中单击鼠标左键，弹出“圆角矩形”对话框，选项的设置如图 5-106 所示。单击“确定”按钮，出现一个圆角矩形。选择“选择”工具，拖曳圆角矩形到适当的位置，填充图形为白色，并设置描边色为无，效果如图 5-107 所示。

（9）保持图形的选取状态。在属性栏中将“不透明度”选项设为 50%，按 Enter 键确定操作，效果如图 5-108 所示。连续按 Ctrl+[组合键，将图形向后移至适当的位置，效果如图 5-109 所示。

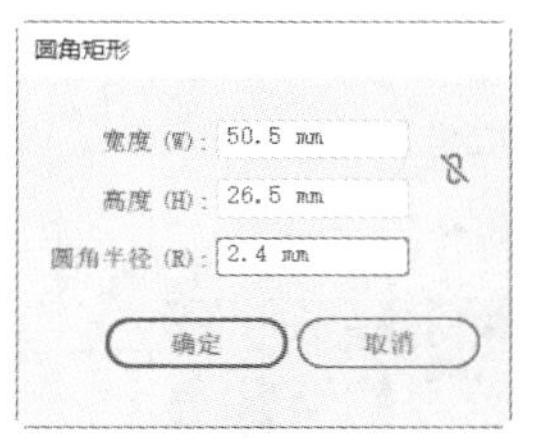

图 5-106

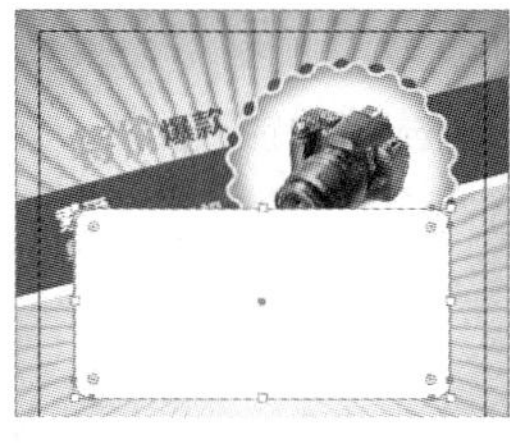

图 5-107

图 5-108

图 5-109

（10）选择“文字”工具，在适当的位置输入需要的文字。选择“选择”工具，在属性栏中选择合适的字体并设置文字大小。设置填充色为红色（其 C、M、Y、K 的值分别为 0、100、90、0），填充文字，效果如图 5-110 所示。

（11）选择“文字”工具，在适当的位置输入需要的文字。选择“选择”工具，在属性栏中选择合适的字体并设置文字大小，效果如图 5-111 所示。

（12）在“字符”控制面板中，将“设置行距”选项设为 7 pt，其他选项的设置如图 5-112 所示。按 Enter 键确定操作，效果如图 5-113 所示。

图 5-110

数码相机配置：
50倍光学变焦，创造“视觉之旅”
快乐操控，随时分享
先进的动态影像拍摄技术
高分辨率、栩栩如生的画质

图 5-111

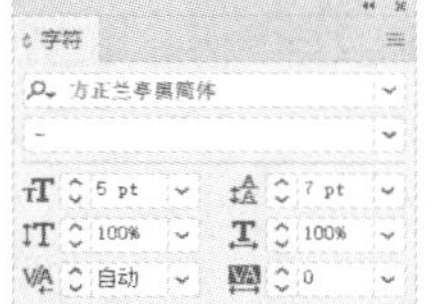

图 5-112

数码相机配置：
50倍光学变焦，创造“视觉之旅”
快乐操控，随时分享
先进的动态影像拍摄技术
高分辨率、栩栩如生的画质

图 5-113

（13）选择“文字”工具 T，在数字“5”左侧单击鼠标左键插入光标，如图 5-114 所示。选择“文字 > 字形”命令，在弹出的“字形”面板中按需要设置并选择需要的字形，如图 5-115 所示。双击鼠标左键插入字形，效果如图 5-116 所示。在插入的字形后面，按 Spacebar 键，添加一个空格，如图 5-117 所示。用相同的方法在适当的位置再次插入字形和空格，效果如图 5-118 所示。

数码相机配置:
50倍光学变焦，创造“视觉之旅”
快乐操控，随时分享
先进的动态影像拍摄技术
高分辨率、栩栩如生的画质

图 5-114

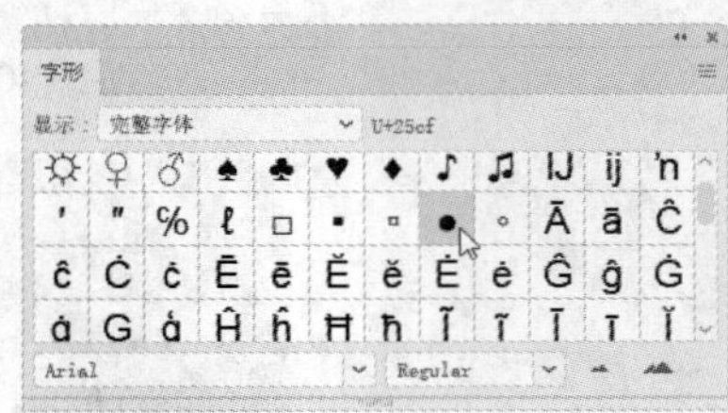

图 5-115

数码相机配置:
•50倍光学变焦，创造“视觉之旅”
快乐操控，随时分享
先进的动态影像拍摄技术
高分辨率、栩栩如生的画质

图 5-116

数码相机配置:
• 50倍光学变焦，创造“视觉之旅”
快乐操控，随时分享
先进的动态影像拍摄技术
高分辨率、栩栩如生的画质

图 5-117

数码相机配置:
• 50倍光学变焦，创造“视觉之旅”
• 快乐操控，随时分享
• 先进的动态影像拍摄技术
• 高分辨率、栩栩如生的画质

图 5-118

（14）选择“矩形”工具 ，在适当的位置拖曳鼠标指针绘制一个矩形，设置填充色为大红色（其 C、M、Y、K 的值分别为 0、100、100、0），填充图形，效果如图 5-119 所示。双击“倾斜”工具 ，弹出“倾斜”对话框，选项的设置如图 5-120 所示。单击“确定”按钮，效果如图 5-121 所示。

图 5-119

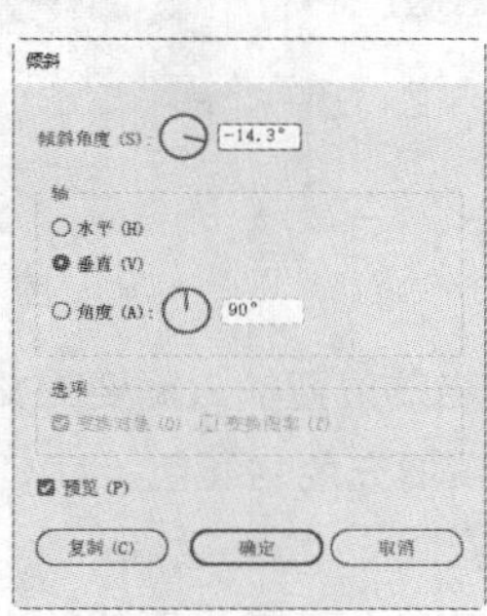

图 5-120

图 5-121

（15）选择“选择”工具 ，按 Ctrl+C 组合键复制图形，按 Ctrl+B 组合键将复制的图形粘贴在后面。分别按←和↓方向键，微调复制的图形到适当的位置，填充图形为白色，效果如图 5-122 所示。

（16）选择“文字”工具 T，在适当的位置分别输入需要的文字。选择“选择”工具 ，在属性栏中选择合适的字体并设置文字大小。设置填充色为黄色（其 C、M、Y、K 的值分别为 0、15、100、0），填充文字，效果如图 5-123 所示。

（17）选择“文字”工具 T，选取数字“3400”，在属性栏中选择合适的字体并设置文字大小，效果如图 5-124 所示。选择“选择”工具 ，将鼠标指针放置到右上角的控制手柄上，当指针变为旋转图标↷时，向上拖曳并将其旋转到适当的角度，效果如图 5-125 所示。

图 5-122

图 5-123

图 5-124

图 5-125

（18）选择“文字”工具 T，在适当的位置输入需要的文字。选择“选择”工具 ▶，在属性栏中选择合适的字体并设置文字大小，单击“居中对齐”按钮 ≡，并微调文字到适当的位置，效果如图 5-126 所示。设置填充色为红色（其 C、M、Y、K 的值分别为 0、100、90、0），填充文字，效果如图 5-127 所示。

（19）选择“文字”工具 T，选取文字“进店选购”，设置填充色为蓝色（其 C、M、Y、K 的值分别为 65、0、17、0），填充文字，效果如图 5-128 所示。

（20）选择“选择”工具 ▶，填充文字描边为白色，并在属性栏中将“描边粗细”选项设置为 0.25 pt，按 Enter 键确定操作，效果如图 5-129 所示。

图 5-126

图 5-127

图 5-128

图 5-129

（21）选择“矩形”工具 ▭，在适当的位置拖曳鼠标指针绘制一个矩形，设置填充色为红色（其 C、M、Y、K 的值分别为 0、100、90、0），填充图形，并设置描边色为无，效果如图 5-130 所示。

（22）选择“文字”工具 T，在适当的位置输入需要的文字。选择“选择”工具 ▶，在属性栏中选择合适的字体并设置文字大小，填充文字为白色，效果如图 5-131 所示。

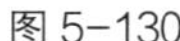

图 5-130

图 5-131

（23）产品宣传卡制作完成，效果如图 5-132 所示。按 Ctrl+S 组合键，弹出“存储为”对话框，将其命名为“产品宣传卡”，保存为 AI 格式。单击“保存”按钮，弹出“Illustrator 选项”对话框，单击“确定”按钮，将文件保存。

图 5-132

5.2 课后习题——音乐会门票设计

习题知识要点

在 Photoshop 中，使用“新建参考线版面”命令创建参考线，使用“添加杂色”命令和“矩形选框”工具绘制背景，使用“图层”控制面板和“画笔”工具制作图片融合效果，使用“色相/饱和度”命令调整图片色调，使用“直线”工具和“添加图层样式”面板制作立体线条；在 Illustrator 中，使用“置入”命令添加背景底图，使用“文本”工具、“字符”控制面板添加门票和副券信息，使用“直线段”工具和“描边”控制面板添加区隔线。

素材所在位置

云盘 > Ch05 > 素材 > 音乐会门票设计 > 01~05。

效果所在位置

云盘 > Ch05 > 效果 > 音乐会门票设计 > 音乐会门票.ai，如图 5-133 所示。

图 5-133

06

第 6 章 Banner 设计

本章介绍

优秀的 Banner 有助于提高品牌转化率，吸引用户购买产品或参加活动，因此 Banner 设计对于产品推广、UI 设计乃至企业运营都至关重要。通过本章的学习，读者可以掌握 Banner 的设计方法和制作技巧。

学习目标

- 掌握 Banner 的设计思路和过程。
- 掌握 Banner 的制作方法和技巧。

技能目标

- 掌握电商类 App 主页 Banner 的制作方法。
- 掌握生活家电类 App 主页 Banner 的制作方法。
- 掌握生活家具类网站 Banner 的制作方法。

6.1 电商类 App 主页 Banner 设计

案例学习目标

在 Photoshop 中，学习使用抠图技法制作 Banner 底图；在 Illustrator 中，学习使用“文字”工具、“字符”控制面板添加宣传主题。

案例知识要点

在 Photoshop 中，使用“钢笔”工具和“选择并遮住”命令抠取人物，使用“魔棒”工具抠取电器；在 Illustrator 中，使用“文字”工具、“字符”控制面板、“倾斜”工具添加并编辑主题文字，使用“投影”命令为文字添加阴影效果。

效果所在位置

云盘 > Ch06 > 效果 > 电商类 App 主页 Banner 设计 > 电商类 App 主页 Banner.ai，如图 6-1 所示。

图 6-1

6.1.1 制作 Banner 底图

（1）打开 Photoshop CC 2019，按 Ctrl+N 组合键，弹出“新建文档”对话框。设置宽度为 1 920 px，高度为 550 px，分辨率为 72 ppi，颜色模式为 RGB，背景内容为白色，单击“创建”按钮，新建一个文件。

（2）按 Ctrl+O 组合键，打开云盘中的“Ch06 > 素材 > 电商类 App 主页 Banner 设计 > 01”文件。选择“移动”工具，将图片拖曳到新建图像窗口中适当的位置，效果如图 6-2 所示，在“图层”控制面板中生成新的图层并将其命名为“底图”。

图 6-2

（3）按 Ctrl+O 组合键，打开云盘中的“Ch06 > 素材 > 电商类 App 主页 Banner 设计 > 02”文件，如图 6-3 所示。选择“钢笔”工具，在属性栏的“选择工具模式”选项中选择“路径”，在图像窗口中沿着人物的轮廓勾勒路径，如图 6-4 所示。

图 6-3

图 6-4

（4）按 Ctrl+Enter 组合键，将路径转换为选区，如图 6-5 所示。选择“选择 > 选择并遮住”命令，弹出“属性”面板，如图 6-6 所示，在图像窗口中显示叠加状态。

（5）在属性栏中选择“调整边缘画笔”工具，在图像窗口中沿着头发边缘绘制，如图 6-7 所示。单击“确定”按钮，在图像窗口中生成选区，如图 6-8 所示。

图 6-5

图 6-6

图 6-7

图 6-8

（6）单击“图层”控制面板下方的“添加图层蒙版”按钮，添加图层蒙版，如图 6-9 所示，图像效果如图 6-10 所示。

图 6-9

图 6-10

（7）选择“移动”工具 ，将抠出的人物图像拖曳到新建图像窗口中适当的位置，效果如图 6-11 所示，在“图层”控制面板中生成新的图层并将其命名为“人物”。

图 6-11

（8）按 Ctrl+O 组合键，打开云盘中的“Ch06 > 素材 > 电商类 App 主页 Banner 设计 > 03”文件，如图 6-12 所示。选择“魔棒”工具 ，在属性栏中勾选“连续”复选框，将“容差”选项设为 20，在图像窗口中的白色背景区域单击，图像周围生成选区，如图 6-13 所示。选择“选择 > 反选”命令，将选区反选，如图 6-14 所示。

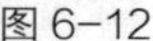

图 6-12

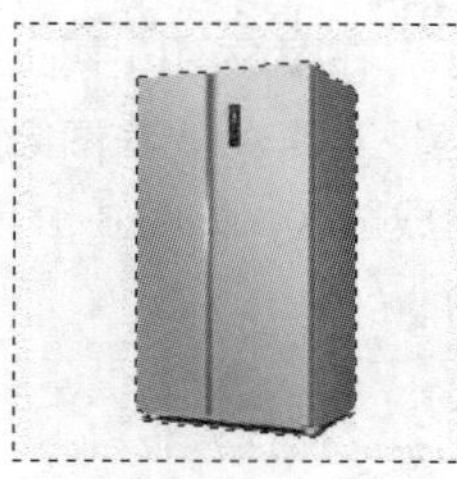

图 6-13

图 6-14

（9）选择“移动”工具 ，将抠出的冰箱拖曳到新建图像窗口中适当的位置，并调整其大小，效果如图 6-15 所示，在“图层”控制面板中生成新的图层并将其命名为“冰箱”。

（10）用相同的方法分别抠出“04”“05”和“06”文件中的电器，并将其分别拖曳到新建图像窗口中适当的位置，调整其大小，效果如图 6-16 所示。在“图层”控制面板中分别生成新的图层并将其命名为“洗衣机”“电饭煲”和“面包机”。

图 6-15

图 6-16

（11）按 Ctrl+O 组合键，打开云盘中的“Ch06 > 素材 > 电商类 App 主页 Banner 设计 > 07”文件。选择“移动”工具 ，将图片拖曳到新建的图像窗口中适当的位置，如图 6-17 所示，在“图层”控制面板中生成新的图层并将其命名为“彩带”。电商类 App 主页 Banner 底图制作完成。

图 6-17

（12）按 Shift+Ctrl+E 组合键，合并可见图层。按 Ctrl+S 组合键，弹出“另存为”对话框，将其命名为“电商类 App 主页 Banner 底图”，保存为 JPEG 格式。单击“保存”按钮，弹出“JPEG 选项”对话框，单击“确定”按钮，将图像保存。

6.1.2 添加并编辑主题文字

（1）打开 Illustrator CC 2019，按 Ctrl+N 组合键，弹出“新建文档”对话框，设置文档的宽度为 1 920 px，高度为 550 px，取向为横向，颜色模式为 RGB。单击“创建”按钮，新建一个文档。

（2）选择“文件 > 置入”命令，弹出“置入”对话框，选择云盘中的“Ch06 > 效果 > 电商类 App 主页 Banner 设计 > 电商类 App 主页 Banner 底图.jpg”文件，单击“置入”按钮，在页面中单击置入图片。单击属性栏中的“嵌入”按钮，嵌入图片。选择“选择”工具▶，拖曳图片到适当的位置，效果如图 6-18 所示。按 Ctrl+2 组合键，锁定所选对象。

（3）选择“文字”工具T，在页面中输入需要的文字。选择“选择”工具▶，在属性栏中选择合适的字体并设置文字大小，填充文字为白色，效果如图 6-19 所示。

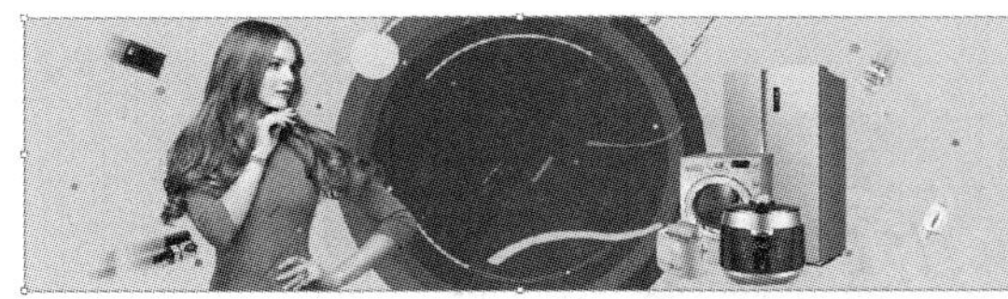

图 6-18

图 6-19

（4）按 Ctrl+T 组合键，弹出“字符”控制面板，将“水平缩放”选项T设为 93%，其他选项的设置如图 6-20 所示。按 Enter 键确定操作，效果如图 6-21 所示。

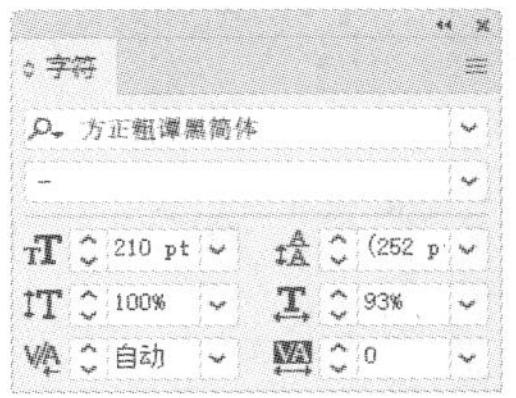

图 6-20

图 6-21

（5）双击“倾斜”工具，弹出“倾斜”对话框，选择“垂直”单选按钮，其他选项的设置如图 6-22 所示。单击“确定”按钮，倾斜文字，效果如图 6-23 所示。

图 6-22

图 6-23

（6）双击“倾斜”工具，弹出“倾斜”对话框，选择“水平”单选按钮，其他选项的设置如图 6-24 所示。单击“确定”按钮，倾斜文字，效果如图 6-25 所示。

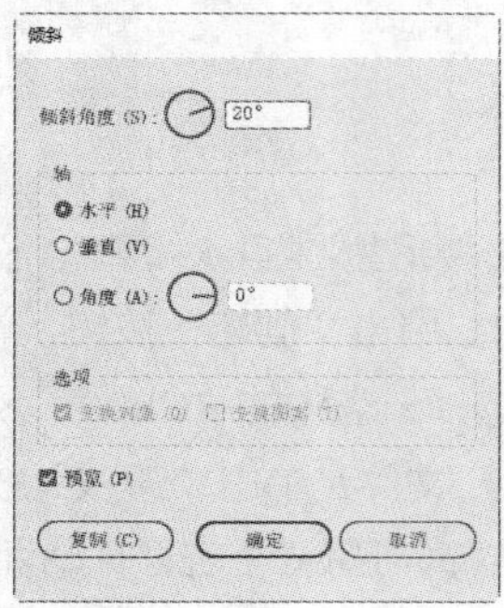

图 6-24

图 6-25

（7）选择“效果 > 风格化 > 投影”命令，在弹出的“投影”对话框中进行设置，如图 6-26 所示。单击“确定”按钮，效果如图 6-27 所示。

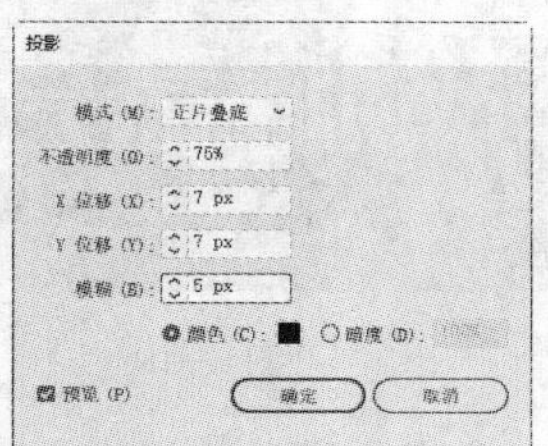

图 6-26

图 6-27

（8）用相同的方法制作其他倾斜图形和文字，并填充相应的颜色，效果如图 6-28 所示。电商类 App 主页 Banner 制作完成。

图 6-28

（9）按 Ctrl+S 组合键，弹出“存储为”对话框，将其命名为“电商类 App 主页 Banner”，保存为 AI 格式。单击“保存”按钮，弹出“Illustrator 选项”对话框，单击“确定”按钮，将文件保存。

6.2 生活家电类 App 主页 Banner 设计

案例学习目标

在 Photoshop 中，学习使用“图层”控制面板、“创建新的填充或调整图层”按钮、“椭圆”

工具、“模糊滤镜”命令制作 Banner 底图；在 Illustrator 中，学习使用“文字”工具、“绘图”工具和“填充”工具添加产品名称和价格信息。

案例知识要点

在 Photoshop 中，使用“移动”工具添加产品图片，使用“椭圆”工具、“高斯模糊”命令为空调扇添加阴影效果，使用“色阶”命令调整图片颜色；在 Illustrator 中，使用“圆角矩形”工具、“文字”工具和“填充”工具添加产品品牌及相关功能。

效果所在位置

云盘 > Ch06 > 效果 > 生活家电类 App 主页 Banner 设计 > 生活家电类 App 主页 Banner.ai，如图 6-29 所示。

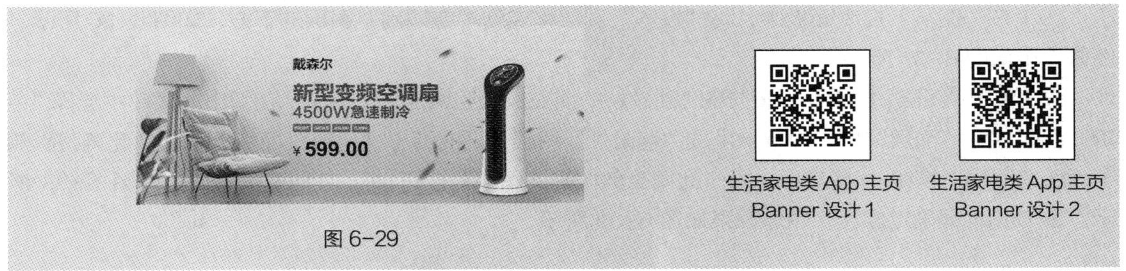

图 6-29

6.2.1 制作 Banner 底图

（1）打开 Photoshop CC 2019，按 Ctrl+N 组合键，弹出“新建文档”对话框。设置宽度为 1 920 px，高度为 800 px，分辨率为 72 ppi，颜色模式为 RGB，背景内容为白色。单击“创建”按钮，新建一个文件。

（2）按 Ctrl+O 组合键，打开云盘中的“Ch06 > 素材 > 生活家电类 App 主页 Banner 设计 > 01、02”文件。选择“移动”工具，分别将图片拖曳到新建图像窗口中适当的位置，效果如图 6-30 所示，在“图层”控制面板中分别生成新的图层并将其命名为“底图”和“空调扇”，如图 6-31 所示。

（3）选择“椭圆”工具，在属性栏的“选择工具模式”选项中选择“形状”，将填充色设为深灰色（其 R、G、B 的值分别为 31、31、31），描边色设为无，在按住 Shift 键的同时，在图像窗口中绘制一个圆形，效果如图 6-32 所示。在“图层”控制面板中生成新的形状图层并将其命名为“投影”。

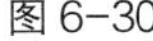

图 6-30

图 6-31

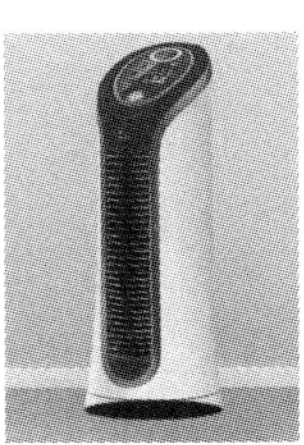

图 6-32

（4）选择“滤镜>模糊>高斯模糊”命令，弹出提示对话框，如图 6-33 所示。单击“转换为智能对象”按钮，弹出“高斯模糊”对话框，选项的设置如图 6-34 所示。单击“确定”按钮，效果如图 6-35 所示。

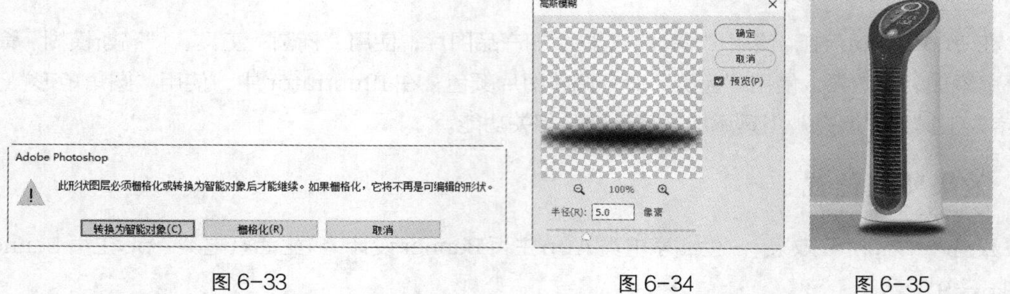

图 6-33　　图 6-34　　图 6-35

（5）在“图层”控制面板中，将“投影”图层拖曳到“空调扇”图层的下方，如图 6-36 所示，图像效果如图 6-37 所示。

（6）单击“图层”控制面板下方的“创建新的填充或调整图层”按钮 ，在弹出的菜单中选择“色阶”命令，在“图层”控制面板中生成“色阶 1”图层，同时弹出“色阶”面板。单击“此调整影响下面所有图层”按钮 使其显示为“此调整剪切到此图层”按钮 ，其他选项的设置如图 6-38 所示。按 Enter 键确定操作，图像效果如图 6-39 所示。

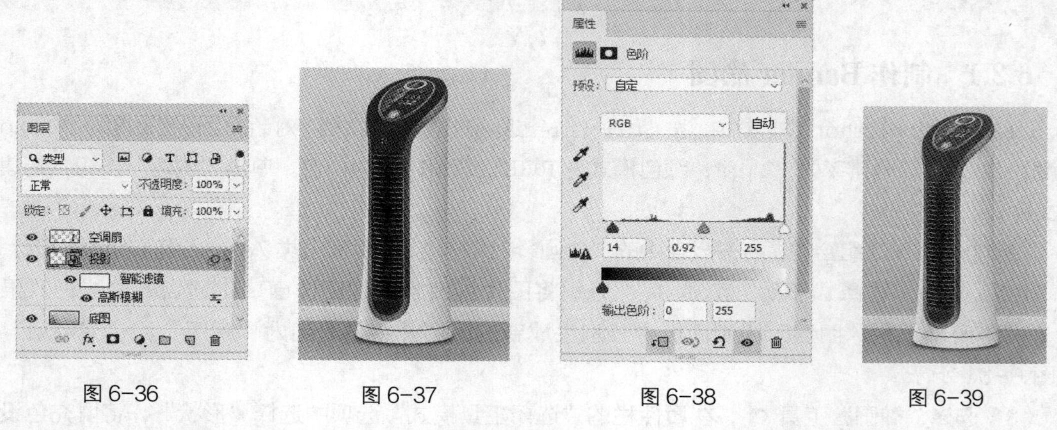

图 6-36　　图 6-37　　图 6-38　　图 6-39

（7）按 Ctrl+O 组合键，打开云盘中的“Ch06 > 素材 > 生活家电类 App 主页 Banner 设计 > 03”文件。选择“移动”工具 ，将图片拖曳到新建图像窗口中适当的位置，效果如图 6-40 所示，在“图层”控制面板中生成新的图层并将其命名为“树叶”。生活家电类 App 主页 Banner 底图制作完成。

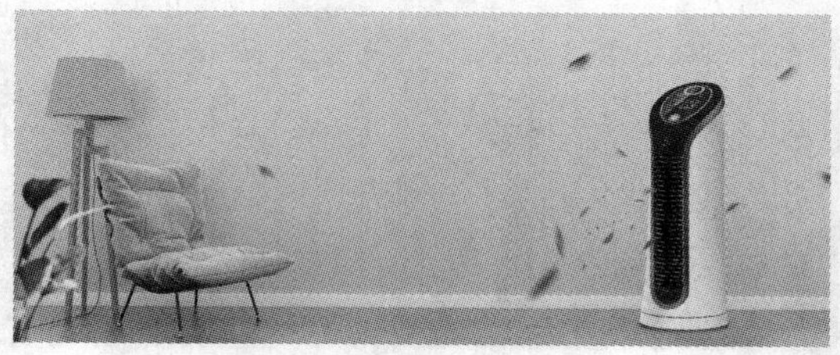

图 6-40

（8）按 Shift+Ctrl+E 组合键，合并可见图层。按 Ctrl+S 组合键，弹出“另存为”对话框，将其命名为“生活家电类 App 主页 Banner 底图”，保存为 JPEG 格式。单击“保存”按钮，弹出“JPEG 选项”对话框，单击“确定”按钮，将图像保存。

6.2.2 添加产品名称和功能介绍

（1）打开 Illustrator CC 2019，按 Ctrl+N 组合键，弹出“新建文档”对话框。设置文档的宽度为 1 920 px，高度为 900 px，取向为横向，颜色模式为 RGB。单击“创建”按钮，新建一个文档。

（2）选择“文件 > 置入”命令，弹出“置入”对话框，选择云盘中的“Ch06 > 效果 > 生活家电类 App 主页 Banner 设计 > 生活家电类 App 主页 Banner 底图.jpg”文件，单击“置入”按钮，在页面中单击置入图片。单击属性栏中的“嵌入”按钮，嵌入图片。选择“选择”工具，拖曳图片到适当的位置，效果如图 6-41 所示。按 Ctrl+2 组合键，锁定所选对象。

（3）选择“文字”工具T，在页面中分别输入需要的文字。选择“选择”工具，在属性栏中分别选择合适的字体并设置文字大小，效果如图 6-42 所示。

图 6-41

图 6-42

（4）选择“文字”工具T，选取文字“4500W 急速制冷”，在属性栏中选择合适的字体并设置文字大小，效果如图 6-43 所示。

（5）选择“选择”工具，选取文字，设置填充色为海蓝色（其 R、G、B 的值分别为 2、112、157），填充文字，效果如图 6-44 所示。

图 6-43

图 6-44

（6）选择“圆角矩形”工具，在页面中单击鼠标左键，弹出“圆角矩形”对话框，选项的设置如图 6-45 所示。单击“确定”按钮，出现一个圆角矩形。选择“选择”工具，拖曳圆角矩形到适当的位置，设置填充色为红色（其 R、G、B 的值分别为 246、63、0），填充图形，并设置描边色为无，效果如图 6-46 所示。

（7）选择“文字”工具T，在适当的位置输入需要的文字。选择“选择”工具，在属性栏中选择合适的字体并设置文字大小，填充文字为白色，效果如图 6-47 所示。在按住 Shift 键的同时，单击下方圆角矩形将其同时选取，如图 6-48 所示。

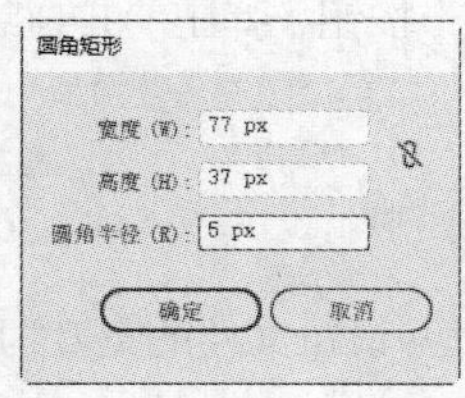

图 6-45　图 6-46　图 6-47　图 6-48

（8）使用“选择”工具，在按住 Alt+Shift 组合键的同时，水平向右拖曳图形和文字到适当的位置，复制图形和文字，效果如图 6-49 所示。连续 2 次按 Ctrl+D 组合键，复制出 2 个图形和文字，效果如图 6-50 所示。

（9）选择“文字”工具，选取并重新输入需要的文字，如图 6-51 所示。用相同的方法分别重新输入其他文字，效果如图 6-52 所示。

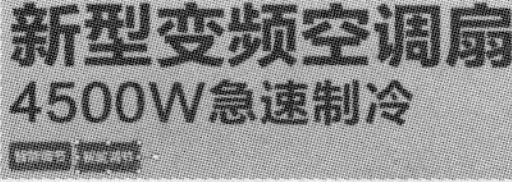

图 6-49　图 6-50　图 6-51　图 6-52

（10）选择“文字”工具，在适当的位置输入需要的文字。选择“选择”工具，在属性栏中选择合适的字体并设置文字大小，效果如图 6-53 所示。选择“文字”工具，选取数字“599.00”，在属性栏中选择合适的字体并设置文字大小，效果如图 6-54 所示。

图 6-53

图 6-54

（11）生活家电类 App 主页 Banner 制作完成，效果如图 6-55 所示。按 Ctrl+S 组合键，弹出“存储为”对话框，将其命名为“生活家电类 App 主页 Banner”，保存为 AI 格式。单击“保存”按钮，弹出“Illustrator 选项”对话框，单击“确定”按钮，将文件保存。

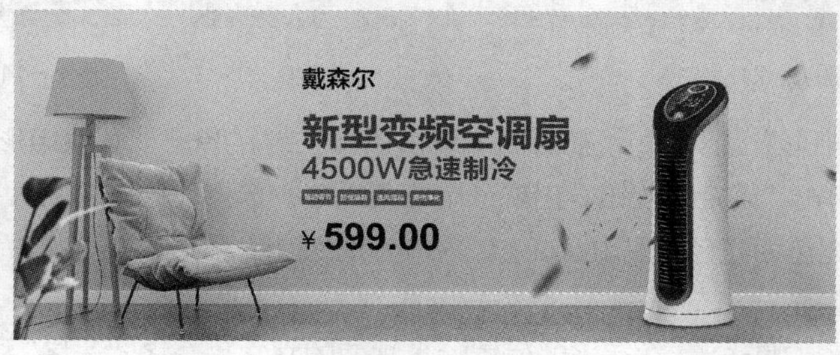

图 6-55

6.3 课后习题——生活家具类网站 Banner 设计

习题知识要点

在 Photoshop 中，使用“添加杂色”命令、“添加图层样式”按钮和“矩形”工具制作 Banner 底图，使用“置入嵌入对象”命令置入家具图片，使用“色阶”“色相/饱和度”和“曲线调整图层”命令调整图像颜色；在 Illustrator 中，使用“文字”工具添加宣传性文字，使用“位移路径”命令添加文字描边，使用“圆角矩形”工具、“投影”命令制作“查看详情”按钮。

素材所在位置

云盘 > Ch06 > 素材 > 生活家具类网站 Banner 设计 > 01~03。

效果所在位置

云盘 > Ch06 > 效果 > 生活家具类网站 Banner 设计 > 生活家具类网站 Banner.ai，如图 6-56 所示。

图 6-56

07 第7章 宣传单设计

本章介绍

宣传单是直销广告常用的一种媒介，可以有效地将信息传送给目标受众，对宣传活动和促销商品都能起到积极的作用。企业常通过宣传单来宣传新产品或进行促销活动。通过本章的学习，读者可以掌握宣传单的设计方法和制作技巧。

学习目标

- 掌握宣传单的设计思路和过程。
- 掌握宣传单的制作方法和技巧。

技能目标

- 掌握家居宣传单三折页的制作方法。
- 掌握旅游宣传单的制作方法。

7.1 家居宣传单三折页设计

案例学习目标

在 Illustrator 中，学习使用参考线分割页面，使用“文字”工具、“字符/段落”控制面板添加相关内容和介绍信息；在 Photoshop 中，学习使用“变换”命令制作折页展示效果。

案例知识要点

在 Illustrator 中，使用“置入”命令添加家居图片，使用“矩形”工具和“创建剪切蒙版”命令制作图片剪切蒙版，使用“文字”工具、“字符/段落”控制面板添加正面、背面和内页宣传信息，使用“矩形”工具、“直线段”工具绘制装饰图形；在 Photoshop 中，使用“移动”工具添加素材图片，使用“矩形选框”工具、“扭曲”命令制作折页展示效果。

效果所在位置

云盘 > Ch07 > 效果 > 家居宣传单三折页设计 > 家居宣传单三折页.ai、家居宣传单三折页展示效果.psd，如图 7-1 所示。

图 7-1

7.1.1 制作折页正面

（1）打开 Illustrator CC 2019，按 Ctrl+N 组合键，弹出“新建文档”对话框。设置文档的宽度为 285 mm，高度为 210 mm，取向为横向，出血为 3 mm，颜色模式为 CMYK。单击“创建”按钮，新建一个文档。

（2）按 Ctrl+R 组合键，显示标尺。选择“选择”工具，在左侧标尺上向右拖曳一条垂直参考线，选择“窗口 > 变换”命令，弹出“变换”控制面板，将“X”轴选项设为 94 mm，如图 7-2 所示。按 Enter 键确定操作，如图 7-3 所示。

（3）保持参考线的选取状态，在“变换”控制面板中，将“X”轴选项设为 189 mm，按 Alt+Enter 组合键确定操作，效果如图 7-4 所示。

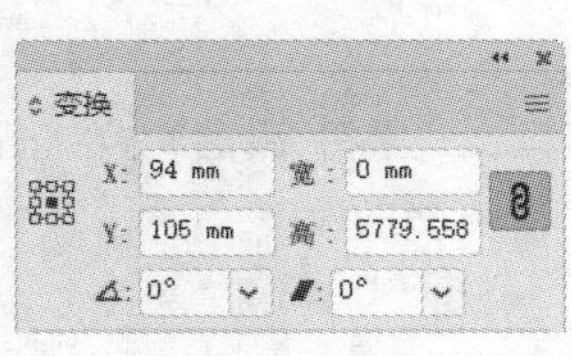

图 7-2

图 7-3

图 7-4

（4）选择“文件 > 置入”命令，弹出“置入”对话框，选择云盘中的“Ch07 > 素材 > 家居宣传单三折页设计 > 01”文件，单击“置入”按钮，在页面中单击置入图片。单击属性栏中的“嵌入”按钮，嵌入图片。选择“选择”工具，拖曳图片到适当的位置，效果如图 7-5 所示。

（5）选择“矩形”工具，在适当的位置绘制一个矩形，如图 7-6 所示。选择“选择”工具，在按住 Shift 键的同时，单击下方图片将其同时选取。按 Ctrl+7 组合键，建立剪切蒙版，效果如图 7-7 所示。

（6）选择“矩形”工具，在适当的位置绘制一个矩形，设置填充色为蓝色（其 C、M、Y、K 的值分别为 89、0、36、0），填充图形，并设置描边色为无，效果如图 7-8 所示。

图 7-5

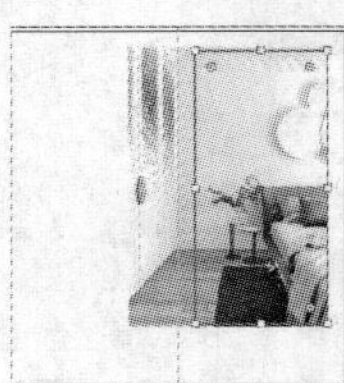
图 7-6

图 7-7

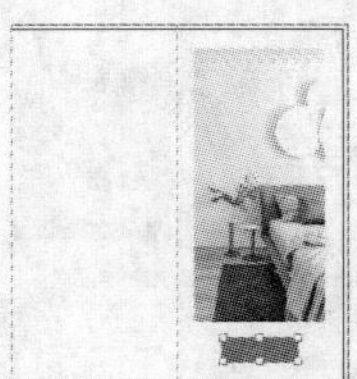
图 7-8

（7）选择“文字”工具，在页面中分别输入需要的文字。选择“选择”工具，在属性栏中分别选择合适的字体并设置文字大小，填充文字为白色，效果如图 7-9 所示。

图 7-9

（8）选择“文件 > 置入”命令，弹出“置入”对话框。选择云盘中的“Ch07 > 素材 > 家居宣传单三折页设计 > 02”文件，单击“置入”按钮，在页面中单击置入图片。单击属性栏中的“嵌入”按钮，嵌入图片。选择“选择”工具，拖曳图片到适当的位置，效果如图 7-10 所示。选择“矩形”工具，在适当的位置绘制一个矩形，如图 7-11 所示。

（9）选择“选择”工具，在按住 Shift 键的同时，单击下方图片将其同时选取，如图 7-12 所示。按 Ctrl+7 组合键，建立剪切蒙版，效果如图 7-13 所示。用相同的方法置入“03”图片，并制作剪切蒙版效果，如图 7–14 所示。

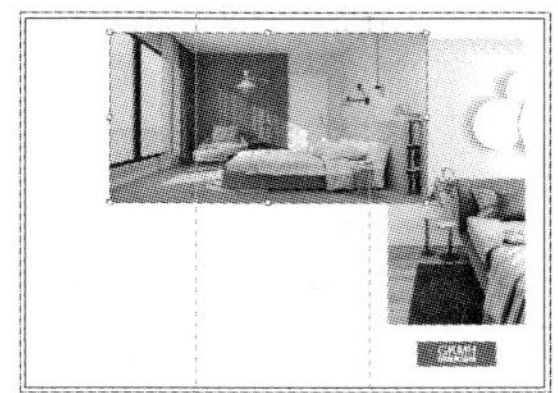

图 7–10

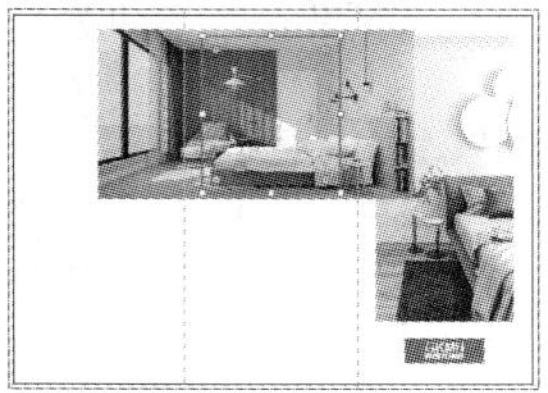

图 7–11

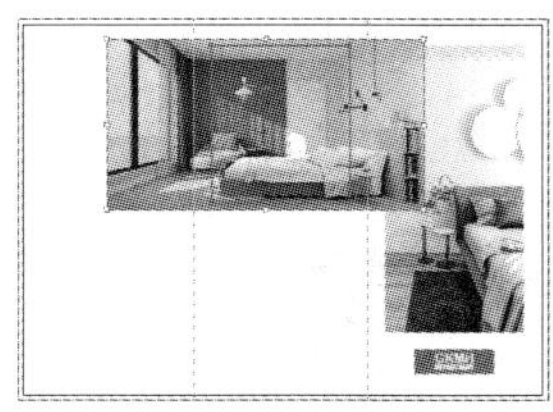

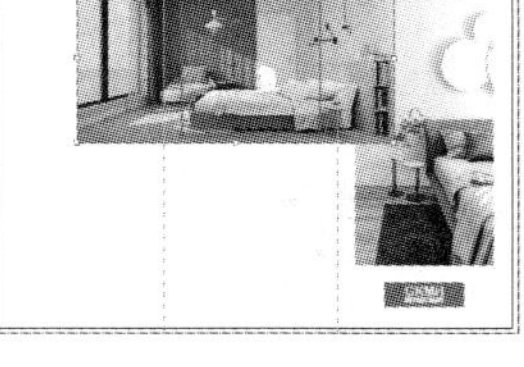

图 7–12

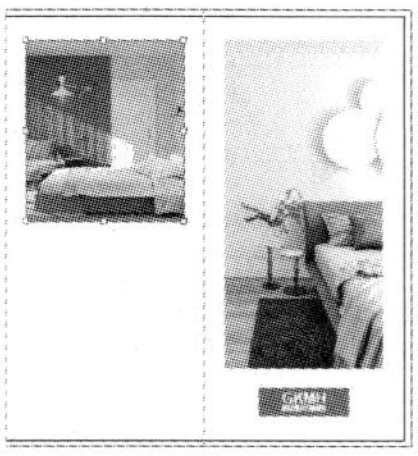

图 7–13

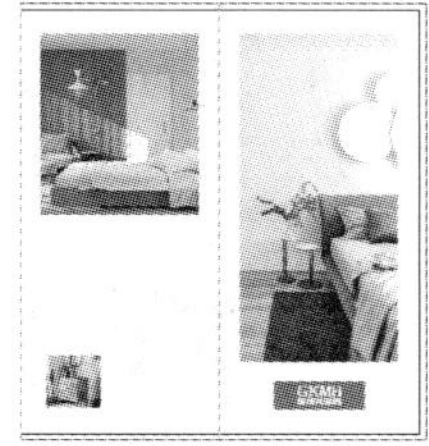

图 7–14

（10）选择“文字”工具 T，在适当的位置输入需要的文字。选择“选择”工具，在属性栏中选择合适的字体并设置文字大小，效果如图 7–15 所示。

（11）按 Ctrl+T 组合键，弹出“字符”控制面板，将“设置行距”选项设为 21 pt，其他选项的设置如图 7–16 所示。按 Enter 键确定操作，效果如图 7–17 所示。

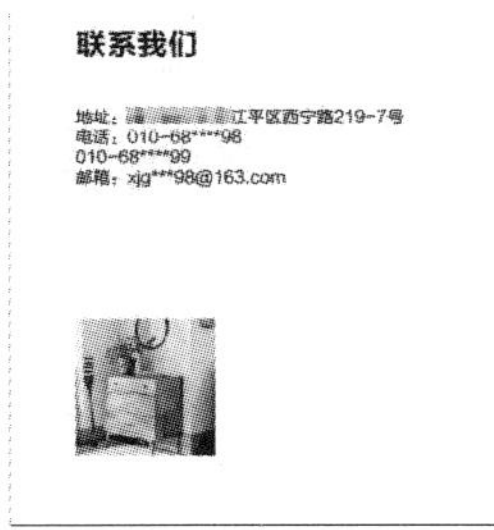

联系我们
地址：江平区西宁路219-7号
电话：010-68****98
010-68****99
邮箱：xjg***98@163.com

图 7–15

字符
方正兰亭黑简体
9 pt
21 pt
100%
100%
自动
0

图 7–16

联系我们

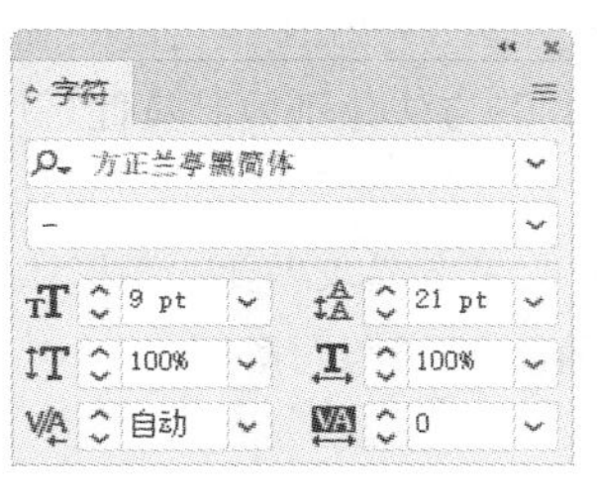

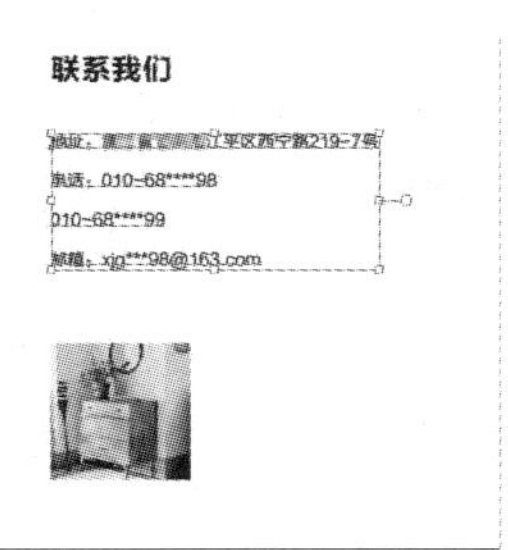

图 7–17

（12）选择“文字”工具 T，在数字“0”左侧单击鼠标左键，插入光标，如图 7–18 所示。按 Alt+Ctrl+T 组合键，弹出“段落”控制面板，将“左缩进”选项设为 27 pt，其他选项的设置如图 7–19 所示。按 Enter 键确定操作，效果如图 7–20 所示。

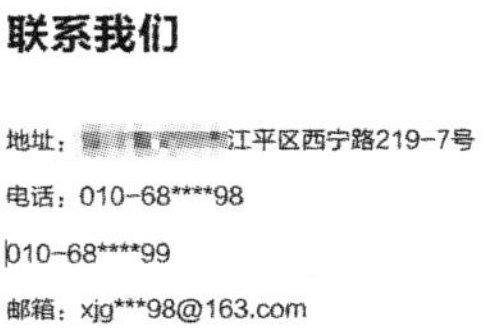

联系我们
地址：江平区西宁路219-7号
电话：010-68****98
010-68****99
邮箱：xjg***98@163.com

图 7–18

段落
27 pt
0 pt
0 pt
0 pt
0 pt
避头尾集：无
标点挤压集：无
连字

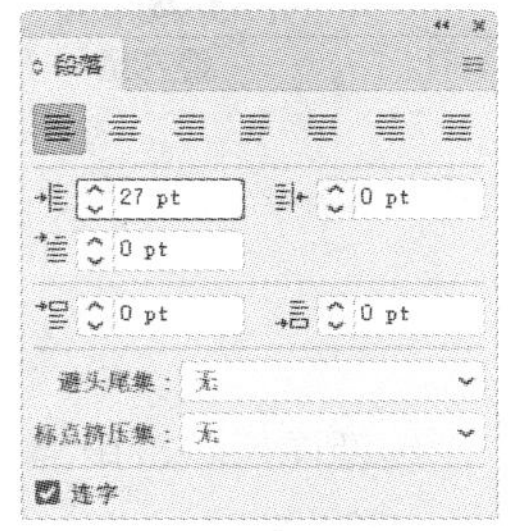

图 7–19

联系我们
地址：江平区西宁路219-7号
电话：010-68****98
010-68****99
邮箱：xjg***98@163.com

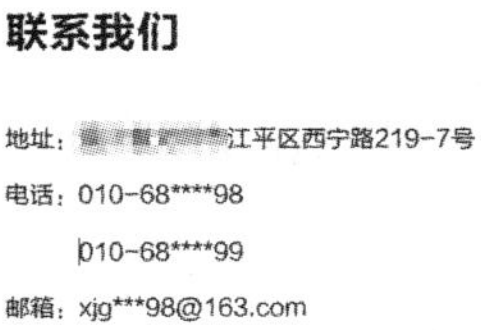

图 7–20

（13）选择“直线段”工具，在按住 Shift 键的同时，在适当的位置绘制一条直线，如图 7-21 所示，设置描边色为蓝色（其 C、M、Y、K 的值分别为 89、0、36、0），填充描边，效果如图 7-22 所示。

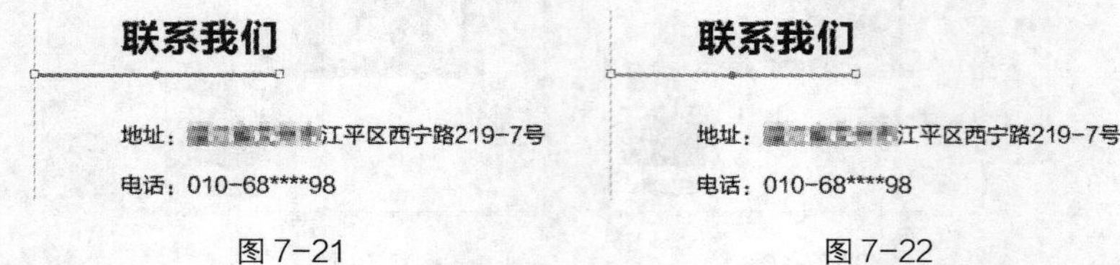

图 7-21　　图 7-22

（14）用相同的方法制作“关于我们”页面，效果如图 7-23 所示。选择“矩形”工具，在适当的位置绘制一个矩形，设置填充色为蓝色（其 C、M、Y、K 的值分别为 89、0、36、0），填充图形，并设置描边色为无，效果如图 7-24 所示。

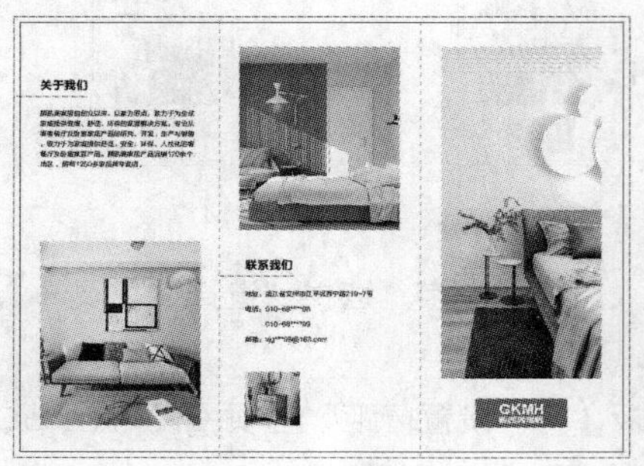

图 7-23

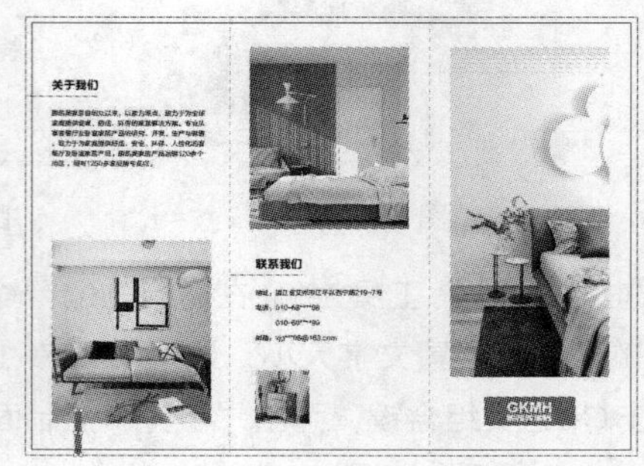

图 7-24

（15）选择“选择”工具，在按住 Alt+Shift 组合键的同时，水平向右拖曳矩形到适当的位置，复制矩形，效果如图 7-25 所示。用相同的方法分别复制其他矩形，并调整适当的角度，效果如图 7-26 所示。

（16）在按住 Shift 键的同时，依次单击选取需要的图形和参考线，如图 7-27 所示。按 Ctrl+C 组合键，复制图形和参考线（此图形和参考线作为备用）。

图 7-25

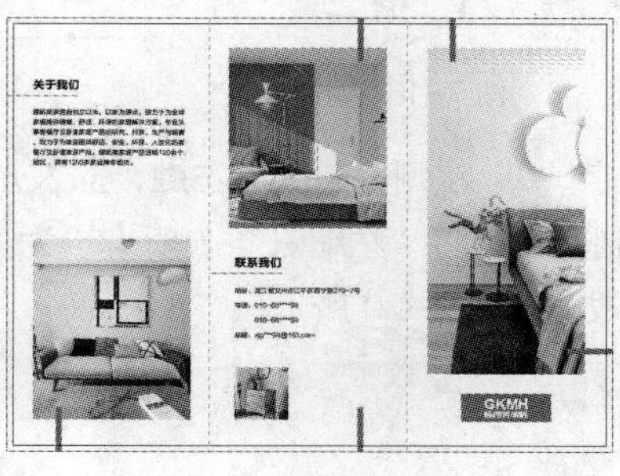

图 7-26

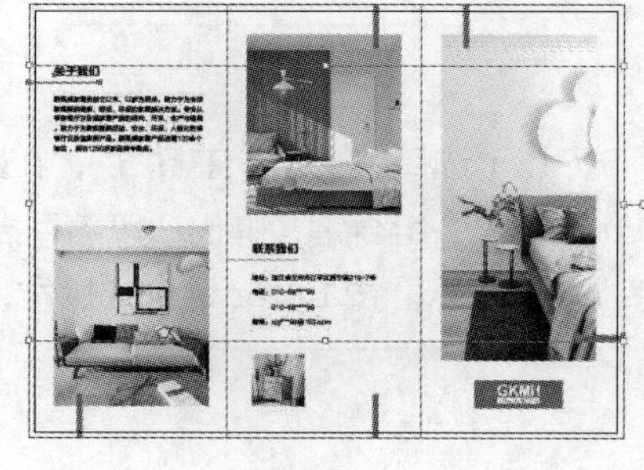

图 7-27

7.1.2　制作折页内页

（1）单击“图层”控制面板下方的“创建新图层”按钮，生成新的图层“图层 2”，如图 7-28 所示。单击“图层 1”图层左侧的眼睛图标，将“图层 1”图层隐藏，如图 7-29 所示。按 Shift+Ctrl+V

组合键，就地粘贴图形和参考线（备用），如图 7-30 所示。

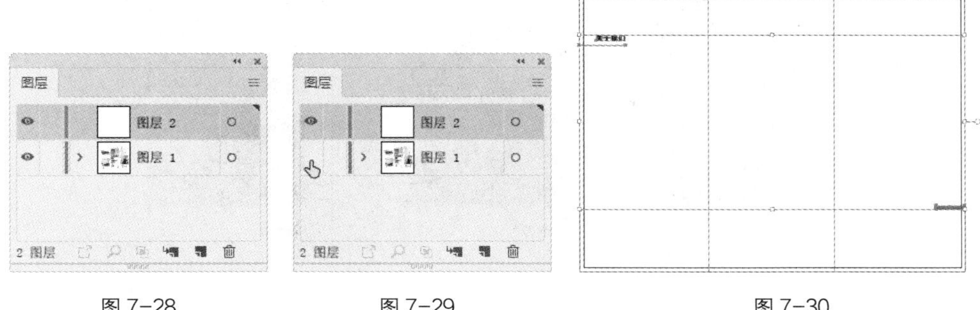

图 7-28　　图 7-29　　图 7-30

（2）分别调整图形和文字的位置，效果如图 7-31 所示。选择“文字”工具，选取并重新输入文字，效果如图 7-32 所示。

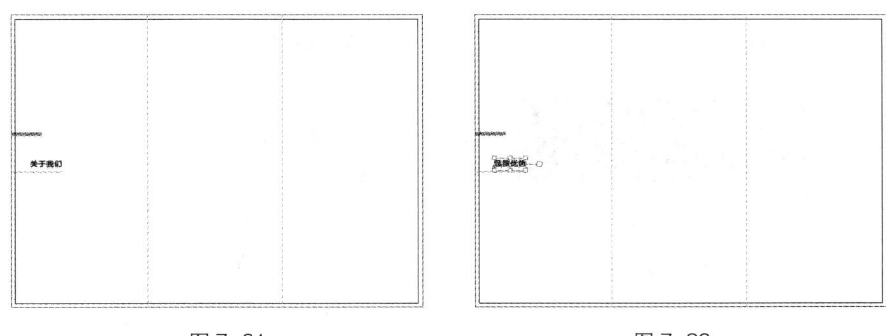

图 7-31　　图 7-32

（3）选择“文件 > 置入”命令，弹出“置入”对话框。选择云盘中的“Ch07 > 素材 > 家居宣传单三折页设计 > 04”文件，单击“置入”按钮，在页面中单击置入图片。单击属性栏中的“嵌入”按钮，嵌入图片。选择“选择”工具，拖曳图片到适当的位置，效果如图 7-33 所示。选择“矩形”工具，在适当的位置绘制一个矩形，如图 7-34 所示。

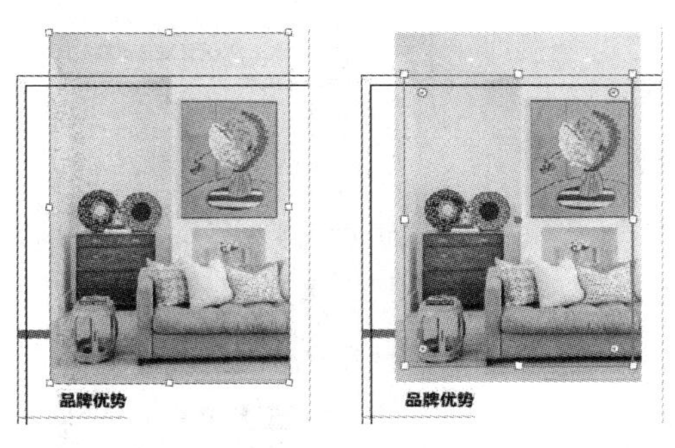

图 7-33　　图 7-34

（4）选择“选择”工具，在按住 Shift 键的同时，单击下方图片将其同时选取，如图 7-35 所示。按 Ctrl+7 组合键，建立剪切蒙版，效果如图 7-36 所示。连续按 Ctrl+[组合键，将图片向后移至适当的位置，效果如图 7-37 所示。

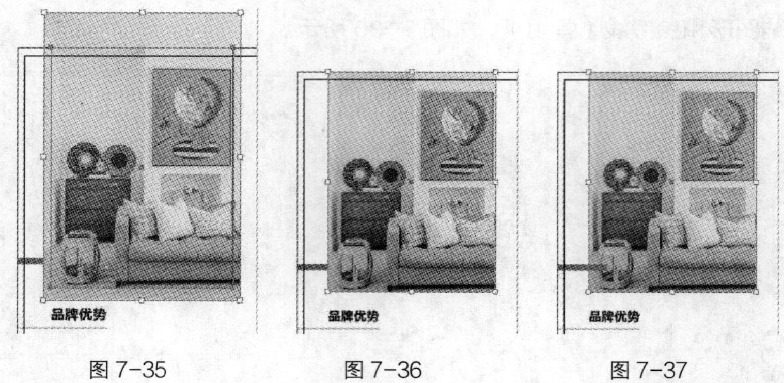

品牌优势

图 7-35

品牌优势

图 7-36

品牌优势

图 7-37

（5）选择“文字”工具 T，在适当的位置按住鼠标左键不放，拖曳出一个带有选中文本的文本框，如图 7-38 所示，输入需要的文字。选择“选择”工具 ▶，在属性栏中选择合适的字体并设置文字大小，效果如图 7-39 所示。

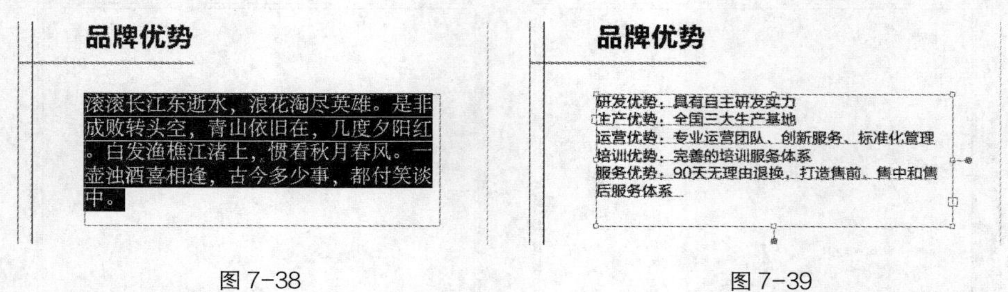

品牌优势
滚滚长江东逝水，浪花淘尽英雄。是非成败转头空，青山依旧在，几度夕阳红。白发渔樵江渚上，惯看秋月春风。一壶浊酒喜相逢，古今多少事，都付笑谈中。

图 7-38

品牌优势
研发优势：具有自主研发实力
生产优势：全国三大生产基地
运营优势：专业运营团队、创新服务、标准化管理
培训优势：完善的培训服务体系
服务优势：90天无理由退换，打造售前、售中和售后服务体系

图 7-39

（6）在“字符”控制面板中，将“设置行距”选项设为 14 pt，其他选项的设置如图 7-40 所示。按 Enter 键确定操作，效果如图 7-41 所示。

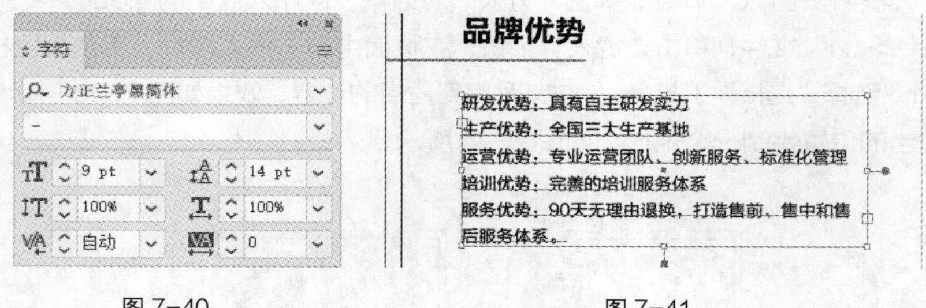

字符
方正兰亭黑简体
-
9 pt
14 pt
100%
100%
自动
0

图 7-40

品牌优势
研发优势：具有自主研发实力
生产优势：全国三大生产基地
运营优势：专业运营团队、创新服务、标准化管理
培训优势：完善的培训服务体系
服务优势：90天无理由退换，打造售前、售中和售后服务体系。

图 7-41

（7）选择“文字”工具 T，选取文字“研发优势：”，在属性栏中选择合适的字体，效果如图 7-42 所示。设置填充色为蓝色（其 C、M、Y、K 的值分别为 89、0、36、0），填充文字，效果如图 7-43 所示。

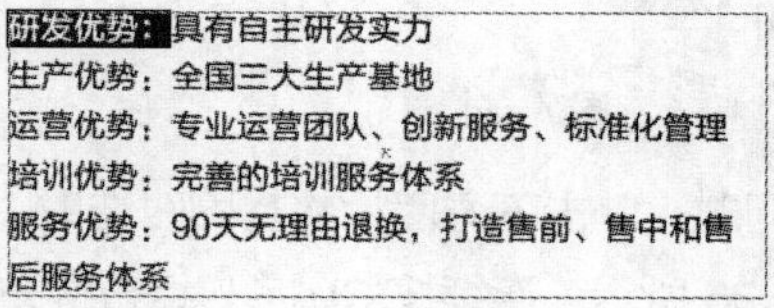

研发优势：具有自主研发实力
生产优势：全国三大生产基地
运营优势：专业运营团队、创新服务、标准化管理
培训优势：完善的培训服务体系
服务优势：90天无理由退换，打造售前、售中和售后服务体系

图 7-42

研发优势：具有自主研发实力
生产优势：全国三大生产基地
运营优势：专业运营团队、创新服务、标准化管理
培训优势：完善的培训服务体系
服务优势：90天无理由退换，打造售前、售中和售后服务体系

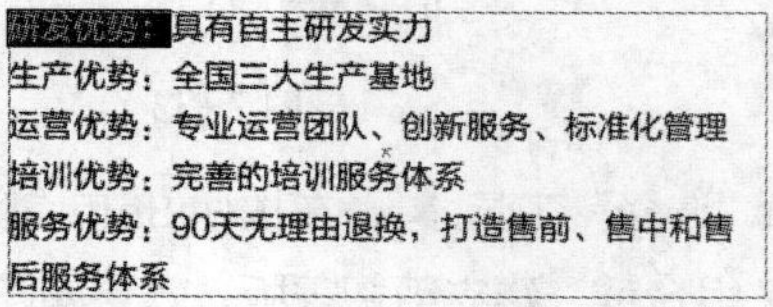

图 7-43

（8）用相同的方法分别设置其他文字的字体和颜色，效果如图 7-44 所示。选择“文字”工具 T，在文字“后”左侧单击鼠标左键，插入光标，如图 7-45 所示。

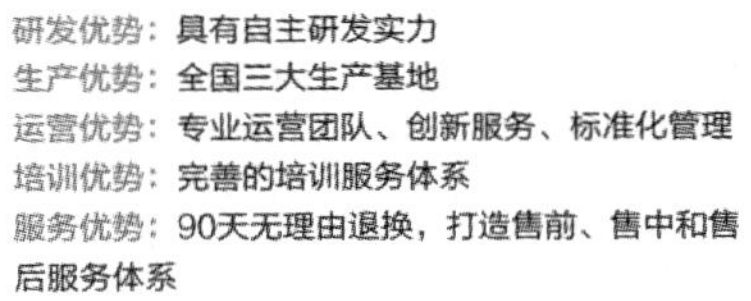

研发优势：具有自主研发实力
生产优势：全国三大生产基地
运营优势：专业运营团队、创新服务、标准化管理
培训优势：完善的培训服务体系
服务优势：90天无理由退换，打造售前、售中和售后服务体系

图 7-44

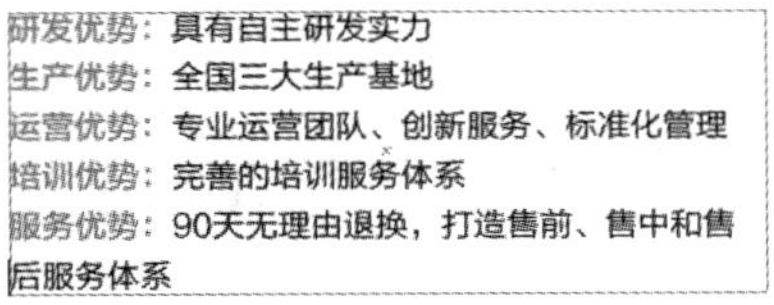

研发优势：具有自主研发实力
生产优势：全国三大生产基地
运营优势：专业运营团队、创新服务、标准化管理
培训优势：完善的培训服务体系
服务优势：90天无理由退换，打造售前、售中和售
后服务体系

图 7-45

（9）在“段落”控制面板中，将“左缩进”选项设为 45 pt，其他选项的设置如图 7-46 所示。按 Enter 键确定操作，效果如图 7-47 所示。

段落
45 pt
0 pt
0 pt
0 pt
0 pt
避头尾集：无
标点挤压集：无
连字

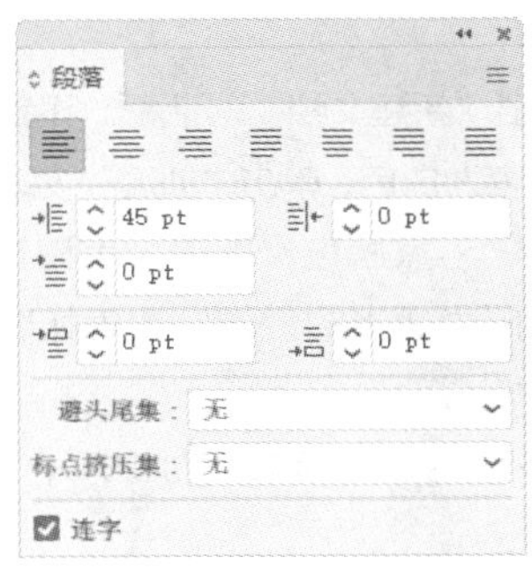

图 7-46

研发优势：具有自主研发实力
生产优势：全国三大生产基地
运营优势：专业运营团队、创新服务、标准化管理
培训优势：完善的培训服务体系
服务优势：90天无理由退换，打造售前、售中和售
后服务体系

图 7-47

（10）选择“选择”工具，用框选的方法将图形和文字同时选取，如图 7-48 所示。在按住 Alt+Shift 组合键的同时，垂直向下拖曳图形和文字到适当的位置，复制图形和文字，效果如图 7-49 所示。选择“文字”工具 T，选取并重新输入文字，效果如图 7-50 所示。

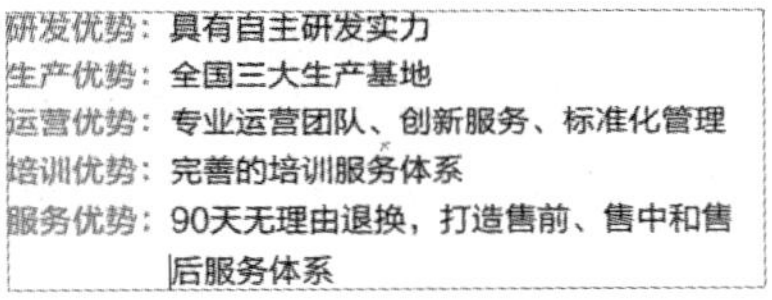

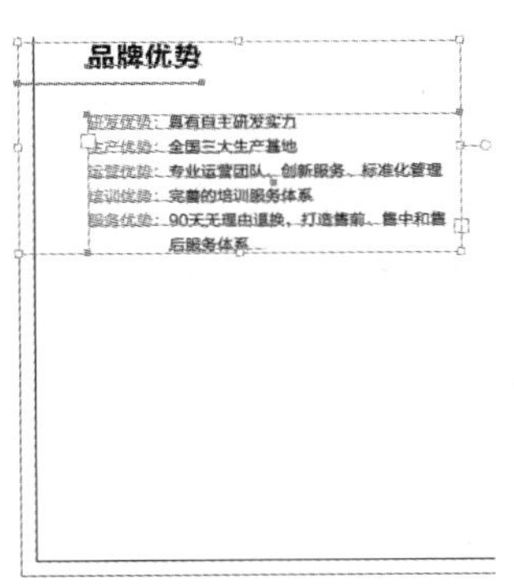

品牌优势

图 7-48

品牌优势
品牌优势

图 7-49

品牌优势
产品矩阵

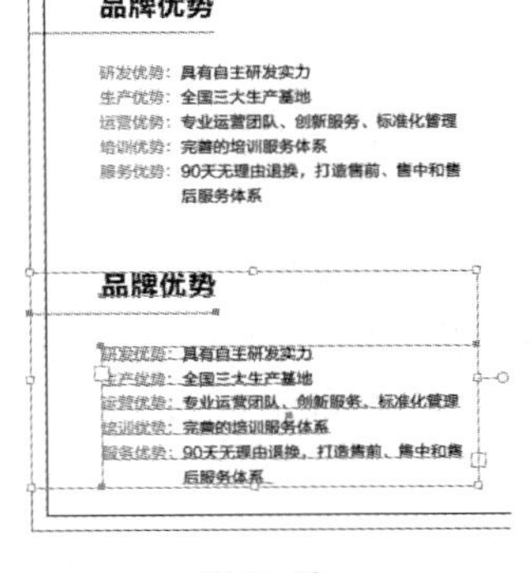

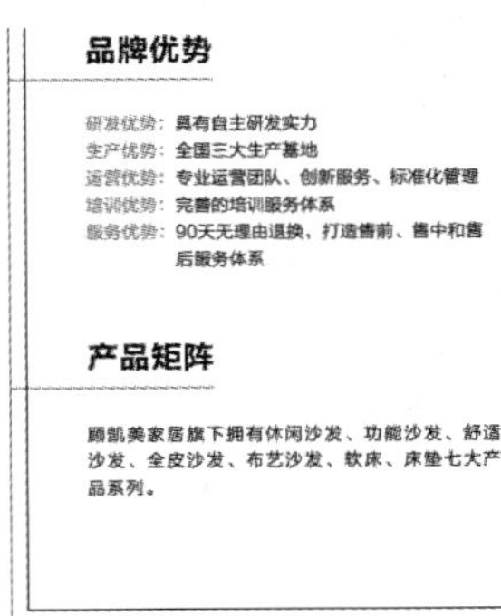

图 7-50

（11）选择“矩形”工具，在适当的位置绘制一个矩形，设置填充色为蓝色（其 C、M、Y、K 的值分别为 89、0、36、0），填充图形，效果如图 7-51 所示。用相同的方法分别制作其他页面，效果如图 7-52 所示。家居宣传单三折页制作完成。

（12）选择“文件 > 导出 > 导出为”命令，弹出“导出”对话框，将其命名为“家居宣传单三折页-内页”，勾选“使用画板”复选框，将其保存为 JPEG 格式。单击“导出”按钮，弹出“JPEG

选项”对话框，单击“确定”按钮，将图像导出。用相同的方法导出“家居宣传单三折页-正面”。

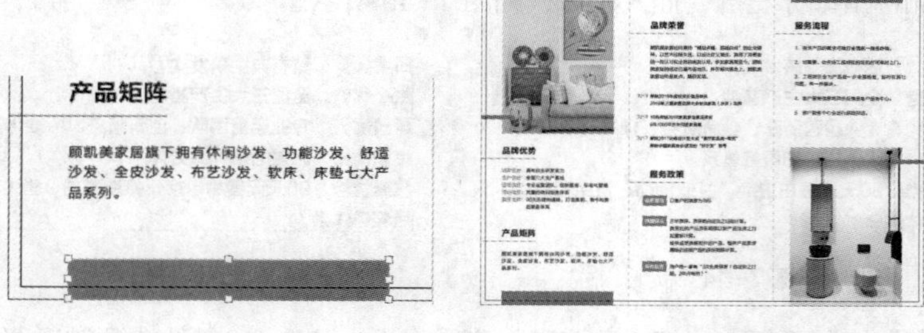

图 7-51　　图 7-52

7.1.3　制作折页展示效果

（1）打开 Photoshop CC 2019，按 Ctrl+N 组合键，弹出“新建文档”对话框。设置宽度为 29.7 cm，高度为 21 cm，分辨率为 150 ppi，颜色模式为 RGB，背景内容为白色，单击“创建”按钮，新建一个文件。

（2）按 Ctrl+O 组合键，打开云盘中的“Ch07 > 素材 > 家居宣传单三折页设计 > 07、08”文件。选择“移动”工具 ，分别将图片拖曳到新建图像窗口中适当的位置，效果如图 7-53 所示，在“图层”控制面板中生成新的图层并将其命名为“底纹”“叶子”。

（3）在“图层”控制面板上方，将“底纹”图层的“不透明度”选项设为 16%，如图 7-54 所示。按 Enter 键确定操作，效果如图 7-55 所示。

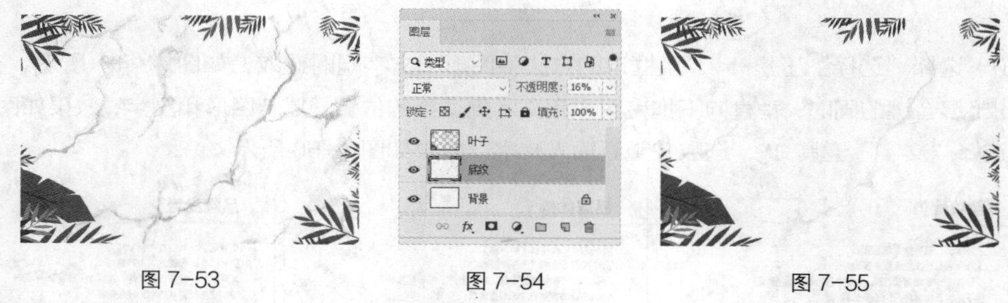

图 7-53　　图 7-54　　图 7-55

（4）选中“叶子”图层。按 Ctrl+O 组合键，打开云盘中的“Ch07 > 效果 > 家居宣传单三折页设计 > 家居宣传单三折页-正面.jpg”文件，如图 7-56 所示。

（5）选择“视图 > 新建参考线版面”命令，弹出“新建参考线版面”对话框，设置如图 7-57 所示。单击“确定”按钮，完成版面参考线的创建，如图 7-58 所示。

图 7-56

图 7-57

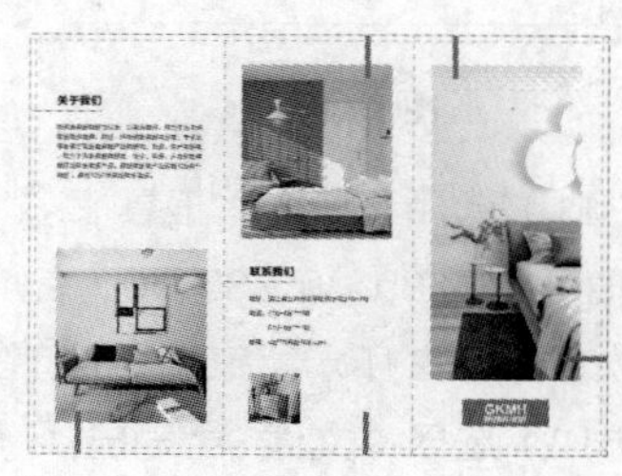

图 7-58

（6）选择“矩形选框”工具 ，在图像窗口中绘制出需要的选区，如图 7–59 所示。选择“移动”工具 ，将选区中的图像拖曳到新建的图像窗口中，效果如图 7–60 所示。在“图层”控制面板中生成新的图层并将其命名为“正面”。

图 7–59　　图 7–60

（7）按 Ctrl+T 组合键，图像周围出现变换框。在按住 Ctrl 键的同时，拖曳右下角的控制手柄到适当的位置，如图 7–61 所示。用相同的方法分别拖曳其他控制手柄到适当的位置，按 Enter 键确定操作，效果如图 7–62 所示。

图 7–61　　图 7–62

（8）按住 Ctrl 键的同时，单击“正面”图层的缩览图，图像周围生成选区，如图 7–63 所示。新建图层并将其命名为“正面阴影”。将前景色设为灰色（其 R、G、B 的值分别为 179、179、179），按 Alt+Delete 组合键，用前景色填充选区，按 Ctrl+D 组合键，取消选区，效果如图 7–64 所示。

图 7–63　　图 7–64

（9）在“图层”控制面板上方，将“正面阴影”图层的“不透明度”选项设为 20%，如图 7–65 所示。按 Enter 键确定操作，效果如图 7–66 所示。用相同的方法制作“背面”和“内页”，效果如图 7–67 所示。

图 7-65　图 7-66　图 7-67

（10）选择“多边形套索”工具，在图像窗口中沿着折页拖曳鼠标绘制选区，效果如图 7-68 所示。新建图层并将其命名为“阴影”。将前景色设为深灰色（其 R、G、B 的值分别为 96、96、96），按 Alt+Delete 组合键，用前景色填充选区，按 Ctrl+D 组合键，取消选区，效果如图 7-69 所示。

图 7-68　图 7-69

（11）选择“滤镜 > 模糊 > 高斯模糊”命令，在弹出的“高斯模糊”对话框中进行设置，如图 7-70 所示。单击“确定”按钮，效果如图 7-71 所示。

图 7-70　图 7-71

（12）在“图层”控制面板中，将“阴影”图层拖曳到“正面”图层的下方，如图 7-72 所示，图像效果如图 7-73 所示。用相同的方法制作折后展示效果，如图 7-74 所示。家居宣传单三折页展示效果制作完成。

（13）按 Ctrl+S 组合键，弹出“另存为”对话框，将其命名为“家居宣传单三折页展示效果”，保存为 PSD 格式。单击“保存”按钮，弹出“Photoshop 格式选项”对话框，单击“确定”按钮，将文件保存。

图 7-72　　图 7-73　　图 7-74

7.2 课后习题——旅游宣传单设计

习题知识要点

在 Photoshop 中，使用“添加图层蒙版”按钮和“画笔”工具制作图片渐隐效果，使用“照片滤镜”命令、“色阶”命令、“曲线”命令和“自然饱和度”命令调整图片的色调；在 Illustrator 中，使用“文字”工具、“字符”控制面板和“填充”工具添加宣传语及相关信息，使用“钢笔”工具、“直接选择”工具和“建立剪切蒙版”命令制作图片的剪切蒙版，使用“置入”命令和“透明度”面板制作半透明效果，使用“椭圆”工具、“圆角矩形”工具、“矩形”工具、“缩放”命令和“路径查找器”面板制作装饰图形和图标，使用“投影”命令为图形添加投影效果，使用“文字”工具、“制表符”命令添加介绍性文字。

素材所在位置

云盘 > Ch07 > 素材 > 旅游宣传单设计 > 01~14。

效果所在位置

云盘 > Ch07 > 效果 > 旅游宣传单设计 > 旅游宣传单.ai，如图 7-75 所示。

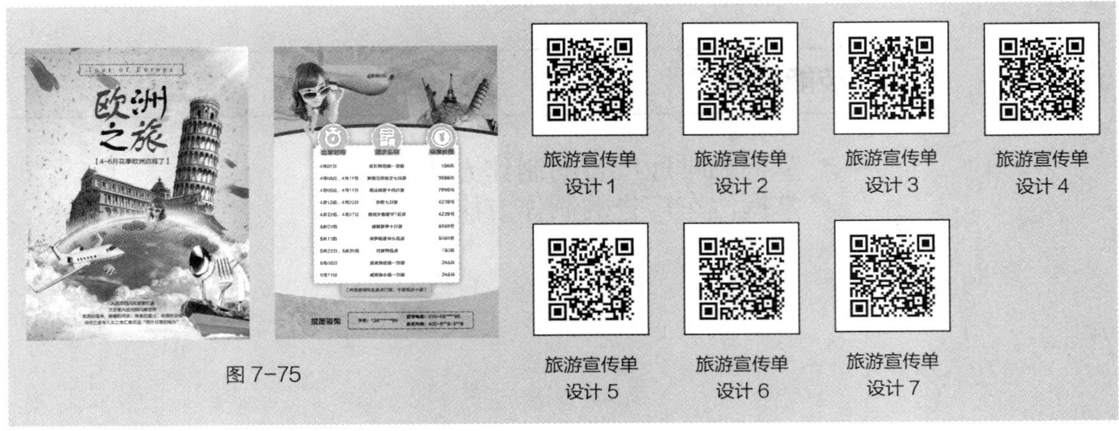

图 7-75

08 第8章 广告设计

本章介绍

当今社会，广告以各种形式出现在大众视野中。平面广告是常见的广告形式之一，它是重要的宣传媒体，具有实效性强、受众广泛、宣传力度大等特点。优秀的平面广告要强化视觉冲击力，抓住观众的视线。通过本章的学习，读者可以掌握平面广告（本章所提的广告皆指平面广告）的设计方法和制作技巧。

学习目标

- 掌握广告的设计思路和过程。
- 掌握广告的制作方法和技巧。

技能目标

- 掌握咖啡厅广告的制作方法。
- 掌握汽车广告的制作方法。

8.1 咖啡厅广告设计

案例学习目标

在 Photoshop 中，学习使用图层混合模式和“添加图层样式”按钮制作广告背景图；在 Illustrator 中，学习使用绘图工具、“文字”工具、“字符”控制面板、“描边”控制面板和“填色”命令制作标牌和广告信息。

案例知识要点

在 Photoshop 中，使用“移动”工具和图层混合模式制作图片融合效果，使用“添加图层样式”按钮为图片添加描边和内阴影效果；在 Illutrator 中，使用“星形”工具、“椭圆”工具、“描边”控制面板和“填充”工具制作标牌底图，使用“椭圆”工具、“路径文字”工具制作路径文字，使用“文字”工具和“字符”控制面板添加文字信息，使用“复制”命令和“镜像”工具制作装饰图形，使用“符号库”命令和“椭圆”工具制作图标。

效果所在位置

云盘 > Ch08 > 效果 > 咖啡厅广告设计 > 咖啡厅广告.ai，如图 8-1 所示。

图 8-1

8.1.1 制作背景图

（1）打开 Photoshop CC 2019，按 Ctrl+N 组合键，弹出“新建文档”对话框。设置宽度为 21.6 cm，高度为 30.3 cm，分辨率为 150 ppi，颜色模式为 RGB，背景内容为黑色，单击“创建”按钮，新建一个文件。

（2）选择“视图 > 新建参考线版面”命令，弹出“新建参考线版面”对话框，设置如图 8-2 所示。单击“确定”按钮，完成版面参考线的创建，如图 8-3 所示。

（3）按 Ctrl + O 组合键，打开云盘中的“Ch08 > 素材 > 咖啡厅广告设计 > 01”文件。选择“移动”工具 ，将图片拖曳到新建图像窗口中适当的位置，效果如图 8-4 所示，在“图层”控制面板中生成新的图层并将其命名为“底图”。

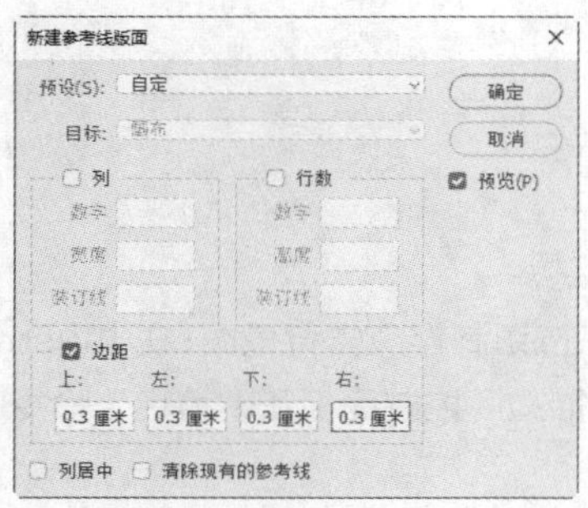

图 8-2

图 8-3

图 8-4

（4）在“图层”控制面板上方，将“底图”图层的混合模式选项设为“滤色”，如图 8-5 所示，图像效果如图 8-6 所示。

图 8-5

图 8-6

（5）按 Ctrl + O 组合键，打开云盘中的“Ch08 > 素材 > 咖啡厅广告设计 > 02、03”文件。选择“移动”工具，分别将图片拖曳到新建图像窗口中适当的位置，效果如图 8-7 所示，在“图层”控制面板中分别生成新的图层并将其命名为“咖啡机”和“咖啡豆”。

（6）单击“图层”控制面板下方的“添加图层样式”按钮 fx，在弹出的菜单中选择“描边”命令，弹出对话框，将描边色设为橙色（其 R、G、B 的值分别为 243、152、0），其他选项的设置如图 8-8 所示。选择“内阴影”选项，切换到相应的面板，选项的设置如图 8-9 所示，单击“确定”按钮，效果如图 8-10 所示。

图 8-7

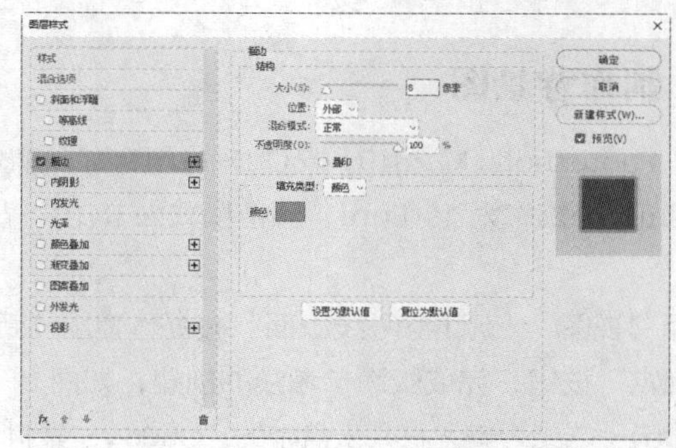

图 8-8

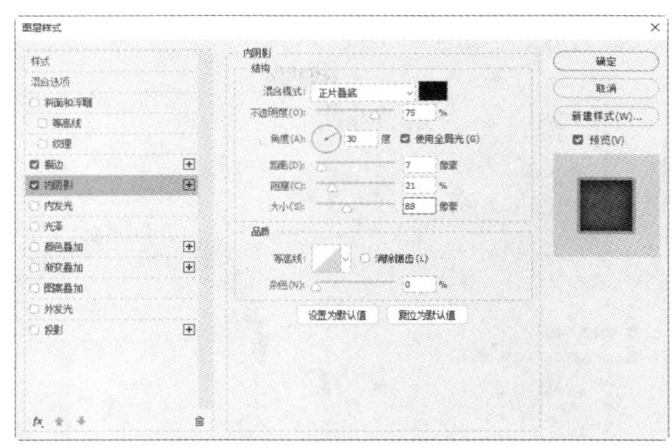

图 8-9

图 8-10

（7）咖啡厅广告底图制作完成。按 Shift+Ctrl+E 组合键，合并可见图层。按 Ctrl+S 组合键，弹出“另存为”对话框，将其命名为“咖啡厅广告底图”，保存为 JPEG 格式。单击“保存”按钮，弹出“JPEG 选项”对话框，单击“确定”按钮，将图像保存。

8.1.2 制作标牌图形

（1）打开 Illustrator CC 2019，按 Ctrl+N 组合键，弹出“新建文档”对话框。设置文档的宽度为 210 mm，高度为 297 mm，取向为纵向，出血为 3 mm，颜色模式为 CMYK，单击“创建”按钮，新建一个文档。

（2）选择“文件 > 置入”命令，弹出“置入”对话框，选择云盘中的“Ch08 > 效果 > 咖啡厅广告设计 > 咖啡厅广告底图.jpg”文件，单击“置入”按钮，在页面中单击置入图片。单击属性栏中的“嵌入”按钮，嵌入图片。选择“选择”工具，拖曳图片到适当的位置，效果如图 8-11 所示。按 Ctrl+2 组合键，锁定所选对象。

（3）选择“星形”工具，在页面外单击鼠标左键，弹出“星形”对话框，选项的设置如图 8-12 所示。单击“确定”按钮，出现一个多角星形。选择“选择”工具，设置填充色为橙色（其 C、M、Y、K 的值分别为 0、45、100、0），填充星形，并设置描边色为无，效果如图 8-13 所示。

图 8-11

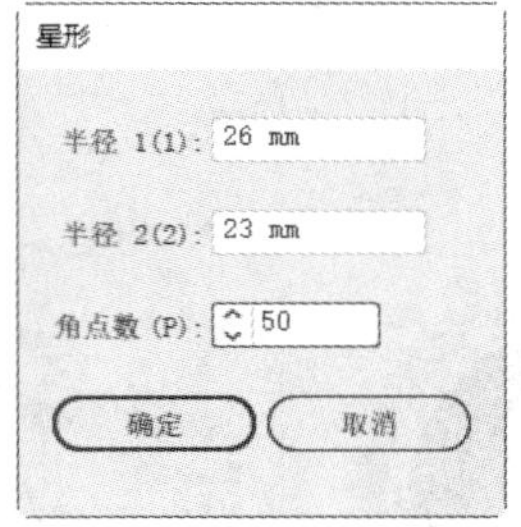

图 8-12

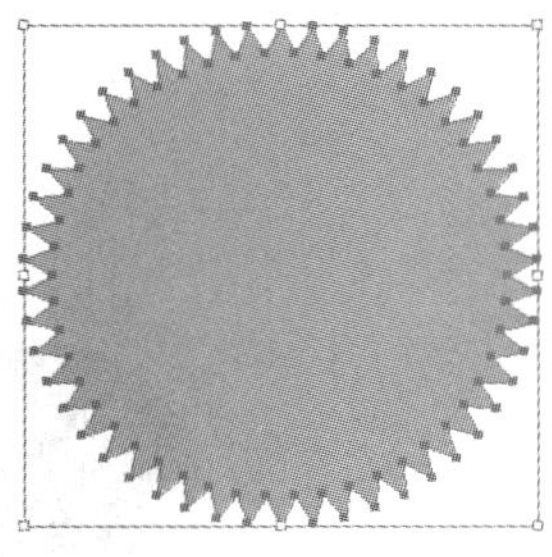

图 8-13

（4）选择“椭圆”工具，在按住 Alt+Shift 组合键的同时，以多角星形的中心为圆心绘制一个圆形，填充图形为白色，并设置描边色为无，效果如图 8-14 所示。

（5）选择“对象 > 变换 > 缩放”命令，在弹出的“比例缩放”对话框中进行设置，如图 8-15

所示。单击“复制”按钮，缩小并复制圆形，效果如图 8-16 所示。

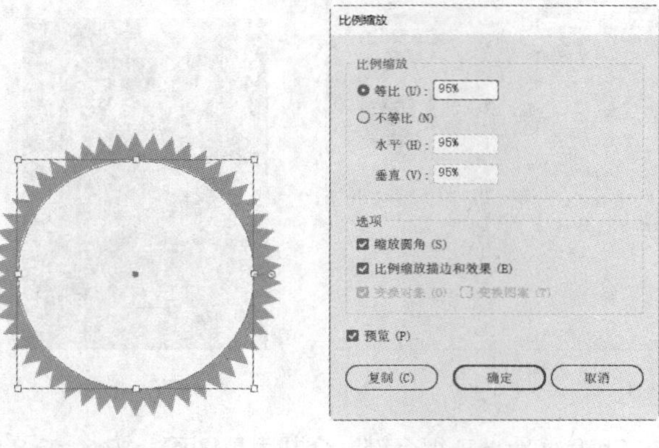

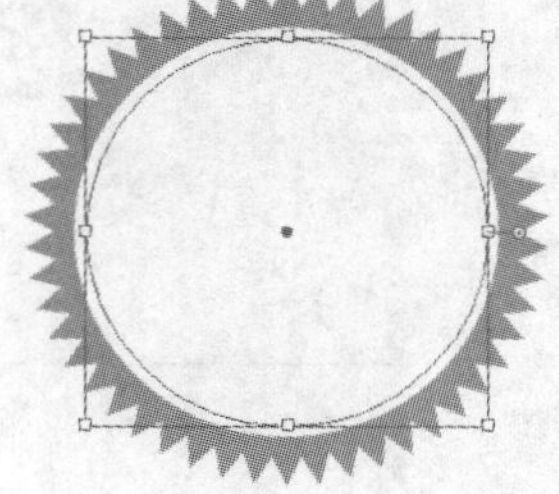

图 8-14　　图 8-15　　图 8-16

（6）设置填充色为无，并设置描边色为咖啡色（其 C、M、Y、K 的值分别为 60、100、100、60），填充描边，效果如图 8-17 所示。选择“窗口 > 描边”命令，弹出“描边”控制面板，勾选“虚线”复选框，数值被激活，各选项的设置如图 8-18 所示。按 Enter 键确定操作，效果如图 8-19 所示。

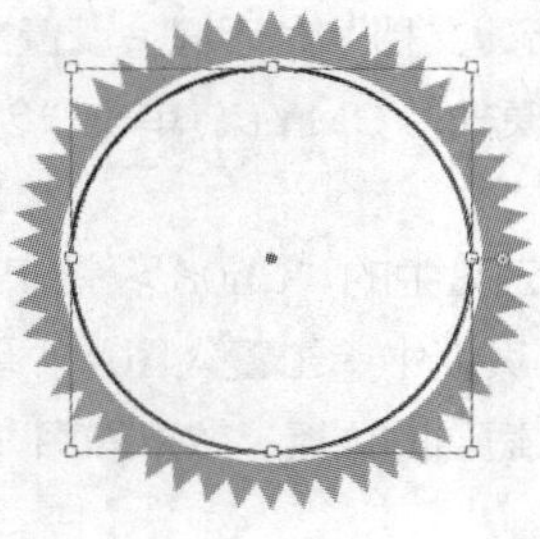

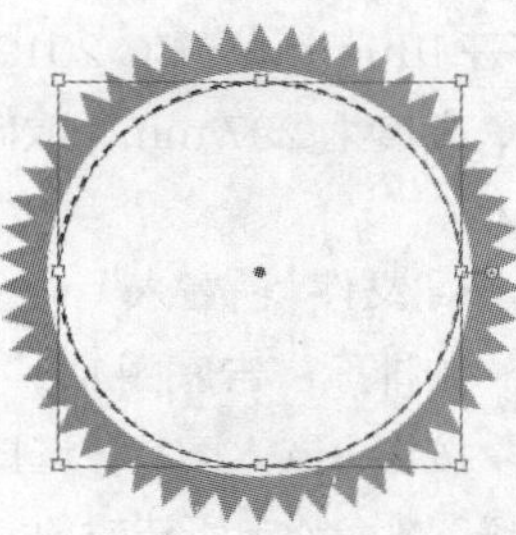

图 8-17　　图 8-18　　图 8-19

（7）选择“对象 > 变换 > 缩放”命令，弹出“比例缩放”对话框。单击“复制”按钮，缩小并复制圆形，效果如图 8-20 所示。按 Shift+X 组合键，互换填充色和描边色，效果如图 8-21 所示。

（8）选择“对象 > 变换 > 缩放”命令，在弹出的“比例缩放”对话框中进行设置，如图 8-22 所示。单击“复制”按钮，缩小并复制圆形，效果如图 8-23 所示。

图 8-20　　图 8-21　　图 8-22　　图 8-23

（9）设置填充色为无，描边色为白色，效果如图 8-24 所示。选择“路径文字”工具，在圆形路径上单击鼠标左键，出现一个带有选中文本的文本区域，如图 8-25 所示。输入需要的文字，选择“选择”工具，在属性栏中选择合适的字体并设置适当的文字大小，填充文字为白色，效果如图 8-26 所示。

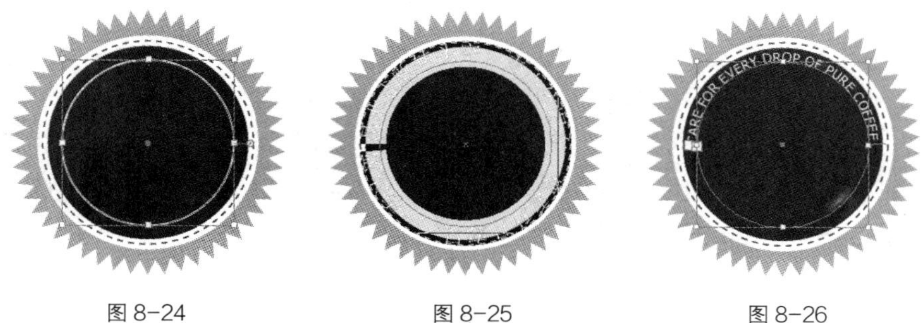

图 8-24　　图 8-25　　图 8-26

（10）按 Ctrl+T 组合键，弹出“字符”控制面板，将“设置所选字符的字距调整”选项设为 15，其他选项的设置如图 8-27 所示。按 Enter 键确定操作，效果如图 8-28 所示。用相同的方法制作其他路径文字，效果如图 8-29 所示。

图 8-27　　图 8-28　　图 8-29

（11）选取虚线圆形，如图 8-30 所示，选择“对象 > 变换 > 缩放”命令，在弹出的“比例缩放”对话框中进行设置，如图 8-31 所示。单击“复制”按钮，缩小并复制圆形，效果如图 8-32 所示。设置描边色为白色，按 Shift+Ctrl+] 组合键，将圆形置于顶层，效果如图 8-33 所示。

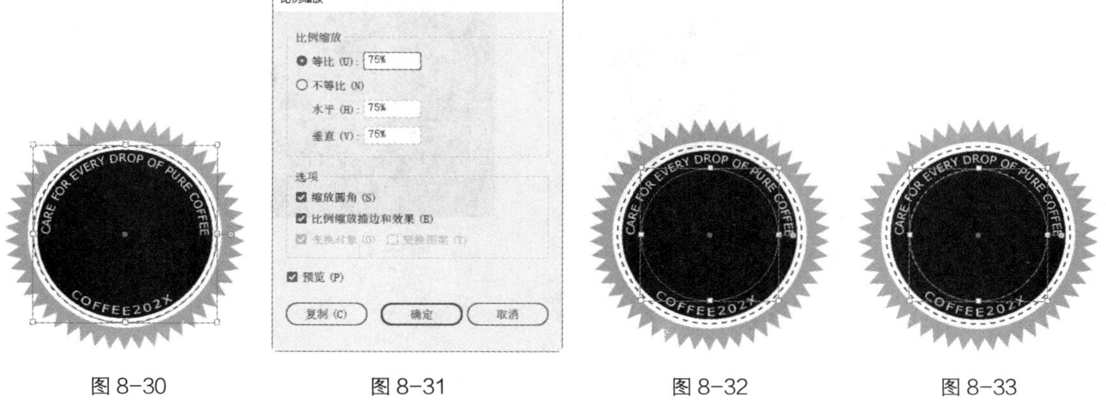

图 8-30　　图 8-31　　图 8-32　　图 8-33

（12）选择“文字”工具T，在适当的位置分别输入需要的文字。选择“选择”工具▶，在属性栏中分别选择合适的字体并设置文字大小，填充文字为白色，效果如图 8-34 所示。

（13）选取文字“咖啡烘焙”，在“字符”控制面板中，将“设置所选字符的字距调整”选项VA设为 183，其他选项的设置如图 8-35 所示。按 Enter 键确定操作，效果如图 8-36 所示。

图 8-34

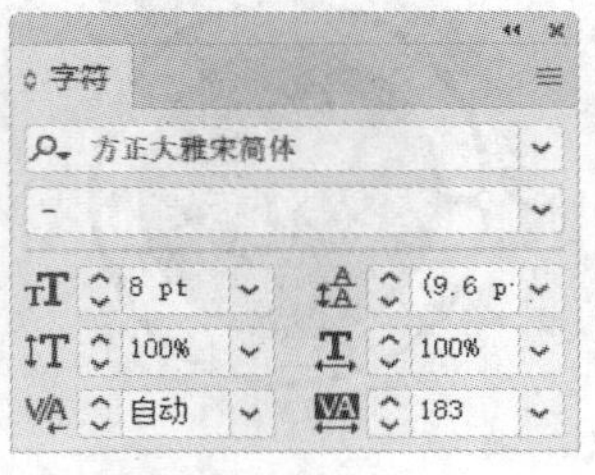

图 8-35

图 8-36

（14）选择“文字”工具T，在文字“啡”右侧单击鼠标左键插入光标，如图 8-37 所示。选择“文字 > 字形”命令，弹出“字形”控制面板，设置字体并选择需要的字形，如图 8-38 所示。双击鼠标左键插入字形，效果如图 8-39 所示。

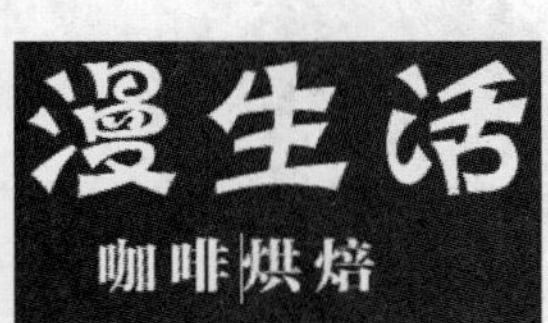

图 8-37

图 8-38

图 8-39

（15）用框选的方法将图形和文字同时选取，按 Ctrl+G 组合键，编组图形，如图 8-40 所示，拖曳编组图形到页面中适当的位置，效果如图 8-41 所示。

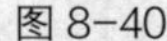
图 8-40

图 8-41

8.1.3 添加广告信息

（1）在 Illustrator CC 2019 中，选择“文字”工具T，在适当的位置输入需要的文字。选择“选择”工具▶，在属性栏中选择合适的字体并设置文字大小，效果如图 8-42 所示。设置填充色为橙色（其 C、M、Y、K 的值分别为 0、45、100、0），填充文字，效果如图 8-43 所示。

图 8-42

图 8-43

（2）在“字符”控制面板中，将“垂直缩放”选项设为 82%，其他选项的设置如图 8-44 所示。按 Enter 键确定操作，效果如图 8-45 所示。

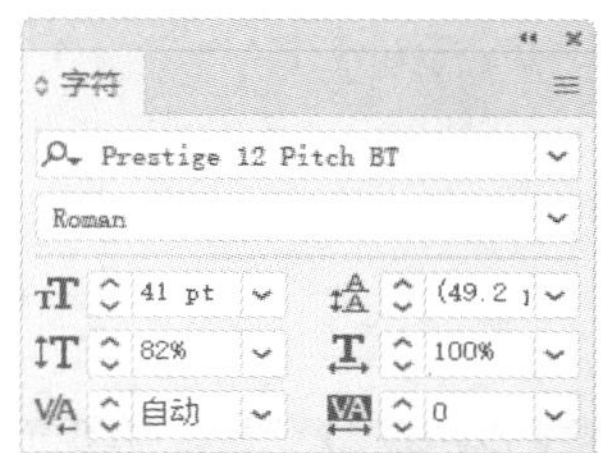

图 8-44

图 8-45

（3）按 Ctrl+O 组合键，打开云盘中的“Ch08 > 素材 > 咖啡厅广告设计 > 04”文件。选择“选择”工具▶，选取需要的图形，按 Ctrl+C 组合键，复制图形。选择正在编辑的页面，按 Ctrl+V 组合键，将其粘贴到页面中，并拖曳复制的图形到适当的位置，效果如图 8-46 所示。

（4）选择“文字”工具T，在适当的位置输入需要的文字。选择“选择”工具▶，在属性栏中选择合适的字体并设置文字大小。设置填充色为咖啡色（其 C、M、Y、K 的值分别为 60、100、100、60），填充文字，效果如图 8-47 所示。

图 8-46

图 8-47

（5）在“字符”控制面板中，将“设置所选字符的字距调整”选项设为 120，其他选项的设置如图 8-48 所示。按 Enter 键确定操作，效果如图 8-49 所示。

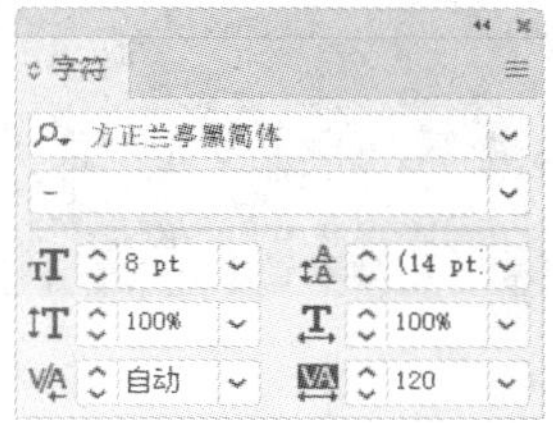

图 8-48

图 8-49

（6）选择“文件 > 置入”命令，弹出“置入”对话框，选择云盘中的“Ch08 > 效果 > 咖啡厅广告设计 > 05”文件，单击“置入”按钮，在页面中单击置入图片。单击属性栏中的“嵌入”按钮，嵌入图片。选择“选择”工具，拖曳图片到适当的位置，效果如图 8-50 所示。

（7）选择“直线段”工具，在按住 Shift 键的同时，在适当位置绘制一条直线，设置描边色为橙色（其 C、M、Y、K 的值分别为 0、45、100、0），填充直线，效果如图 8-51 所示。

图 8-50　　　　图 8-51

（8）在“描边”控制面板中，勾选“虚线”复选框，数值被激活，各选项的设置如图 8-52 所示。按 Enter 键确定操作，效果如图 8-53 所示。

图 8-52　　　　图 8-53

（9）选择“选择”工具，在按住 Alt+Shift 组合键的同时，水平向右拖曳虚线到适当的位置，复制虚线，效果如图 8-54 所示。

（10）选择“文字”工具，在适当的位置分别输入需要的文字。选择“选择”工具，在属性栏中分别选择合适的字体并设置文字大小。将输入的文字同时选取，设置填充色为浅黄色（其 C、M、Y、K 的值分别为 0、15、40、0），填充文字，效果如图 8-55 所示。

图 8-54

图 8-55

（11）选取文字“慢生活……纯正。”，在“字符”控制面板中，将“设置所选字符的字距调整”

选项设为 120，其他选项的设置如图 8-56 所示。按 Enter 键确定操作，效果如图 8-57 所示。

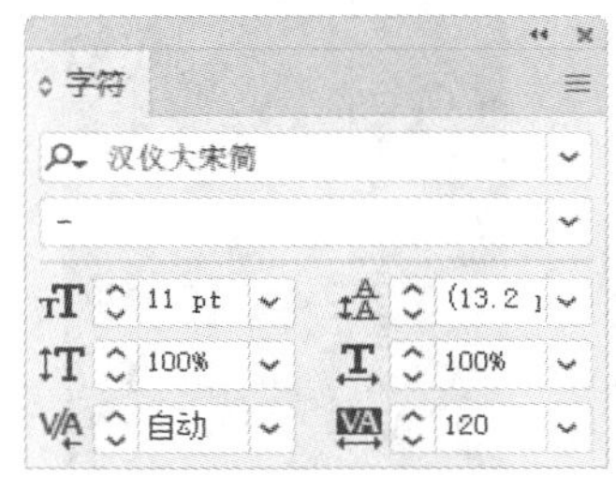

图 8-56

图 8-57

（12）选取文字“TEL 400”，在“字符”控制面板中，将“设置行距”选项设为 17.5 pt，其他选项的设置如图 8-58 所示。按 Enter 键确定操作，效果如图 8-59 所示。

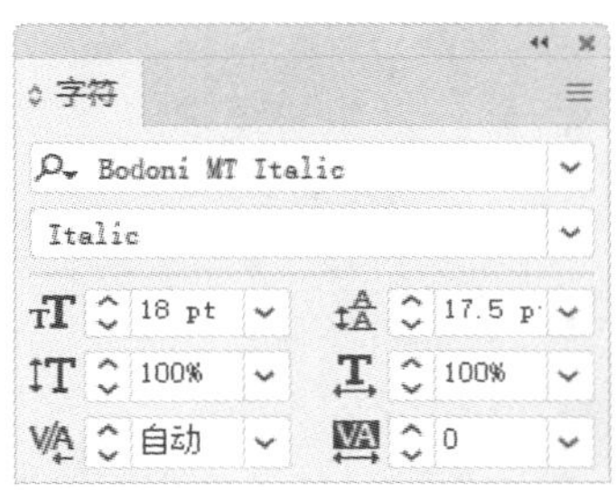

图 8-58

图 8-59

（13）选择“窗口 > 符号库 > 地图”命令，在弹出的面板中选择需要的符号，如图 8-60 所示，拖曳符号到页面中适当的位置，并调整其大小，效果如图 8-61 所示。在符号图形上单击鼠标右键，在弹出的快捷菜单中选择“断开符号链接”命令，断开符号链接，如图 8-62 所示。

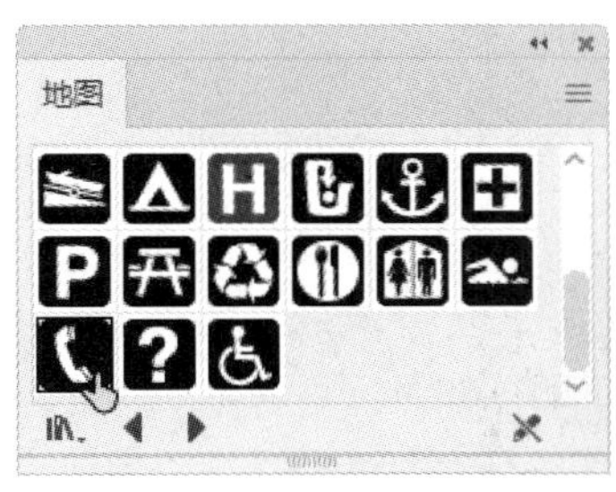

图 8-60

图 8-61

图 8-62

（14）选择“编组选择”工具，在按住 Shift 键的同时，将黑色圆角矩形和外框同时选取，如图 8-63 所示。按 Delete 键将其删除，效果如图 8-64 所示。

（15）选择“选择”工具，选取电话图标，将鼠标指针放置到右上角的控制手柄上，指针变为旋转图标，拖曳鼠标并将其旋转到适当的角度，效果如图 8-65 所示。

（16）选择“椭圆”工具，在按住 Shift 键的同时，在适当的位置绘制一个圆形，设置描边色为白色，并在属性栏中将“描边粗细”选项设置为 2 pt。按 Enter 键确定操作，效果如图 8-66 所示。咖啡厅广告制作完成，效果如图 8-67 所示。

图 8-63

图 8-64

图 8-65

图 8-66

图 8-67

（17）按 Ctrl+S 组合键，弹出“存储为”对话框，将其命名为“咖啡厅广告”，保存为 AI 格式。单击“保存”按钮，弹出“Illustrator 选项”对话框，单击“确定”按钮，将文件保存。

8.2 课后习题——汽车广告设计

习题知识要点

在 Photoshop 中，使用“色阶”命令、“色相/饱和度”命令、“曲线”命令调整图片色调，使用“图层”控制面板、“画笔”工具和“渐变”工具制作图片融合效果，使用“镜头光晕”命令制作光晕效果；在 Illustrator 中，使用“文字”工具、“字符”控制面板添加广告语及相关信息，使用“置入”命令、“矩形”工具和“剪切蒙版”命令制作图片的剪切蒙版效果，使用“椭圆”工具、“缩放”命令、“路径查找器”控制面板、“文字”工具、“星形”工具、“倾斜”命令和“渐变”工具制作汽车标志。

素材所在位置

云盘 > Ch08 > 素材 > 汽车广告设计 > 01~07。

效果所在位置

云盘 > Ch08 > 效果 > 汽车广告设计 > 汽车广告.ai，如图 8-68 所示。

图 8-68

09

第 9 章 海报设计

本章介绍

海报具有画幅大、艺术表现力丰富和远视效果强烈的特点，在表现广告主题的深度和提升艺术魅力等方面十分出色。通过本章的学习，读者可以掌握海报的设计方法和制作技巧。

学习目标

- 掌握海报的设计思路和过程。
- 掌握海报的制作方法和技巧。

技能目标

- 掌握店庆海报的制作方法。
- 掌握街舞大赛海报的制作方法。

9.1 店庆海报设计

案例学习目标

在 Photoshop 中，学习使用“新建参考线版面”命令创建参考线，使用绘图工具、“复制”命令和“路径选择”工具制作招贴背景；在 Illustrator 中，学习使用绘图工具、“文字”工具和“字符”控制面板添加宣传信息。

案例知识要点

在 Photoshop 中，使用“钢笔”工具和“复制”命令绘制放射光，使用“椭圆”工具和“路径选择”工具制作装饰图形，使用“移动”工具添加主题图片；在 Illustrator 中，使用“文字”工具、“字符”控制面板、“倾斜”工具和“变换”控制面板添加并编辑宣传语，使用“投影”命令为文字添加阴影效果，使用“直线段”工具、“钢笔”工具和“椭圆”工具添加装饰图形和活动详情，使用“椭圆”工具和“符号库”命令添加箭头符号。

效果所在位置

云盘 > Ch09 > 效果 > 店庆海报设计 > 店庆海报.ai，如图 9-1 所示。

图 9-1

9.1.1 制作海报底图

（1）打开 Photoshop CC 2019，按 Ctrl+N 组合键，弹出“新建文档”对话框。设置宽度为 21.6 cm，高度为 29.1 cm，分辨率为 150 ppi，颜色模式为 RGB，背景内容为浅黄色（其 R、G、B 的值分别为 255、237、210）。单击“创建”按钮，新建一个文件。

（2）选择“视图 > 新建参考线版面”命令，弹出“新建参考线版面”对话框，设置如图 9-2 所示。单击“确定”按钮，完成版面参考线的创建，如图 9-3 所示。

（3）选择“钢笔”工具，在属性栏的“选择工具模式”选项中选择“形状”，将填充色设为肤色（其 R、G、B 的值分别为 245、211、187），描边色设为无，在图像窗口中绘制形状，效果如图 9-4 所示，在“图层”控制面板中生成新的形状图层“形状 1”。

（4）按 Ctrl+Alt+T 组合键，在图像周围出现变换框，将变换中心点拖曳到适当的位置，如图 9-5 所示。将鼠标指针放在变换框的控制手柄外边，指针变为旋转图标，拖曳鼠标将图像旋转到适当的角度。按 Enter 键确定操作，效果如图 9-6 所示。连续按 Ctrl+Shift+Alt+T 组合键，按需要旋转并复制多个图形，效果如图 9-7 所示。

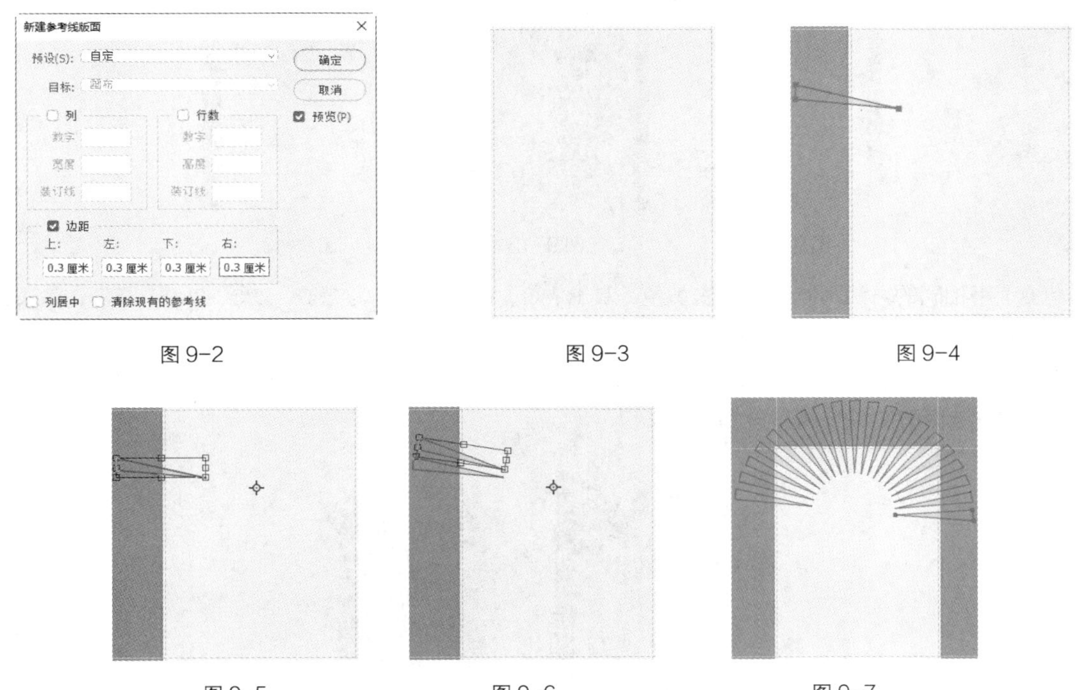

图 9-2　图 9-3　图 9-4

图 9-5　图 9-6　图 9-7

（5）选择“钢笔”工具，在图像窗口中绘制形状，在属性栏中将填充色设为浅棕色（其 R、G、B 的值分别为 235、177、124），描边色设为无，效果如图 9-8 所示，在“图层”控制面板中生成新的形状图层“形状 2”。

（6）在属性栏中单击“路径操作”按钮，在弹出的菜单中选择“排除重叠形状”命令，如图 9-9 所示。使用“钢笔”工具，在图像窗口中适当的位置绘制多个图形，效果如图 9-10 所示。

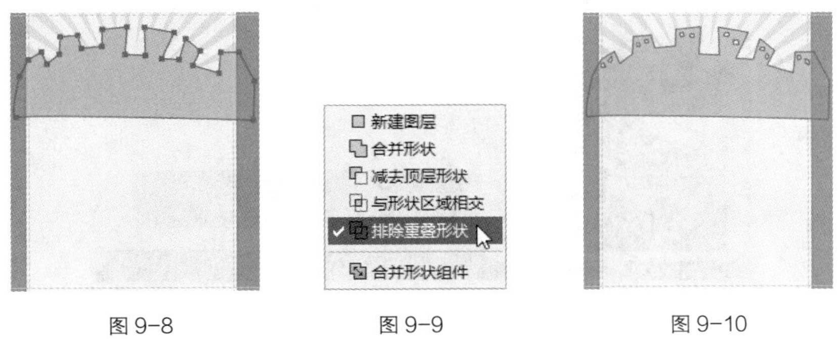

图 9-8　图 9-9　图 9-10

（7）选择“椭圆”工具，在属性栏的“选择工具模式”选项中选择“形状”。在按住 Shift 键的同时，在图像窗口中绘制一个圆形，在属性栏中将填充色设为肤色（其 R、G、B 的值分别为 246、

212、171），描边色设为无，效果如图 9-11 所示，在“图层”控制面板中生成新的形状图层“椭圆 1”。

（8）选择“路径选择”工具，在按住 Alt 键的同时，拖曳圆形到适当的位置，复制圆形，效果如图 9-12 所示。再次复制多个圆形到适当的位置，效果如图 9-13 所示。

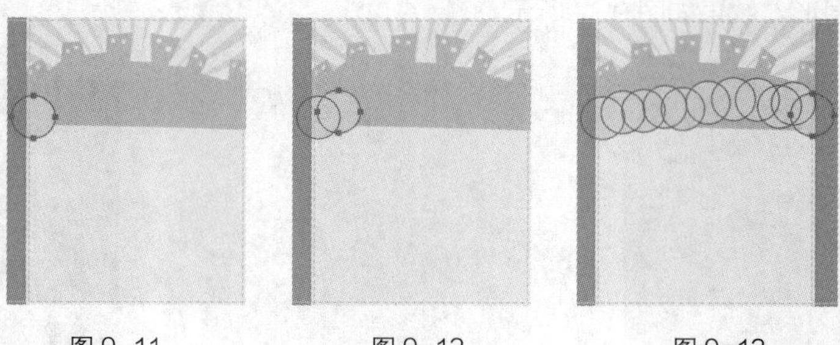

图 9-11　　图 9-12　　图 9-13

（9）用相同的方法再制作一组浅黄色（其 R、G、B 的值分别为 250、233、209）圆形，效果如图 9-14 所示。按 Ctrl+O 组合键，打开云盘中的“Ch09 > 素材 > 店庆海报设计 > 01”文件。选择“移动”工具，将图片拖曳到新建图像窗口中适当的位置，效果如图 9-15 所示，在“图层”控制面板中生成新的图层并将其命名为“红包”。

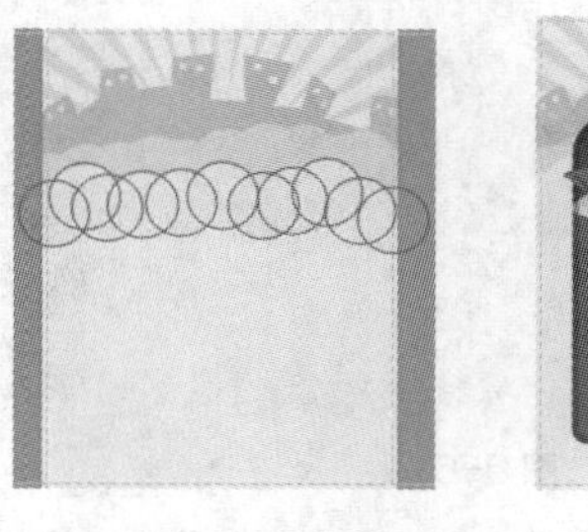

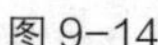

图 9-14　　图 9-15

（10）选择“钢笔”工具，在属性栏中将填充色设为红色（其 R、G、B 的值分别为 206、57、51），描边色设为无，在图像窗口中绘制形状，效果如图 9-16 所示，在“图层”控制面板中生成新的形状图层“形状 3”。用相同的方法在左下角绘制深红色（其 R、G、B 的值分别为 172、42、37）形状，效果如图 9-17 所示。

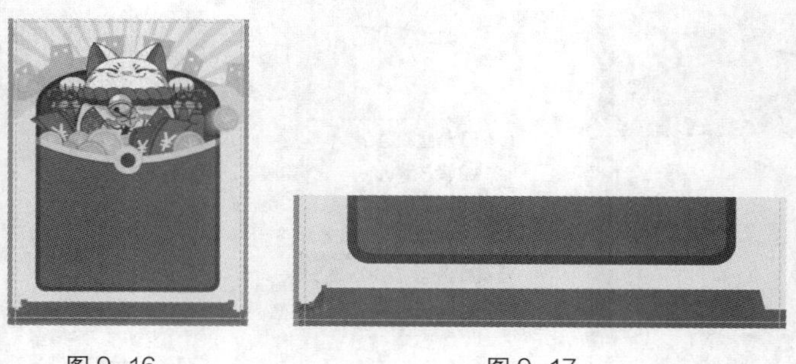

图 9-16　　图 9-17

（11）按 Ctrl+Alt+T 组合键，在图像周围出现变换框，在变换框中单击鼠标右键，在弹出的快捷菜单中选择“水平翻转”命令，水平翻转图形。在按住 Shift 键的同时，水平向右拖曳翻转的图形到适当的位置。按 Enter 键确定操作，效果如图 9-18 所示。店庆海报底图制作完成，效果如图 9-19 所示。

图 9-18

图 9-19

（12）按 Shift+Ctrl+E 组合键，合并可见图层。按 Ctrl+S 组合键，弹出“另存为”对话框，将其命名为“店庆海报底图”，保存为 JPEG 格式。单击“保存”按钮，弹出“JPEG 选项”对话框，单击“确定”按钮，将图像保存。

9.1.2 添加宣传语

（1）打开 Illustrator CC 2019，按 Ctrl+N 组合键，弹出“新建文档”对话框。设置文档的宽度为 210 mm，高度为 285 mm，取向为纵向，出血为 3 mm，颜色模式为 CMYK，单击“创建”按钮，新建一个文档。

（2）选择“文件 > 置入”命令，弹出“置入”对话框，选择云盘中的“Ch09 > 效果 > 店庆海报设计 > 店庆海报底图.jpg”文件，单击“置入”按钮，在页面中单击置入图片。单击属性栏中的“嵌入”按钮，嵌入图片。选择“选择”工具，拖曳图片到适当的位置，效果如图 9-20 所示。按 Ctrl+2 组合键，锁定所选对象。

（3）选择“文字”工具，在页面中输入需要的文字。选择“选择”工具，在属性栏中选择合适的字体并设置文字大小，填充文字为白色，效果如图 9-21 所示。

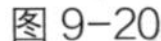

图 9-20

图 9-21

（4）按 Ctrl+T 组合键，弹出“字符”控制面板，将“设置行距”选项设为 64 pt，其他选项的设置如图 9-22 所示。按 Enter 键确定操作，效果如图 9-23 所示。

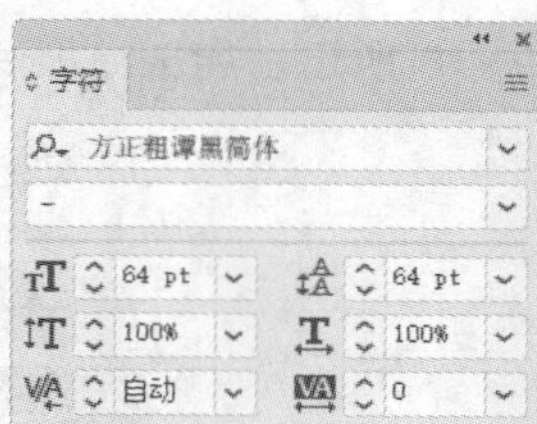

图 9-22

图 9-23

（5）选择“文字”工具 T，选取文字“惊喜好礼送”，在属性栏中设置文字大小，效果如图 9-24 所示。选取文字“惊喜好礼”，设置填充色为橘黄色（其 C、M、Y、K 的值分别为 8、22、77、0），填充文字，效果如图 9-25 所示。

图 9-24

图 9-25

（6）选择“文字”工具 T，在文字“好”左侧单击鼠标左键插入光标，如图 9-26 所示。按 Alt+Ctrl+T 组合键，弹出“段落”控制面板，将“左缩进”选项设为 90 pt，其他选项的设置如图 9-27 所示。按 Enter 键确定操作，效果如图 9-28 所示。

图 9-26

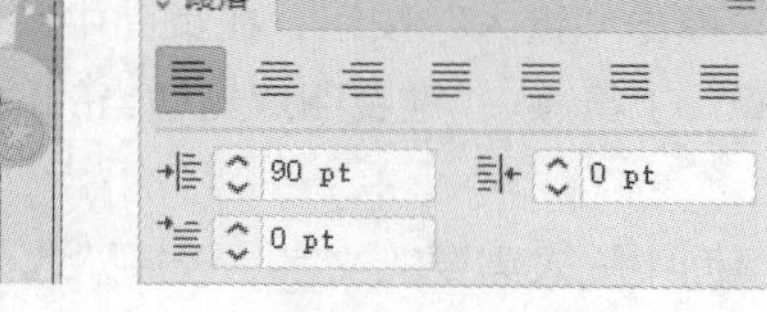

图 9-27

图 9-28

（7）双击“倾斜”工具，弹出“倾斜”对话框，选项的设置如图 9-29 所示。单击“确定”按钮，倾斜文字，效果如图 9-30 所示。

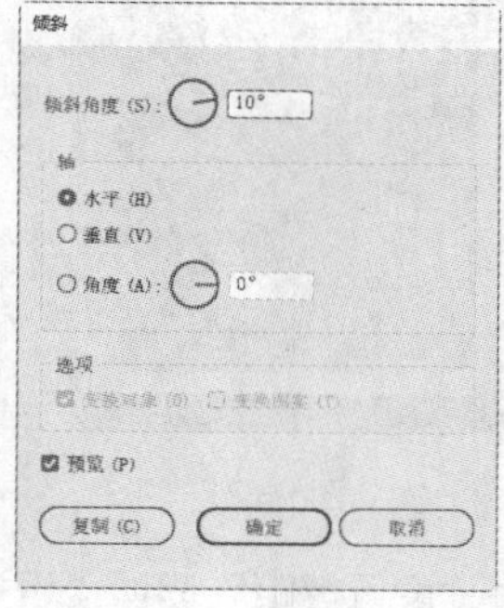

图 9-29

图 9-30

（8）选择“窗口 > 变换”命令，弹出“变换”控制面板，将“旋转”选项设为 6°，如图 9-31 所示。按 Enter 键确定操作，效果如图 9-32 所示。按 Ctrl+C 组合键，复制文字（此文字作为备用）。

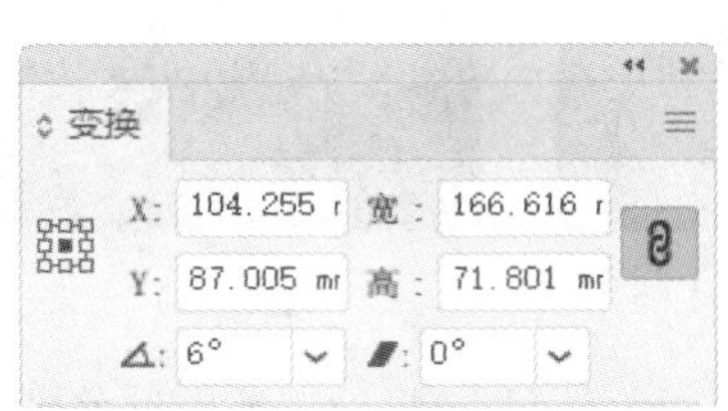

图 9-31

图 9-32

（9）选择“效果 > 风格化 > 投影”命令，在弹出的“投影”对话框中进行设置，如图 9-33 所示。单击“确定”按钮，效果如图 9-34 所示。

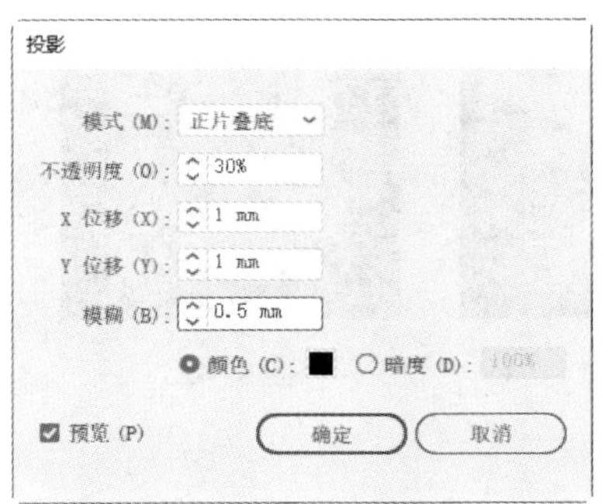

图 9-33

图 9-34

（10）按 Ctrl+B 组合键，将复制的文字（备用）粘贴在后面。设置文字填充色为无，并设置描边色为暗红色（其 C、M、Y、K 的值分别为 37、95、100、3），填充描边，如图 9-35 所示。在属性栏中将“描边粗细”选项设置为 16 pt，按 Enter 键确定操作，效果如图 9-36 所示。

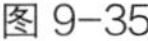

图 9-35

图 9-36

（11）选择“文件 > 置入”命令，弹出“置入”对话框，选择云盘中的“Ch09 > 素材 > 店庆海报设计 > 02”文件，单击“置入”按钮，在页面中单击置入图片。单击属性栏中的“嵌入”按钮，嵌入图片。选择“选择”工具，拖曳图片到适当的位置，效果如图 9-37 所示。

（12）选择“文字”工具，在适当的位置输入需要的文字。选择“选择”工具，在属性栏中选择合适的字体并设置文字大小，效果如图 9-38 所示。在属性栏中单击“居中对齐”按钮，微调文字到适当的位置，效果如图 9-39 所示。

图 9-37

图 9-38

图 9-39

（13）保持文字的选取状态。设置填充色为暗红色（其 C、M、Y、K 的值分别为 37、95、100、3），填充文字，效果如图 9-40 所示。选择“文字”工具 T，选取文字“活动时间”，在属性栏中设置文字大小，效果如图 9-41 所示。

（14）选择“选择”工具 ▶，选取文字，拖曳文字右上角的控制手柄，旋转文字到适当的位置，效果如图 9-42 所示。

图 9-40

图 9-41

图 9-42

9.1.3 添加活动详情

（1）在 Illustrator CC 2019 中，选择“文字”工具 T，在适当的位置输入需要的文字。选择“选择”工具 ▶，在属性栏中选择合适的字体并设置文字大小，单击“左对齐”按钮 ≡，微调文字到适当的位置，效果如图 9-43 所示。设置填充色为橘黄色（其 C、M、Y、K 的值分别为 8、22、77、0），填充文字，效果如图 9-44 所示。

图 9-43

图 9-44

（2）选择“直线段”工具 ／，在按住 Shift 键的同时，在适当的位置绘制一条直线，如图 9-45 所示。设置描边色为深红色（其 C、M、Y、K 的值分别为 45、97、100、14），填充描边，效果如图 9-46 所示。

图 9-45

图 9-46

（3）选择“椭圆”工具 ◯，在按住 Shift 键的同时，在适当的位置绘制一个圆形，设置填充色为深红色（其 C、M、Y、K 的值分别为 45、97、100、14），填充图形，并设置描边色为无，效果如图 9-47 所示。

（4）选择“选择”工具，在按住 Alt+Shift 组合键的同时，水平向右拖曳圆形到适当的位置，复制圆形，效果如图 9-48 所示。连续按 Ctrl+D 组合键，复制出多个圆形，效果如图 9-49 所示。

图 9-47

图 9-48

图 9-49

（5）选择“钢笔”工具，在适当的位置绘制一个不规则图形，如图 9-50 所示。设置填充色为土黄色（其 C、M、Y、K 的值分别为 4、68、91、0），填充图形，并设置描边色为无，效果如图 9-51 所示。

（6）选择“文字”工具，在适当的位置输入需要的文字。选择“选择”工具，在属性栏中选择合适的字体并设置文字大小，填充文字为白色，效果如图 9-52 所示。

图 9-50

图 9-51

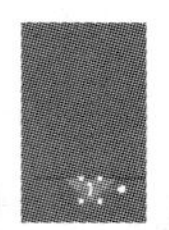

图 9-52

（7）选择“文字”工具，在适当的位置输入需要的文字。选择“选择”工具，在属性栏中选择合适的字体并设置文字大小，效果如图 9-53 所示。在属性栏中单击“居中对齐”按钮，微调文字到适当的位置，效果如图 9-54 所示。

图 9-53

图 9-54

（8）在“字符”控制面板中，将“设置行距”选项设为 24 pt，其他选项的设置如图 9-55 所示。按 Enter 键确定操作，效果如图 9-56 所示。

图 9-55

图 9-56

（9）选择“文字”工具，在适当的位置输入需要的文字。选择“选择”工具，在属性栏中选择合适的字体并设置文字大小，单击“左对齐”按钮，微调文字到适当的位置，填充文字为白色，效果如图 9-57 所示。选择“文字”工具，选取文字“送”，在属性栏中设置文字大小，效果如图 9-58 所示。

图 9-57　　图 9-58

（10）保持文字的选取状态。设置填充色为橘黄色（其 C、M、Y、K 的值分别为 8、22、77、0），填充文字，效果如图 9-59 所示。选取数字“5”，在属性栏中选择合适的字体并设置文字大小，效果如图 9-60 所示。

图 9-59

图 9-60

（11）选择“椭圆”工具，在按住 Shift 键的同时，在适当的位置绘制一个圆形，如图 9-61 所示。设置描边色为橘黄色（其 C、M、Y、K 的值分别为 8、22、77、0），填充描边，效果如图 9-62 所示。

图 9-61

图 9-62

（12）选择“钢笔”工具，在适当的位置绘制一个不规则图形，设置填充色为橘黄色（其 C、M、Y、K 的值分别为 8、22、77、0），填充图形，并设置描边色为无，效果如图 9-63 所示。

（13）选择“选择”工具，在按住 Alt+Shift 组合键的同时，水平向左拖曳图形到适当的位置，复制图形，效果如图 9-64 所示。

（14）在按住 Shift 键的同时，拖曳左下角的控制手柄到适当的位置，等比例缩小图形，效果如图 9-65 所示。用框选的方法将绘制的图形同时选取，按 Ctrl+G 组合键，将其编组，如图 9-66 所示。

图 9-63

图 9-64

图 9-65

图 9-66

（15）选择“选择”工具，按住 Alt 键的同时，向右拖曳编组图形到适当的位置，复制图形，效果如图 9-67 所示。在“变换”控制面板中，将“旋转”选项设为 180°，如图 9-68 所示。按 Enter

键确定操作，效果如图 9-69 所示。

图 9-67

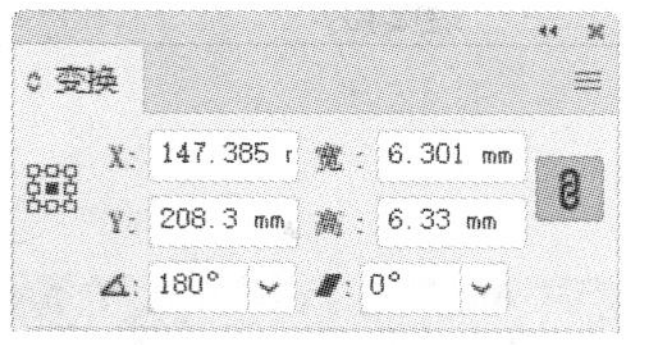

图 9-68

图 9-69

（16）用相同的方法制作其他图形和文字，效果如图 9-70 所示。选择“文字”工具 T，在适当的位置输入需要的文字。选择“选择”工具，在属性栏中选择合适的字体并设置文字大小，填充文字为白色，效果如图 9-71 所示。

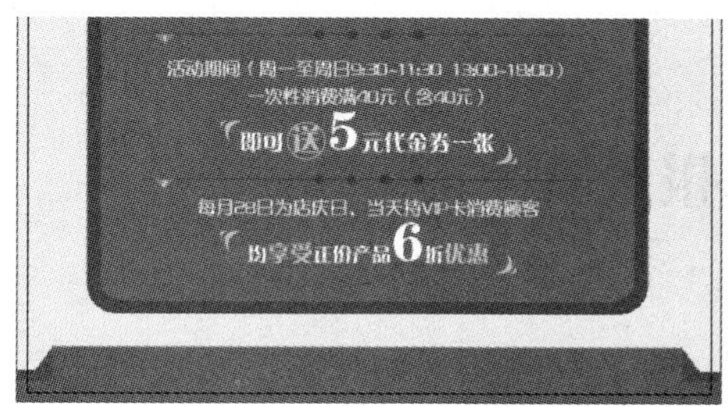

图 9-70

图 9-71

（17）选择“椭圆”工具，在按住 Shift 键的同时，在适当的位置绘制一个圆形，设置填充色为橘黄色（其 C、M、Y、K 的值分别为 8、22、77、0），填充图形，并设置描边色为无，效果如图 9-72 所示。

（18）选择“窗口 > 符号库 > 箭头”命令，在弹出的面板中选取需要的符号，如图 9-73 所示。选择“选择”工具，拖曳符号到页面中适当的位置，并调整其大小，效果如图 9-74 所示。

（19）在属性栏中单击“断开链接”按钮，断开符号链接，效果如图 9-75 所示。按 Shift+Ctrl+G 组合键，取消符号编组。选中多余的矩形框，如图 9-76 所示，按 Dletete 键，将其删除。

图 9-72

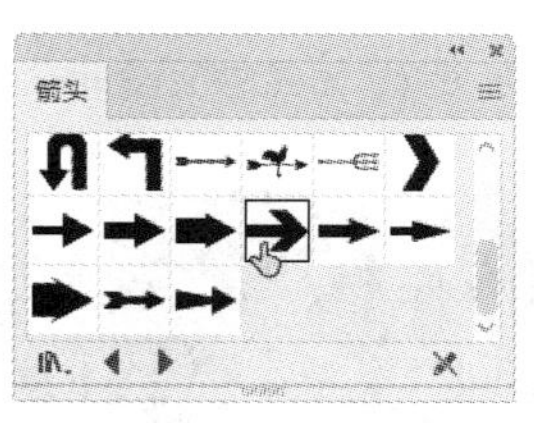

图 9-73

图 9-74

图 9-75

图 9-76

（20）选取箭头图形，设置填充色为暗红色（其 C、M、Y、K 的值分别为 24、90、84、0），填充图形，效果如图 9-77 所示。店庆海报制作完成，效果如图 9-78 所示。

图 9-77

图 9-78

（21）按 Ctrl+S 组合键，弹出“存储为”对话框，将其命名为“店庆海报”，保存为 AI 格式。单击“保存”按钮，弹出“Illustrator 选项”对话框，单击“确定”按钮，将文件保存。

9.2 课后习题——街舞大赛海报设计

习题知识要点

在 Photoshop 中，使用“移动”工具添加人物和建筑图片，使用图层混合模式、“不透明度”选项和“变换”命令合成背景；在 Illustrator 中，使用“矩形”工具、“钢笔”工具和“不透明度”控制面板绘制矩形框，使用“文字”工具和“字符”控制面板添加宣传语和相关信息，使用“椭圆”工具、“直线段”工具和“复制”命令制作装饰图形。

素材所在位置

云盘 > Ch09 > 素材 > 街舞大赛海报设计 > 01~03。

效果所在位置

云盘 > Ch09 > 效果 > 街舞大赛海报设计 > 街舞大赛海报.ai，如图 9-79 所示。

图 9-79

10

第10章 书籍封面设计

本章介绍

精美的书籍装帧设计可以带给读者更多的精神享受。一本好书是好的内容和好的书籍装帧的完美结合。本章主要讲解的是书籍的封面设计。封面设计包括对书名、色彩、装饰元素以及作者名和出版社名称等内容的设计。通过本章的学习，读者可以掌握书籍封面的设计方法和制作技巧。

学习目标

- 掌握书籍封面的设计思路和过程。
- 掌握书籍封面的制作方法和技巧。

技能目标

- 掌握少儿书籍封面的制作方法。
- 掌握旅游书籍封面的制作方法。

10.1 少儿书籍封面设计

案例学习目标

在 Illustrator 中，学习使用参考线分割页面，使用绘图工具、“网格”工具和“描边”控制面板制作背景，使用“文字”工具、“路径查找器”命令、“字符”控制面板添加封面内容和出版信息；在 Photoshop 中，学习使用“变换”命令和图层样式制作封面立体效果。

案例知识要点

在 Illustrator 中，使用“矩形”工具、“网格”工具、“直线段”工具、“描边”控制面板和“星形”工具制作背景，使用“文字”工具、“矩形”工具、“路径查找器”控制面板和“直接选择”工具制作书籍名称，使用“文字”工具、“字符”控制面板添加相关内容和出版信息，使用“椭圆”工具、“联集”按钮和“区域文字”工具添加区域文字；在 Photoshop 中，使用“渐变”工具、“移动”工具合成背景，使用“矩形选框”工具、“移动”工具和“变换”命令添加封面和书脊，使用“载入选区”命令、“填充”命令和“不透明度”选项制作书脊暗影，使用“添加图层样式”按钮为书籍添加投影效果。

效果所在位置

云盘 > Ch10 > 效果 > 少儿书籍封面设计 > 少儿书籍封面.ai、少儿书籍封面立体效果.psd，如图 10-1 所示。

图 10-1

10.1.1 制作背景

（1）打开 Illustrator CC 2019，按 Ctrl+N 组合键，弹出“新建文档”对话框。设置文档的宽度为 310 mm，高度为 210 mm，取向为横向，出血为 3 mm，颜色模式为 CMYK，单击“创建”按钮，新建一个文档。

（2）按 Ctrl+R 组合键，显示标尺。选择“选择”工具，在左侧标尺上向右拖曳出一条垂直参考线，选择“窗口 > 变换”命令，弹出“变换”控制面板，将“X”轴选项设为 150 mm，如图 10-2 所示。按 Enter 键确定操作，效果如图 10-3 所示。

（3）保持参考线的选取状态，在“变换”控制面板中，将“X”轴选项设为 160 mm。按 Alt+Enter 组合键确定操作，效果如图 10-4 所示。

（4）选择“矩形”工具，绘制一个与页面大小相等的矩形，如图 10-5 所示。设置填充色为蓝色（其 C、M、Y、K 的值分别为 85、51、5、0），填充图形，并设置描边色为无，效果如图 10-6 所示。

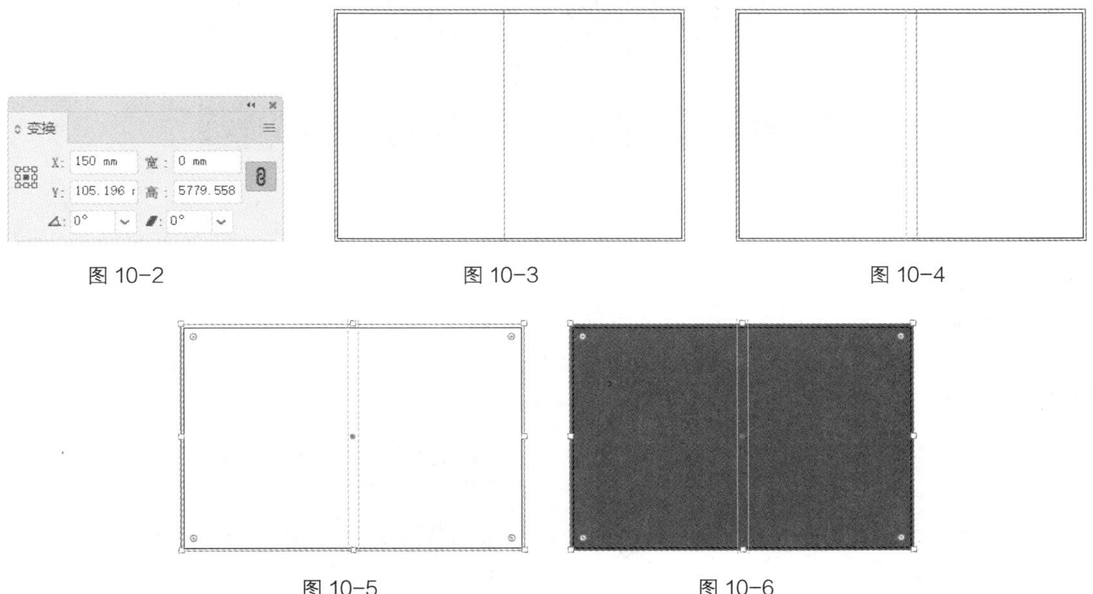

图 10-2　图 10-3　图 10-4

图 10-5　图 10-6

（5）选择“网格”工具，在矩形中适当的区域单击鼠标，为图形建立渐变网格对象，效果如图 10-7 所示。用相同的方法添加其他锚点，效果如图 10-8 所示。

图 10-7　图 10-8

（6）选择“直接选择”工具，用框选的方法将需要的锚点同时选取，如图 10-9 所示。设置填充色为浅蓝色（其 C、M、Y、K 的值分别为 48、0、0、0），填充锚点，效果如图 10-10 所示。

（7）使用“直接选择”工具，用框选的方法将需要的锚点同时选取，如图 10-11 所示。设置填充色为青色（其 C、M、Y、K 的值分别为 100、0、0、0），填充锚点，效果如图 10-12 所示。

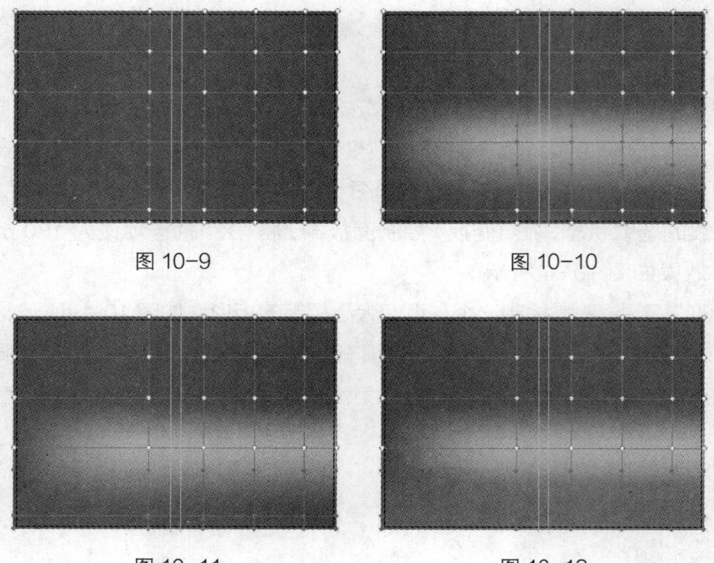

图 10-9　　图 10-10

图 10-11　　图 10-12

（8）选择“文件 > 置入”命令，弹出“置入”对话框，选择云盘中的“Ch10 > 素材 > 少儿读物书籍封面设计 > 01”文件，单击“置入”按钮，在页面中单击置入图片。单击属性栏中的“嵌入”按钮，嵌入图片。选择“选择”工具，拖曳图片到适当的位置，并调整其大小，效果如图 10-13 所示。

（9）使用“选择”工具，在按住 Alt+Shift 组合键的同时，水平向右拖曳图片到封底中适当的位置，复制图片，效果如图 10-14 所示。

图 10-13

图 10-14

（10）选择“矩形”工具，在适当的位置绘制一个矩形，设置填充色为黄色（其 C、M、Y、K 的值分别为 0、0、91、0），填充图形，并设置描边色为无，效果如图 10-15 所示。选择“直线段”工具，在封面中绘制一条斜线，并填充描边为白色，效果如图 10-16 所示。

图 10-15

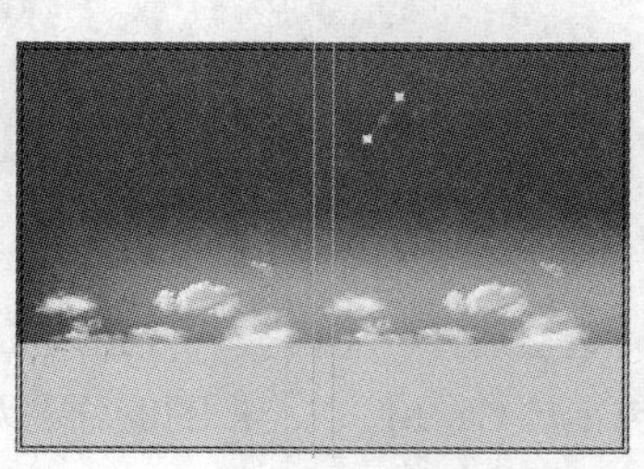

图 10-16

（11）选择“窗口 > 描边”命令，弹出“描边”控制面板，勾选“虚线”复选框，数值被激活，其余各选项的设置如图 10-17 所示，虚线效果如图 10-18 所示。

（12）选择“星形”工具，在页面中单击鼠标左键，弹出“星形”对话框，选项的设置如图 10-19 所示。单击“确定”按钮，出现一个星形。选择“选择”工具，拖曳星形到适当的位置，填充图形为白色，并设置描边色为无，效果如图 10-20 所示。

图 10-17

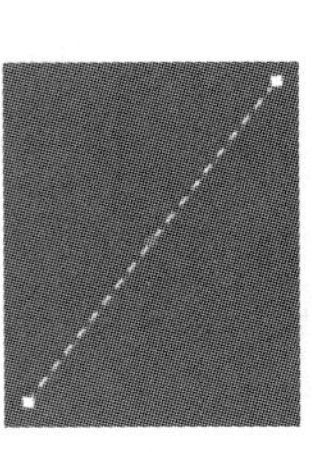

图 10-18

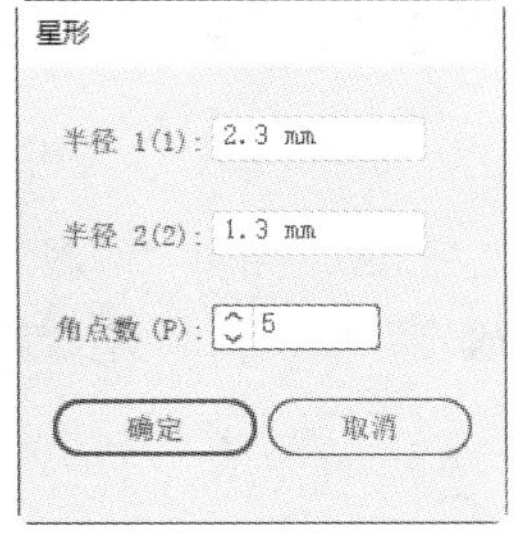

图 10-19

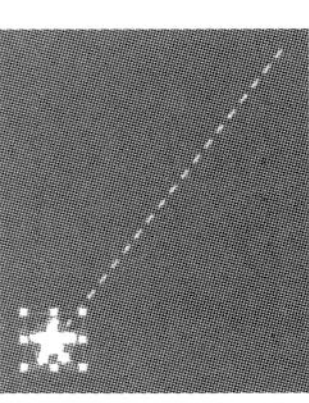

图 10-20

（13）选择“选择”工具，在按住 Shift 键的同时，单击下方虚线将其同时选取。在按住 Alt 键的同时，向下拖曳星形和虚线到适当的位置，复制星形和虚线，效果如图 10-21 所示。选中并拖曳虚线右上角的控制手柄到适当的位置，调整斜线长度，效果如图 10-22 所示。

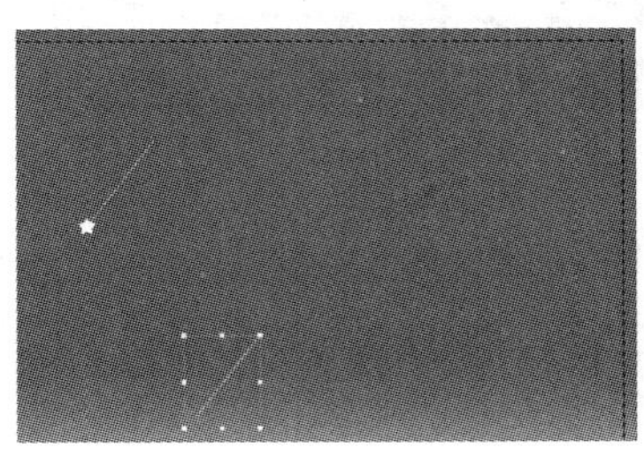

图 10-21

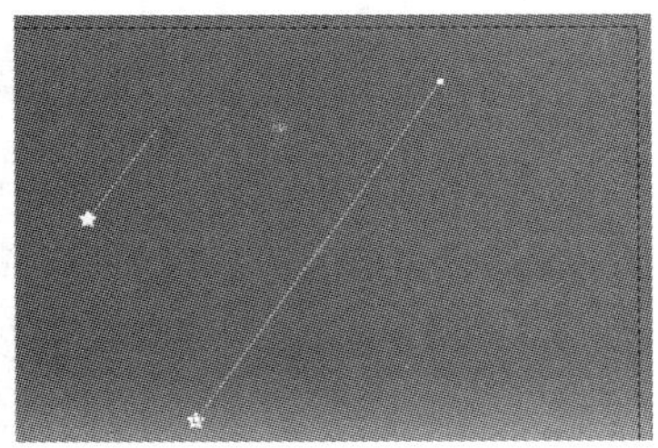

图 10-22

（14）用相同的方法复制星形和虚线到其他位置，并调整其大小，效果如图 10-23 所示。按 Ctrl+A 组合键，全选所有图形，按 Ctrl+2 组合键，锁定所选对象。

（15）按 Ctrl+O 组合键，打开云盘中的“Ch10 > 素材 > 少儿读物书籍封面设计 > 02”文件。按 Ctrl+A 组合键，全选图形，按 Ctrl+C 组合键，复制图形。选择正在编辑的页面，按 Ctrl+V 组合键，将其粘贴到页面中，并拖曳复制的图形到适当的位置，效果如图 10-24 所示。

图 10-23

图 10-24

10.1.2 制作封面

（1）在 Illustrator CC 2019 中，选择“文字”工具 T，在页面外输入需要的文字。选择“选择”工具▶，在属性栏中选择合适的字体并设置文字大小，效果如图 10-25 所示。选择“文字 > 创建轮廓”命令，将文字转换为轮廓，效果如图 10-26 所示。按 Shift+Ctrl+G 组合键，取消文字编组。

图 10-25

图 10-26

（2）双击“倾斜”工具，弹出“倾斜”对话框，选择“水平”单选按钮，其他选项的设置如图 10-27 所示。单击“确定”按钮，倾斜文字，效果如图 10-28 所示。

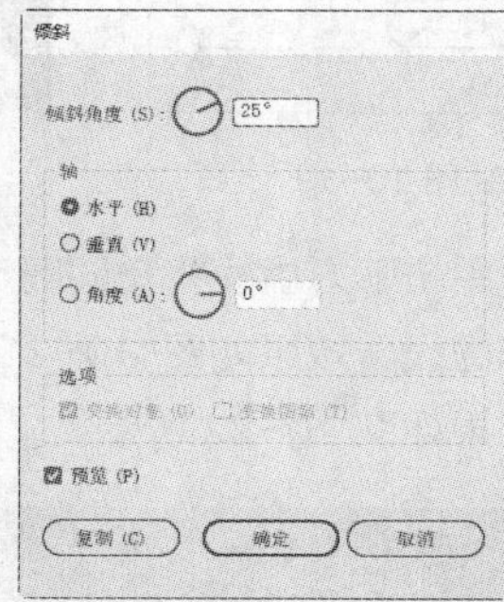

图 10-27

图 10-28

（3）选择“直接选择”工具▷，在按住 Shift 键的同时，依次单击选取“点”文字下方需要的锚点，如图 10-29 所示。按 Delete 键，删除不需要的锚点，如图 10-30 所示。

（4）选择“矩形”工具，在适当的位置绘制一个矩形，如图 10-31 所示。选择“选择”工具▶，在按住 Shift 键的同时，单击下方的“点”文字将其同时选取，如图 10-32 所示。

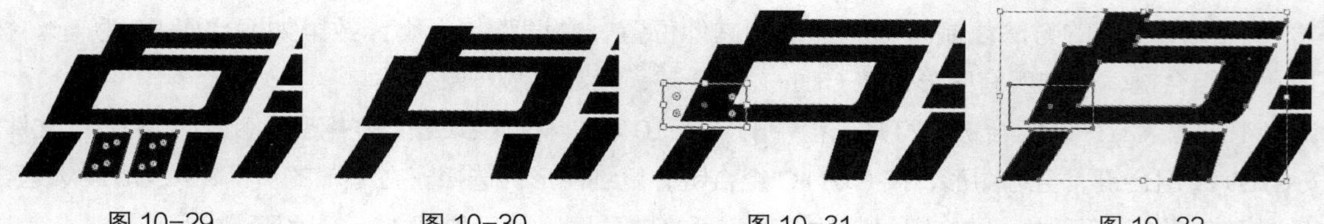
图 10-29　　图 10-30　　图 10-31　　图 10-32

（5）选择“窗口 > 路径查找器”命令，弹出“路径查找器”控制面板，单击“减去顶层”按钮，如图 10-33 所示。生成新的对象，效果如图 10-34 所示。

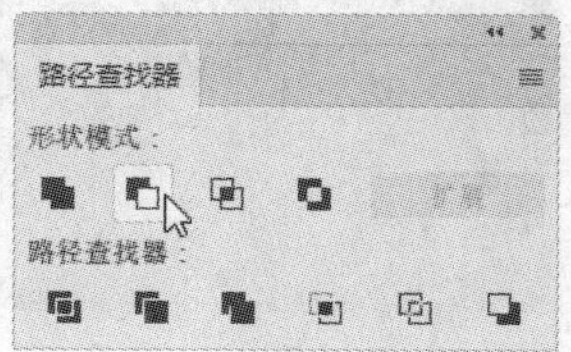

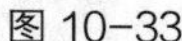
图 10-33

图 10-34

（6）按 Shift+Ctrl+G 组合键，取消文字编组。选择“选择”工具，拖曳下方笔画到适当的位置，效果如图 10-35 所示。选择“删除锚点”工具，在右下角的锚点上单击鼠标左键，删除锚点，效果如图 10-36 所示。

（7）选择“直接选择”工具，选取左下角的锚点，并向左下方拖曳锚点到适当的位置，效果如图 10-37 所示。用相同的方法选中并向左拖曳需要的锚点到适当的位置，效果如图 10-38 所示。

图 10-35　　图 10-36　　图 10-37　　图 10-38

（8）使用“直接选择”工具，用框选的方法选取“点”文字需要的锚点，连续按向下方向键，调整选中的锚点到适当的位置，如图 10-39 所示。

（9）用框选的方法选取左侧的锚点，并向左拖曳锚点到适当的位置，效果如图 10-40 所示。选取左上角的锚点，并向右拖曳锚点到适当的位置，效果如图 10-41 所示。

图 10-39　　图 10-40　　图 10-41

（10）用相同的方法制作文字“亮”“星”和“空”，效果如图 10-42 所示。

（11）选择“选择”工具，用框选的方法将“点亮星空”文字同时选取，拖曳文字到封面中适当的位置，并调整其大小，效果如图 10-43 所示。设置填充色为黄色（其 C、M、Y、K 的值分别为 0、0、91、0），填充文字，效果如图 10-44 所示。

图 10-42

图 10-43

图 10-44

（12）选择“文字”工具T，在适当的位置分别输入需要的文字。选择“选择”工具▶，在属性栏中分别选择合适的字体并设置文字大小，填充文字为白色，效果如图 10-45 所示。选择“文字”工具T，选取文字“著”，在属性栏中设置文字大小，效果如图 10-46 所示。

图 10-45

图 10-46

（13）选择“文字”工具T，在文字“云”右侧单击鼠标左键，插入光标，如图 10-47 所示。选择“文字 > 字形”命令，弹出“字形”控制面板，设置字体并选择需要的字形，如图 10-48 所示。双击鼠标左键插入字形，效果如图 10-49 所示。用相同的方法在其他位置插入相同的字形，效果如图 10-50 所示。

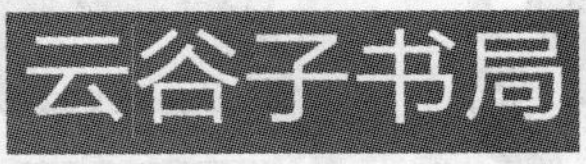

云谷子书局

图 10-47

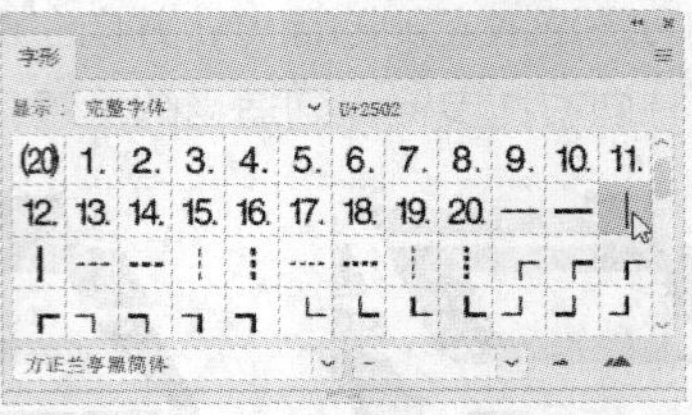

图 10-48

云 | 谷子书局

图 10-49

云 | 谷 | 子 | 书 | 局

图 10-50

（14）选择“文字”工具T，在适当的位置分别输入需要的文字。选择“选择”工具▶，在属性栏中分别选择合适的字体并设置文字大小，效果如图 10-51 所示。

（15）选取上方需要的文字，按 Ctrl+T 组合键，弹出“字符”控制面板，将“设置行距”选项设为 21 pt，其他选项的设置如图 10-52 所示。按 Enter 键确定操作，效果如图 10-53 所示。

图 10-51

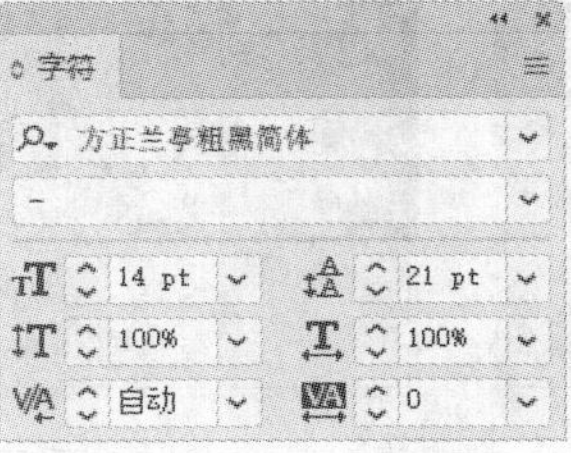

图 10-52

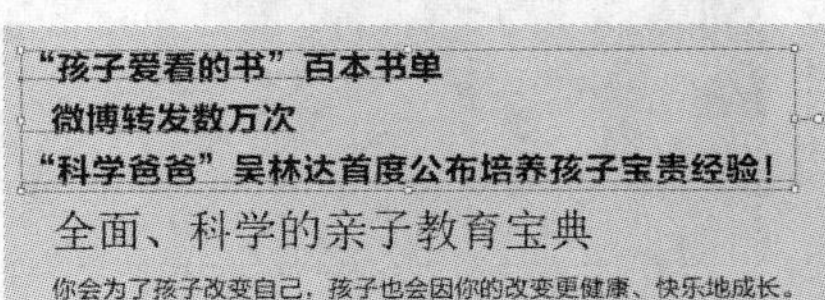

图 10-53

（16）选择“文字”工具 T，选取第一行文字，在属性栏中选择合适的字体并设置文字大小，效果如图 10-54 所示。选取第二行文字，在属性栏中设置文字大小，效果如图 10-55 所示。

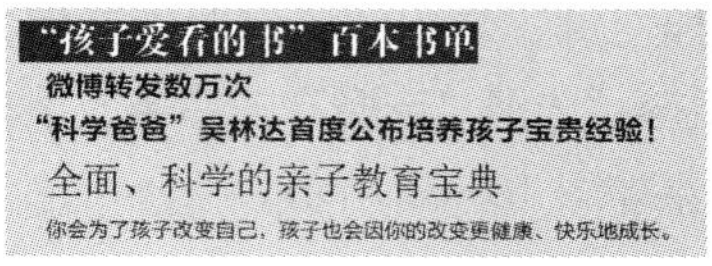

图 10-54 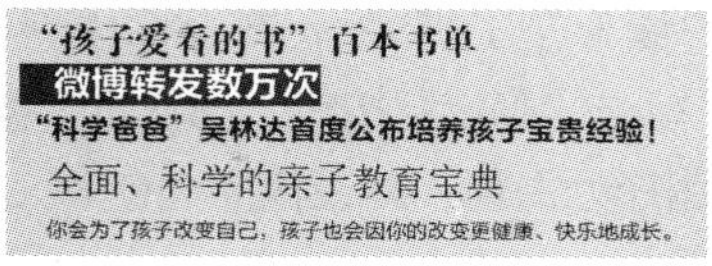　　图 10-55

（17）保持文字的选取状态。设置填充色为蓝色（其 C、M、Y、K 的值分别为 80、10、0、0），填充文字，效果如图 10-56 所示。选取文字“‘科学爸爸’吴林达”，在属性栏中选择合适的字体，效果如图 10-57 所示。

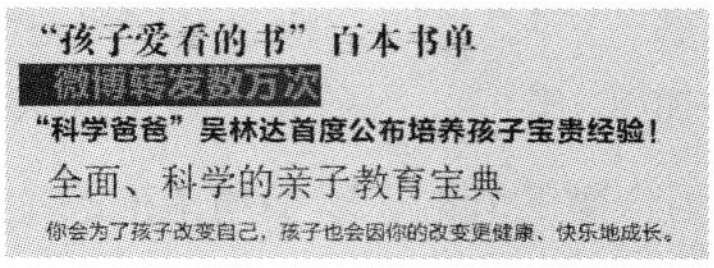

图 10-56 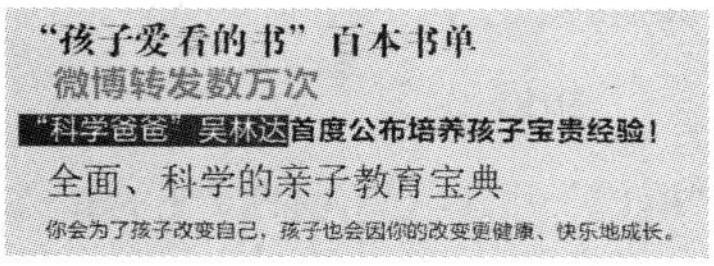　　图 10-57

（18）使用“文字”工具 T，选取文字“全面、科学”，在属性栏中选择合适的字体，效果如图 10-58 所示。设置填充色为蓝色（其 C、M、Y、K 的值分别为 80、10、0、0），填充文字，效果如图 10-59 所示。

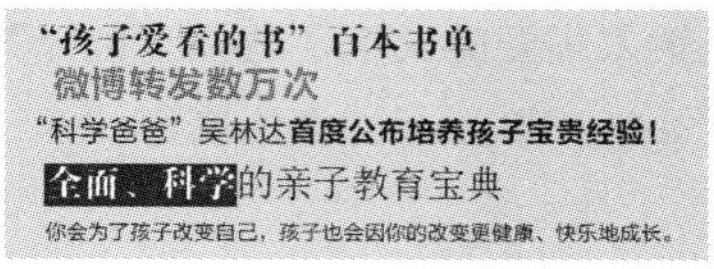

图 10-58 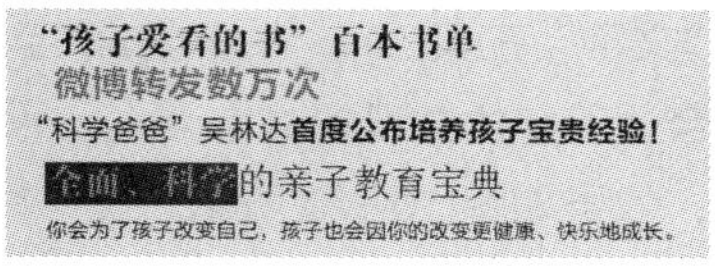　　图 10-59

（19）选择“直线段”工具 ／，在按住 Shift 键的同时，在适当的位置绘制一条直线，如图 10-60 所示。设置描边色为蓝色（其 C、M、Y、K 的值分别为 80、10、0、0），填充描边，效果如图 10-61 所示。

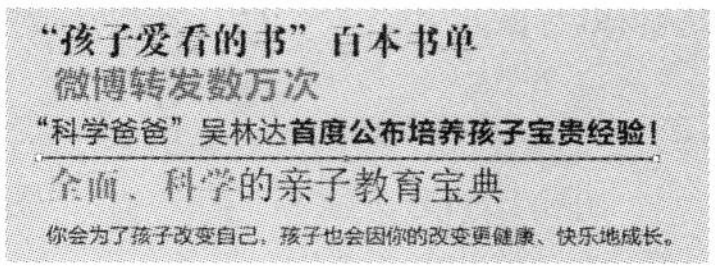

图 10-60 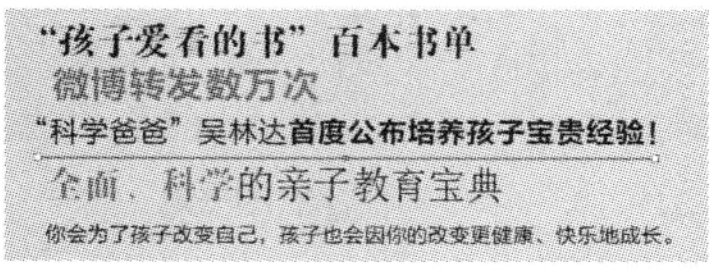　　图 10-61

（20）在“描边”控制面板中，勾选“虚线”复选框，数值被激活，其余各选项的设置如图 10-62 所示，虚线效果如图 10-63 所示。

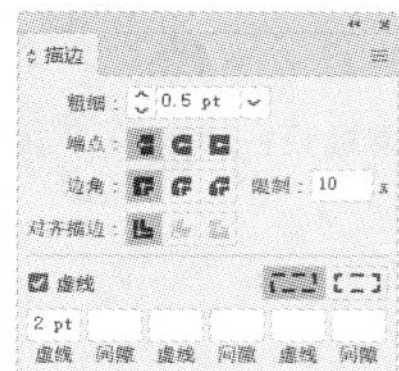

图 10-62 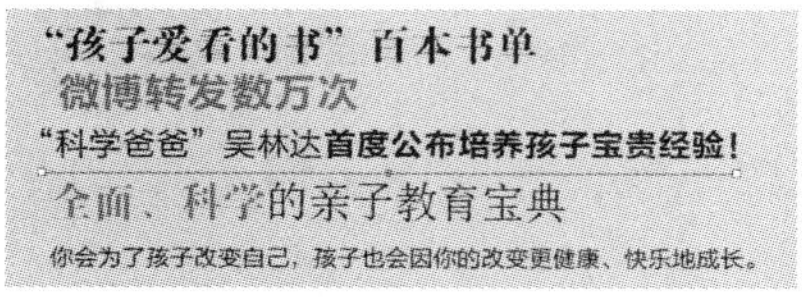　　图 10-63

（21）选择“选择”工具，在按住 Alt+Shift 组合键的同时，垂直向下拖曳复制的虚线到适当的位置，效果如图 10-64 所示。

（22）选择“星形”工具，在页面中单击鼠标左键，弹出“星形”对话框，选项的设置如图 10-65 所示。单击“确定”按钮，出现一个多角星形。选择“选择”工具，拖曳多角星形到适当的位置，填充图形为白色，并设置描边色为无，效果如图 10-66 所示。

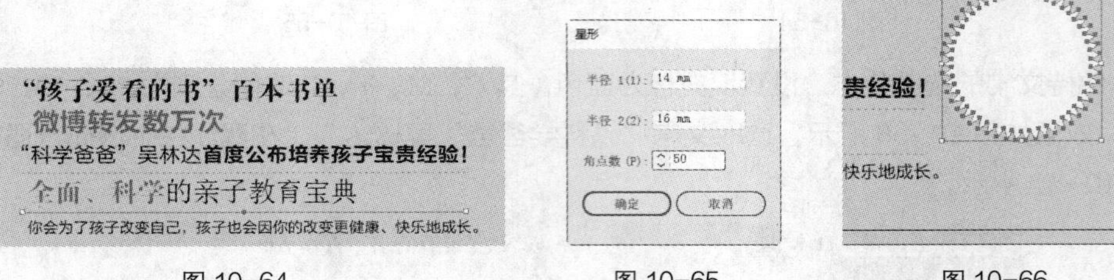

图 10-64　　图 10-65　　图 10-66

（23）选择“椭圆”工具，在按住 Alt+Shift 组合键的同时，以多角星形的中点为圆心绘制一个圆形，设置填充色为蓝色（其 C、M、Y、K 的值分别为 90、10、0、0），填充图形，并设置描边色为无，效果如图 10-67 所示。

（24）按 Ctrl+O 组合键，打开云盘中的“Ch10 > 素材 > 少儿读物书籍封面设计 > 03”文件。选择“选择”工具，选取需要的图形，按 Ctrl+C 组合键，复制图形。选择正在编辑的页面，按 Ctrl+V 组合键，将其粘贴到页面中，并拖曳复制的图形到适当的位置，效果如图 10-68 所示。

（25）选择“文字”工具，在适当的位置分别输入需要的文字。选择“选择”工具，在属性栏中分别选择合适的字体并设置文字大小，效果如图 10-69 所示。选取文字“送给……教育书”，填充文字为白色，效果如图 10-70 所示。

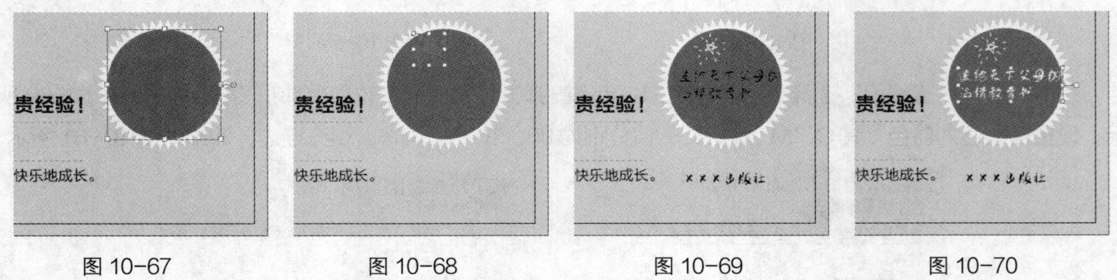

图 10-67　　图 10-68　　图 10-69　　图 10-70

（26）在“字符”控制面板中，将“设置所选字符的字距调整”选项设为-100，其他选项的设置如图 10-71 所示。按 Enter 键确定操作，效果如图 10-72 所示。选择“文字”工具，选取文字“温情教育书”，在属性栏中设置文字大小，效果如图 10-73 所示。

图 10-71　　图 10-72　　图 10-73

10.1.3 制作封底和书脊

（1）在 Illustrator CC 2019 中，选择“椭圆”工具，在封底中分别绘制椭圆形，如图 10–74 所示。选择“选择”工具，用框选的方法将所绘制的椭圆形同时选取。在“路径查找器”控制面板中单击“联集”按钮，如图 10–75 所示，生成新的对象，效果如图 10–76 所示。

图 10–74

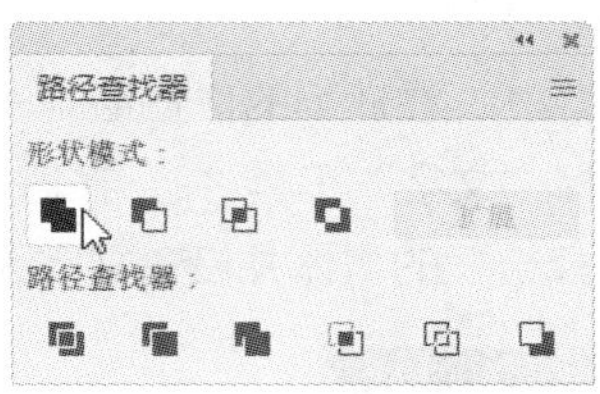

图 10–75

图 10–76

（2）保持图形的选取状态。设置填充色为黄色（其 C、M、Y、K 的值分别为 0、0、91、0），填充图形，并设置描边色为无，效果如图 10–77 所示。

（3）按 Ctrl+C 组合键，复制图形，按 Ctrl+F 组合键，将复制的图形粘贴在前面。在按住 Alt+Shift 组合键的同时，拖曳右上角的控制手柄到适当的位置，等比例缩小图形，效果如图 10–78 所示。

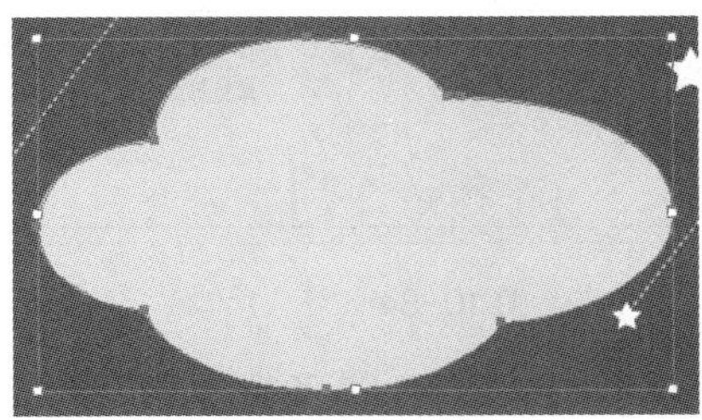

图 10–77

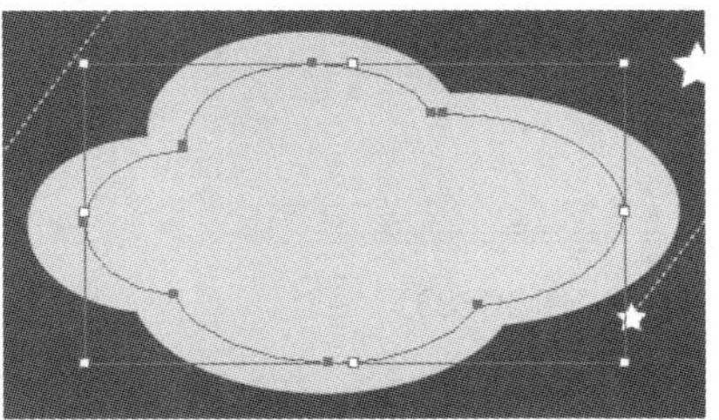

图 10–78

（4）选择“区域文字”工具，在图形内部单击，出现一个带有选中文本的文本区域，如图 10–79 所示。重新输入需要的文字，在属性栏中选择合适的字体并设置文字大小，效果如图 10–80 所示。

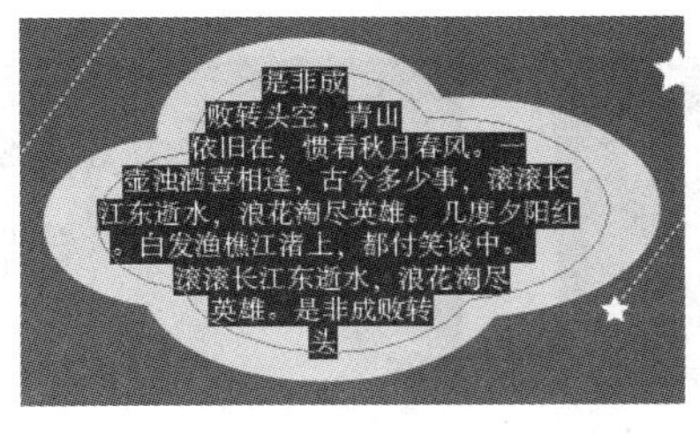

图 10–79

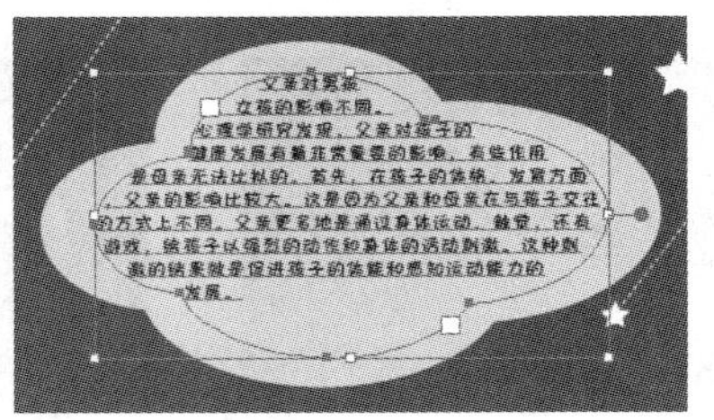

图 10–80

（5）在“字符”控制面板中，将“设置行距”选项设为 12 pt，其他选项的设置如图 10–81 所示。按 Enter 键确定操作，效果如图 10-82 所示。

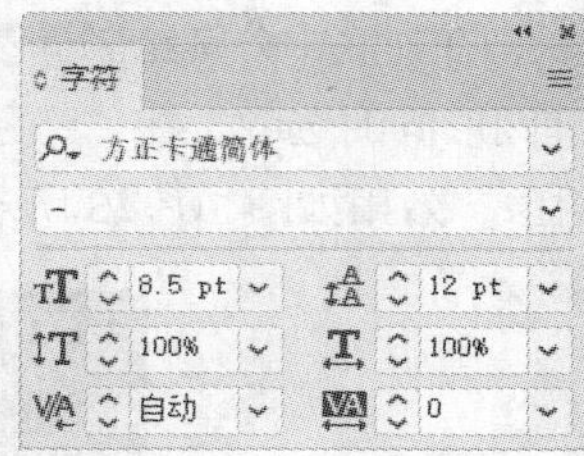

图 10-81

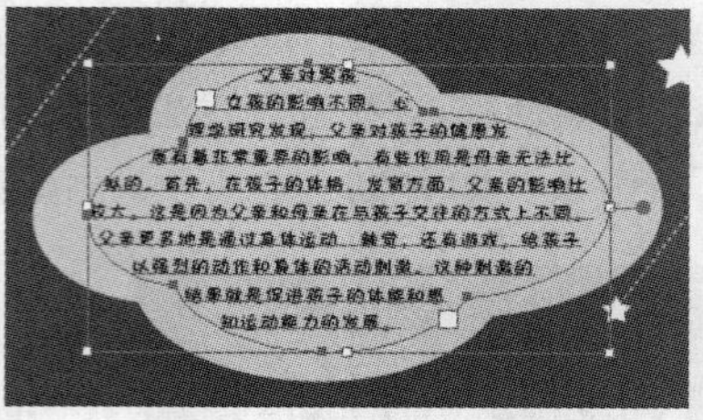

图 10-82

（6）选择“矩形”工具，在适当的位置绘制一个矩形，填充图形为白色，并设置描边色为无，效果如图 10-83 所示。选择“文字”工具T，在适当的位置分别输入需要的文字。选择“选择”工具，在属性栏中分别选择合适的字体并设置文字大小，效果如图 10-84 所示。

图 10-83

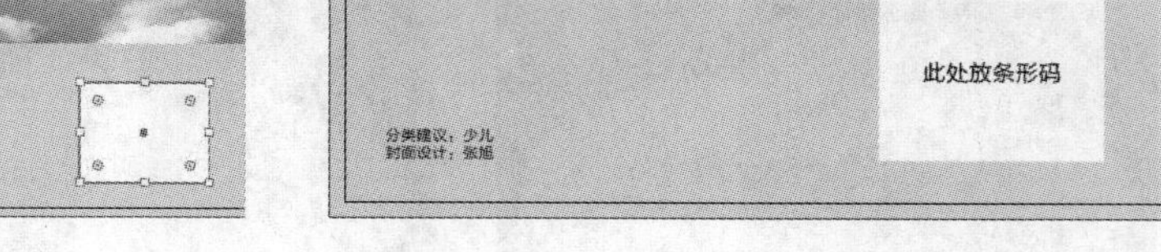

图 10-84

（7）选择“选择”工具，在封面中选取需要的图形，如图 10-85 所示。在按住 Alt 键的同时，用鼠标向左拖曳图形到书脊上，复制图形，并调整其大小，效果如图 10-86 所示。用相同的方法复制封面中其余需要的文字，并调整文字方向，效果如图 10-87 所示。

（8）选择“选择”工具，按住 Shift 键的同时，在封面中选取需要的图形和文字，如图 10-88 所示。选择“文件 > 导出所选项目”命令，弹出“导出为多种屏幕所用格式”对话框，将其命名为“04”，保存为 PNG 格式，如图 10-89 所示。单击“导出资源”按钮，将选中图形和文字导出。

图 10-85

图 10-86

图 10-87

图 10-88

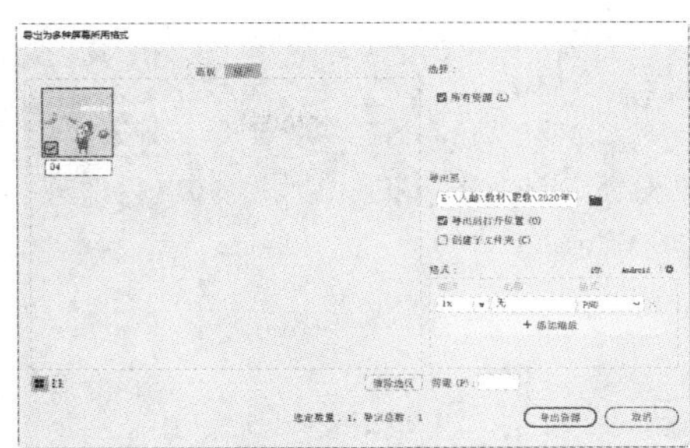

图 10-89

（9）少儿书籍封面制作完成。按 Ctrl+S 组合键，弹出“存储为”对话框，将其命名为“少儿书籍封面”，保存为 AI 格式。单击“保存”按钮，弹出“Illustrator 选项”对话框，单击“确定”按钮，将文件保存。

10.1.4 制作封面立体效果

（1）打开 Photoshop CC 2019，按 Ctrl+N 组合键，弹出“新建文档”对话框。设置宽度为 30 cm，高度为 20 cm，分辨率为 150 ppi，颜色模式为 RGB，背景内容为白色，单击“创建”按钮，新建一个文件。

（2）选择“渐变”工具 ，单击属性栏中的“点按可编辑渐变”按钮 ，弹出“渐变编辑器”对话框。在“位置”选项中分别输入 0、50、100 3 个位置点，分别设置 3 个位置点颜色的 RGB 值为 0（16、109、178），50（131、207、244），100（0、148、222），如图 10-90 所示，单击“确定”按钮。在按住 Shift 键的同时，在图像窗口中由中至下拖曳鼠标指针填充渐变色，效果如图 10-91 所示。

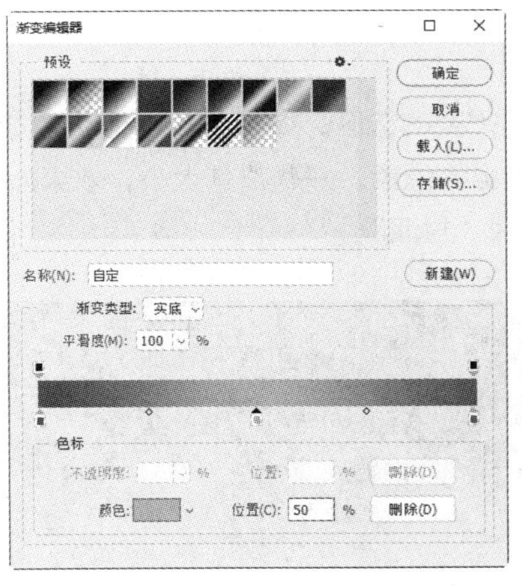

图 10-90

图 10-91

（3）按 Ctrl+O 组合键，打开云盘中的“Ch10 > 素材 > 少儿书籍封面设计 > 01、04”文件。选择“移动”工具 ，分别将图片拖曳到新建图像窗口中适当的位置，并调整其大小，效果如图 10-92 所示，在“图层”控制面板中生成新的图层并将其命名为“云彩”和“文字”。

（4）按 Ctrl+O 组合键，打开云盘中的“Ch10 > 效果 > 少儿书籍封面设计 > 少儿书籍封面.ai”文件，单击“打开”按钮，弹出“导入 PDF”对话框。单击“确定”按钮，打开图像，如图 10-93 所示。

图 10-92

图 10-93

（5）选择“视图 > 新建参考线版面”命令，弹出“新建参考线版面”对话框，设置如图 10-94 所示。单击“确定”按钮，完成版面参考线的创建，如图 10-95 所示。

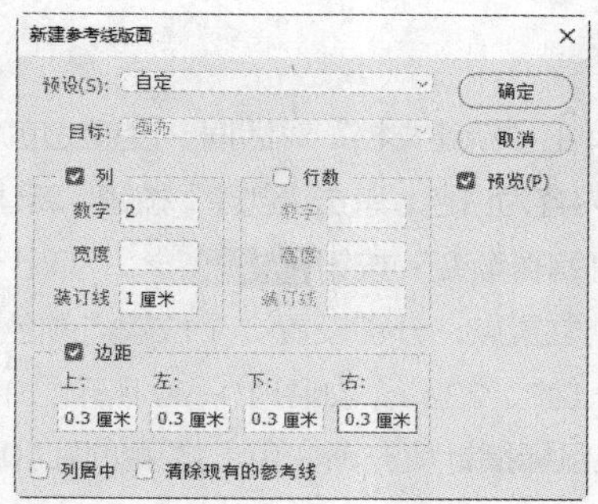

图 10-94

图 10-95

（6）选择“矩形选框”工具，在封面中绘制出需要的选区，如图 10-96 所示。选择“移动”工具，将选区中的图像拖曳到新建的图像窗口中适当的位置，并调整其大小，效果如图 10-97 所示。在“图层”控制面板中生成新的图层并将其命名为“封面”。

图 10-96

图 10-97

（7）按 Ctrl+T 组合键，图像周围出现变换框。在按住 Ctrl 键的同时，拖曳右下角的控制手柄到适当的位置，如图 10-98 所示。用相同的方法分别拖曳其他控制手柄到适当的位置，按 Enter 键确定操作，效果如图 10-99 所示。

图 10-98

图 10-99

（8）用相同的方法制作“书脊”，效果如图 10-100 所示。在按住 Ctrl 键的同时，单击“书脊”图层的缩览图，图像周围生成选区，如图 10-101 所示。

图 10-100

图 10-101

（9）新建图层并将其命名为“暗影”。将前景色设为黑色，按 Alt+Delete 组合键，用前景色填充选区，按 Ctrl+D 组合键，取消选区，效果如图 10-102 所示。

（10）在“图层”控制面板上方，将“暗影”图层的“不透明度”选项设为 25%，如图 10-103 所示。按 Enter 键确定操作，效果如图 10-104 所示。

图 10-102

图 10-103

图 10-104

（11）在按住 Shift 键的同时，单击“封面”图层，将“暗影”图层到“封面”图层之间的所有图层同时选取，如图 10-105 所示。按 Ctrl+J 组合键，复制选中的图层，生成新的拷贝图层，如图 10-106 所示。按 Ctrl+E 组合键，合并图层并将其命名为“书籍”，如图 10-107 所示。

图 10-105　　图 10-106　　图 10-107

（12）单击“图层”控制面板下方的“添加图层样式”按钮 fx，在弹出的菜单中选择“投影”命令，在弹出的对话框中进行设置，如图 10-108 所示。单击“确定”按钮，效果如图 10-109 所示。少儿读物书籍封面立体效果制作完成。

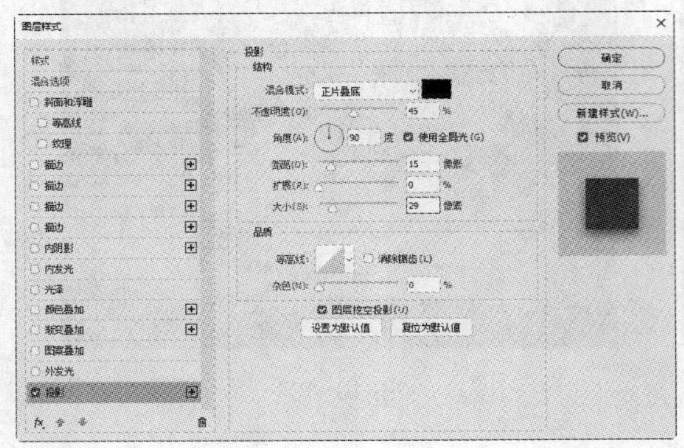

图 10-108

图 10-109

（13）按 Ctrl+S 组合键，弹出“另存为”对话框，将其命名为“少儿书籍封面立体效果”，保存为 PSD 格式。单击“保存”按钮，弹出“Photoshop 格式选项”对话框，单击“确定”按钮，将文件保存。

10.2 课后习题——旅游书籍封面设计

习题知识要点

在 Illustrator 中，使用“椭圆”工具、“置入”命令、“矩形”工具和“建立剪切蒙版”命令制作封面背景和旅游图片，使用“符号库”命令添加符号图形，使用“文字”工具和“字符”面板添加书名及相关信息，使用“椭圆”工具、“旋转”工具、“钢笔”工具和“路径查找器”控制面板制作装饰图形，使用“风格化”命令添加投影；在 Photoshop 中，使用“矩形选框”工具、“移动”工具和“变换”命令制作书籍立体效果，使用“载入选区”命令、“填充”命令和“不透明度”选项制作书脊暗影，使用“添加图层样式”按钮为书籍添加投影。

素材所在位置

云盘 > Ch10 > 素材 > 旅游书籍封面设计 > 01~14。

效果所在位置

云盘 > Ch10 > 效果 > 旅游书籍封面设计 > 旅游书籍封面.ai、旅游书籍封面立体效果.psd，如图 10-110 所示。

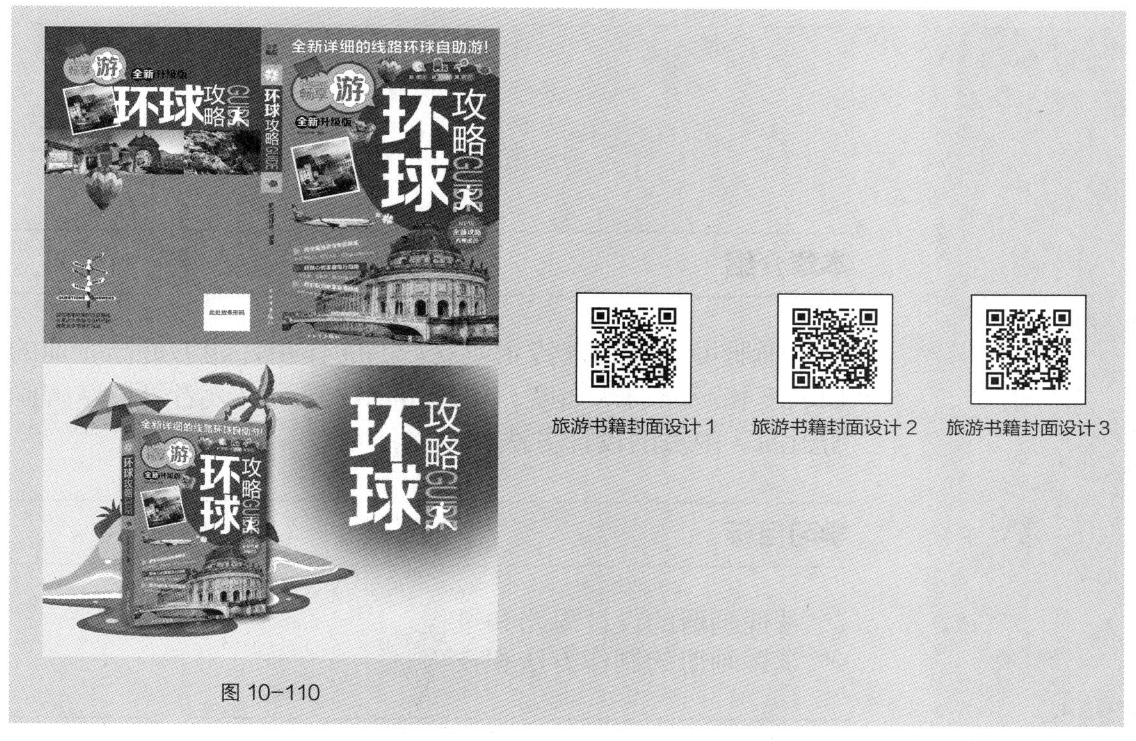

图 10-110

11

第 11 章 画册设计

本章介绍

画册可以起到宣传企业或产品的作用，能够提高企业的知名度和产品的认知度。通过本章的学习，读者可以掌握画册封面、内页的设计方法和制作技巧。

学习目标

- 掌握画册的设计思路和过程。
- 掌握画册的制作方法和技巧。

技能目标

- 掌握房地产画册封面的制作方法。
- 掌握房地产画册内页的制作方法。

11.1 房地产画册封面设计

案例学习目标

在 Photoshop 中，学习使用“调整图层”命令、“图层”控制面板制作画册封面底图；在 Illustrator 中，学习使用绘图工具、“文字”工具和“字符”控制面板添加封面名称和其他相关信息。

案例知识要点

在 Photoshop 中，使用“色相/饱和度”命令、“色阶”命令调整图片颜色，使用“填充”命令、图层的混合模式选项为图片添加遮罩效果；在 Illustrator 中，使用参考线分割页面，使用“文字”工具、“字符”控制面板和“椭圆”工具添加封面名称及内容文字。

效果所在位置

云盘 > Ch11 > 效果 > 房地产画册封面设计 > 房地产画册封面.ai，如图 11-1 所示。

图 11-1

11.1.1 制作画册封面底图

（1）打开 Photoshop CC 2019，按 Ctrl+N 组合键，弹出“新建文档”对话框。设置宽度为 21.3 cm，高度为 29.1 cm，分辨率为 150 ppi，颜色模式为 RGB，背景内容为白色，单击“创建”按钮，新建一个文件。

（2）按 Ctrl+O 组合键，打开云盘中的“Ch11 > 素材 > 房地产画册封面设计 > 01”文件。选择“移动”工具，将图片拖曳到新建图像窗口中适当的位置，并调整其大小，效果如图 11-2 所示，在“图层”控制面板中生成新的图层并将其命名为“海景房”。

（3）单击“图层”控制面板下方的“创建新的填充或调整图层”按钮，在弹出的菜单中选择“色相/饱和度”命令，在“图层”控制面板中生成“色相/饱和度 1”图层，同时弹出“色相/饱和度”面板，选项的设置如图 11-3 所示。按 Enter 键确定操作，图像效果如图 11-4 所示。

（4）单击“图层”控制面板下方的“创建新的填充或调整图层”按钮，在弹出的菜单中选择

“色阶”命令，在“图层”控制面板中生成“色阶 1”图层，同时弹出“色阶”面板，选项的设置如图 11-5 所示。按 Enter 键确定操作，图像效果如图 11-6 所示。

图 11-2　图 11-3　图 11-4　图 11-5

（5）将前景色设为铅灰色（其 R、G、B 的值分别为 165、155、145）。新建图层并将其命名为“遮罩”。按 Alt+Delete 组合键，用前景色填充“遮罩”图层，效果如图 11-7 所示。

（6）在“图层”控制面板上方，将“遮罩”图层的混合模式选项设为“正片叠底”，如图 11-8 所示，图像效果如图 11-9 所示。

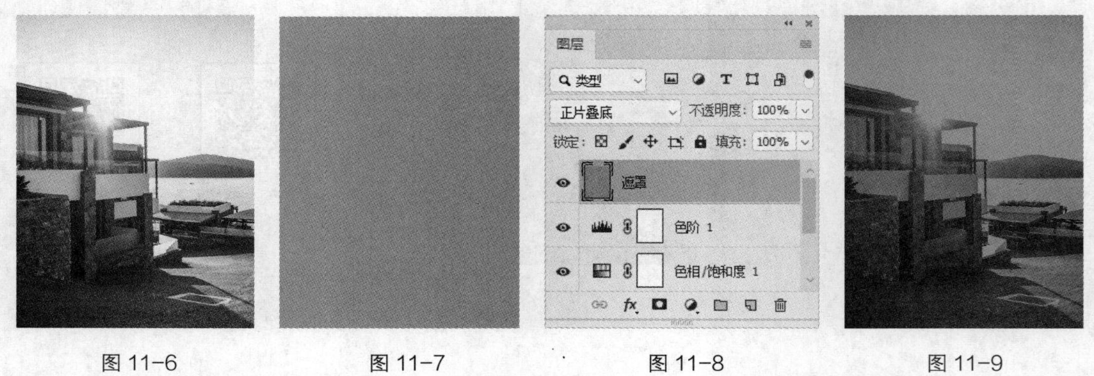

图 11-6　图 11-7　图 11-8　图 11-9

（7）房地产画册封面底图制作完成。按 Shift+Ctrl+E 组合键，合并可见图层。按 Ctrl+S 组合键，弹出“存储为”对话框，将其命名为“房地产画册封面底图”，保存为 JPEG 格式。单击“保存”按钮，弹出“JPEG 选项”对话框，单击“确定”按钮，将图像保存。

11.1.2　制作画册封面和封底

（1）打开 Illustrator CC 2019，按 Ctrl+N 组合键，弹出“新建文档”对话框。设置文档的宽度为 420 mm，高度为 285 mm，取向为横向，出血为 3 mm，颜色模式为 CMYK，单击“创建”按钮，新建一个文档。

（2）按 Ctrl+R 组合键，显示标尺。选择“选择”工具，在左侧标尺上向右拖曳出一条垂直参考线。选择“窗口 > 变换”命令，弹出“变换”控制面板，将“X”轴选项设为 210 mm，如图 11-10 所示。按 Enter 键确定操作，效果如图 11-11 所示。

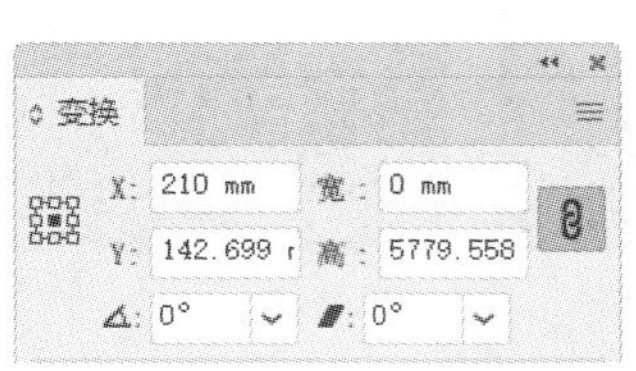

图 11-10

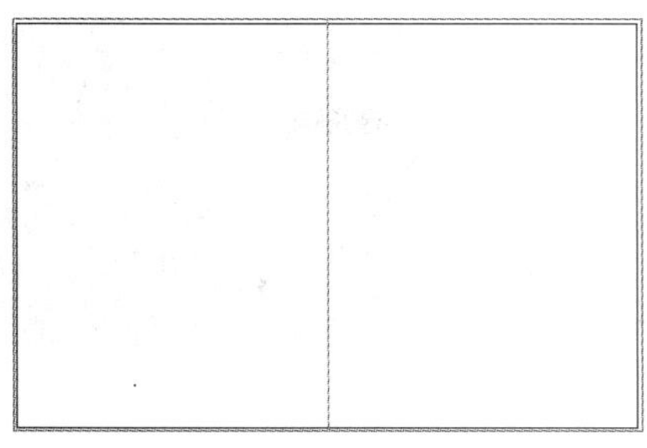

图 11-11

（3）选择“文件 > 置入”命令，弹出“置入”对话框。选择云盘中的“Ch11 > 效果 > 房地产画册封面设计 > 房地产画册封面底图.jpg”文件，单击“置入”按钮，在页面中单击置入图片。单击属性栏中的“嵌入”按钮，嵌入图片。选择“选择”工具，拖曳图片到适当的位置，效果如图 11-12 所示。按 Ctrl+2 组合键，锁定所选对象。

（4）选择“矩形”工具，在适当的位置绘制一个矩形，设置填充色为浅褐色（其 C、M、Y、K 的值分别为 66、65、61、13），填充图形，并设置描边色为无，效果如图 11-13 所示。

图 11-12

图 11-13

（5）在属性栏中将“不透明度”选项设为 80%，按 Enter 键确定操作，效果如图 11-14 所示。选择“文字”工具，在页面中分别输入需要的文字。选择“选择”工具，在属性栏中分别选择合适的字体并设置文字大小，填充文字为白色，效果如图 11-15 所示。

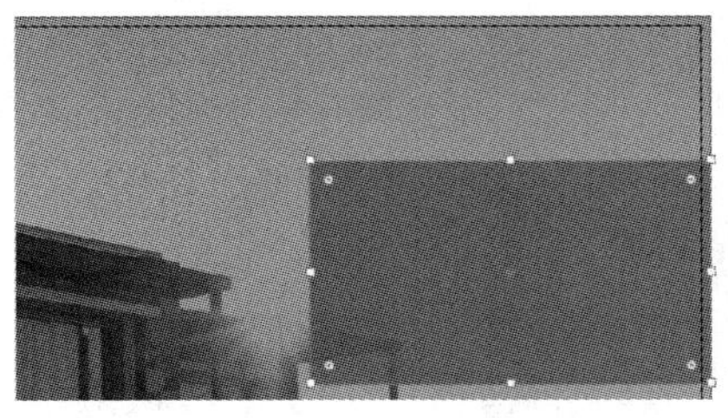

图 11-14

图 11-15

（6）选取文字“友豪房地”，按 Ctrl+T 组合键，弹出“字符”控制面板，将“设置所选字符的字距调整”选项设为 100，其他选项的设置如图 11-16 所示。按 Enter 键确定操作，效果如图 11-17 所示。

（7）选择“椭圆”工具，在按住 Shift 键的同时，在适当的位置绘制一个圆形，设置填充色为黄色（其 C、M、Y、K 的值分别为 0、0、100、0），填充图形，并设置描边色为无，效果如图 11-18 所示。

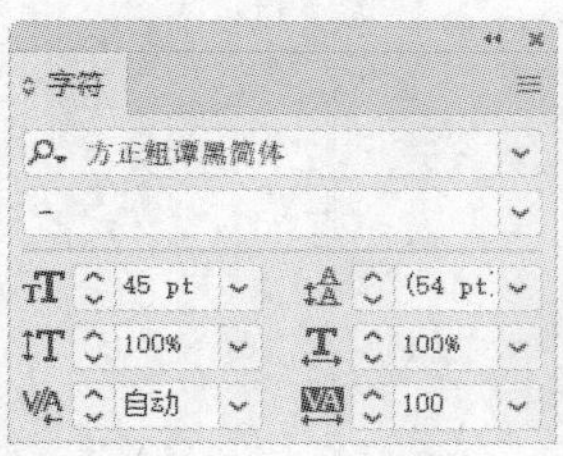

图 11-16

图 11-17

图 11-18

（8）选择“文字”工具 T，在适当的位置输入需要的文字。选择“选择”工具，在属性栏中选择合适的字体并设置文字大小。设置填充色为浅褐色（其 C、M、Y、K 的值分别为 66、65、61、13），填充文字，效果如图 11-19 所示。

图 11-19

（9）在“字符”控制面板中，将“水平缩放”选项设为 84%，其他选项的设置如图 11-20 所示。按 Enter 键确定操作，效果如图 11-21 所示。

（10）按 Ctrl+O 组合键，打开云盘中的“Ch11 > 素材 > 房地产画册封面设计 > 02”文件，选择“选择”工具，选取需要的图形，按 Ctrl+C 组合键，复制图形。选择正在编辑的页面，按 Ctrl+V 组合键，将其粘贴到页面中，并拖曳复制的图形到适当的位置，效果如图 11-22 所示。

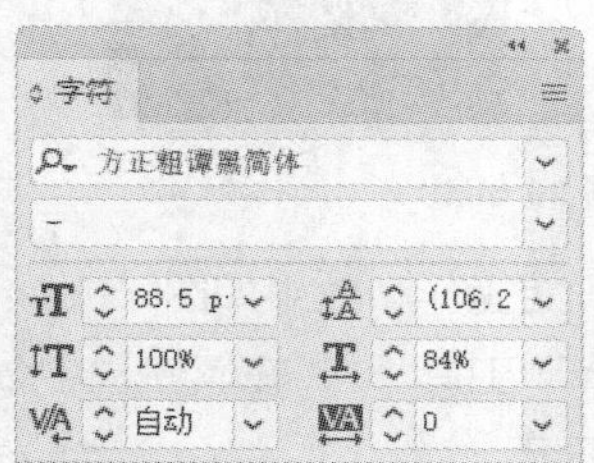

图 11-20

图 11-21

图 11-22

（11）选择“矩形”工具，在适当的位置绘制一个矩形，设置填充色为橄榄棕色（其 C、M、Y、K 的值分别为 50、50、45、0），填充图形，并设置描边色为无，效果如图 11-23 所示。选择“选择”工具，在封面中选取需要的标志图形，如图 11-24 所示。

图 11-23

图 11-24

（12）在按住 Alt 键的同时，用鼠标向左拖曳标志图形到封底上，复制图形，并调整其大小和顺序，效果如图 11-25 所示。选择“编组选择”工具，选取标志图形，如图 11-26 所示。

图 11-25

图 11-26

（13）设置图形填充色为无，效果如图 11-27 所示。按 Shift+X 组合键，互换填充色和描边色，效果如图 11-28 所示。

图 11-27

图 11-28

（14）选择“文字”工具，在适当的位置输入需要的文字。选择“选择”工具，在属性栏中选择合适的字体并设置文字大小，填充文字为白色，效果如图 11-29 所示。

（15）在“字符”控制面板中，将“设置行距”选项设为 18 pt，其他选项的设置如图 11-30 所示。按 Enter 键确定操作，效果如图 11-31 所示。

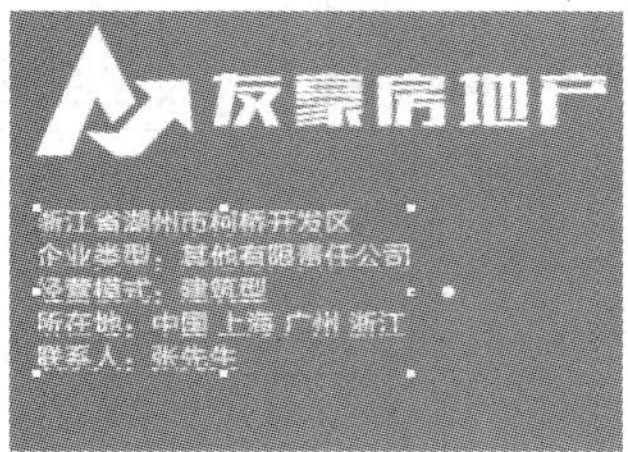

图 11-29

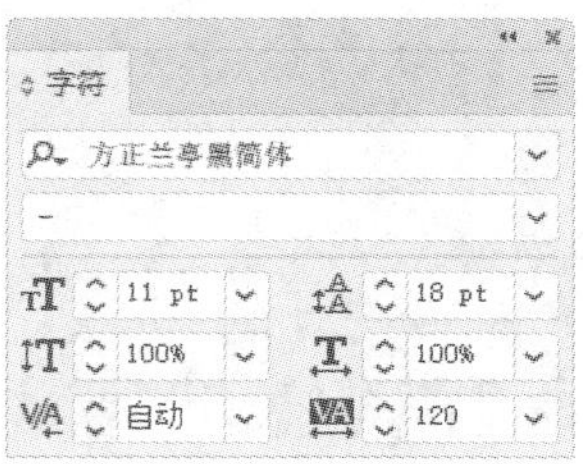

图 11-30

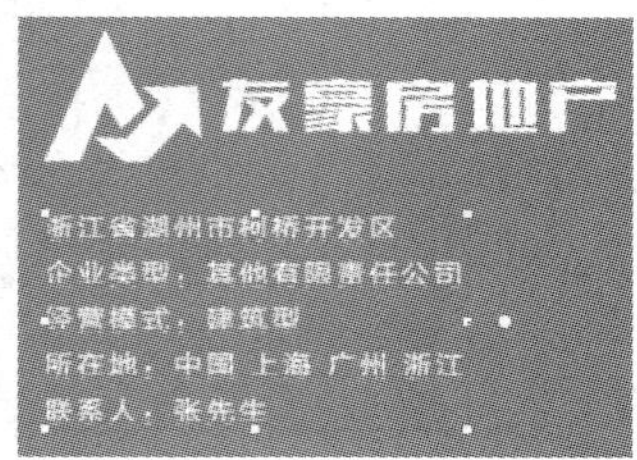

图 11-31

（16）房地产画册封面制作完成，效果如图 11-32 所示。按 Ctrl+S 组合键，弹出“存储为”对话框，将其命名为“房地产画册封面”，保存为 AI 格式。单击“保存”按钮，弹出“Illustrator 选项”对话框，单击“确定”按钮，将文件保存。

图 11-32

11.2 房地产画册内页 1 设计

案例学习目标

在 Illustrator 中，学习使用“置入”命令、绘图工具、“剪切蒙版”命令、“雷达图”工具、“文字”工具和“字符”控制面板制作房地产画册内页 1。

案例知识要点

在 Illustrator 中，使用参考线分割页面，使用“置入”命令、“矩形”工具、“透明度”控制面板添加并编辑图片，使用“矩形”工具、“文字”工具、“字符”控制面板和“段落”控制面板添加内页宣传文字，使用“雷达图”工具绘制年增长率图表，使用“符号库”命令添加箭头符号。

效果所在位置

云盘 > Ch11 > 效果 > 房地产画册内页 1 设计.ai，如图 11-33 所示。

图 11-33

11.2.1 制作公司简介

（1）打开 Illustrator CC 2019，按 Ctrl+N 组合键，弹出“新建文档”对话框。设置文档的宽度为 420 mm，高度为 285 mm，取向为横向，出血为 3 mm，颜色模式为 CMYK，单击“创建”按钮，新建一个文档。

（2）按 Ctrl+R 组合键，显示标尺。选择“选择”工具，在左侧标尺上向右拖曳出一条垂直参考线，选择“窗口 > 变换”命令，弹出“变换”控制面板，将“X”轴选项设为 210 mm，如图 11-34 所示。按 Enter 键确定操作，效果如图 11-35 所示。

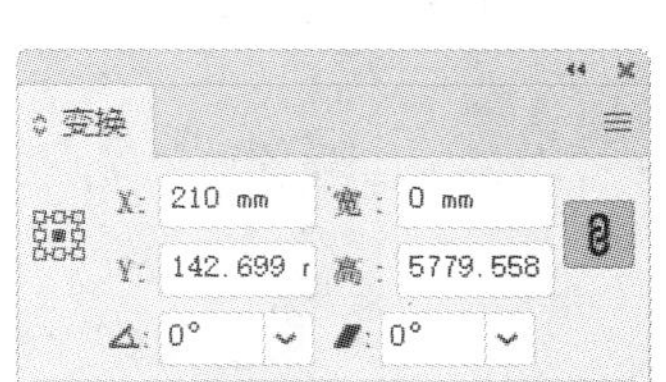

图 11-34

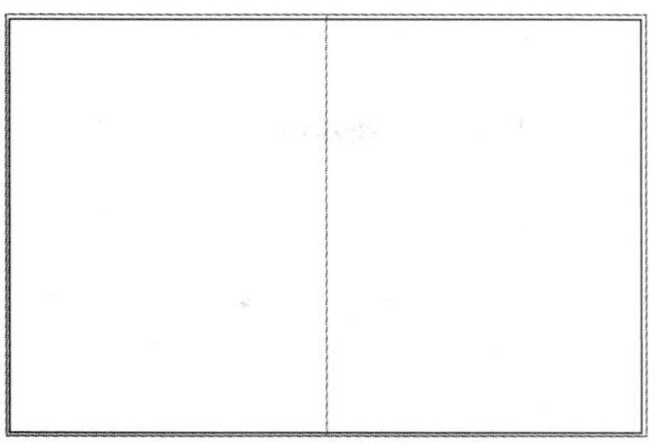

图 11-35

（3）选择“文件 > 置入”命令，弹出“置入”对话框。选择云盘中的“Ch11 > 素材 > 房地产画册内页 1 设计 > 01”文件，单击“置入”按钮，在页面中单击置入图片。单击属性栏中的“嵌入”按钮，嵌入图片。选择“选择”工具，拖曳图片到适当的位置，并调整其大小，效果如图 11-36 所示。

（4）选择“矩形”工具，在适当的位置绘制一个矩形，设置填充色为铅灰色（其 C、M、Y、K 的值分别为 41、38、40、0），填充图形，并设置描边色为无，效果如图 11-37 所示。

图 11-36

图 11-37

（5）按 Ctrl+C 组合键，复制矩形。按 Ctrl+B 组合键，将复制的矩形粘贴在后面。选择“选择”工具，按住 Shift 键的同时，单击下方图片将其同时选取，如图 11-38 所示。按 Ctrl+7 组合键，建立剪切蒙版，效果如图 11-39 所示。

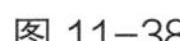

图 11-38

图 11-39

（6）选择“选择”工具，选取最上方铅灰色矩形，如图 11-40 所示。选择“窗口 > 透明度”命令，弹出“透明度”控制面板，选项的设置如图 11-41 所示，效果如图 11-42 所示。

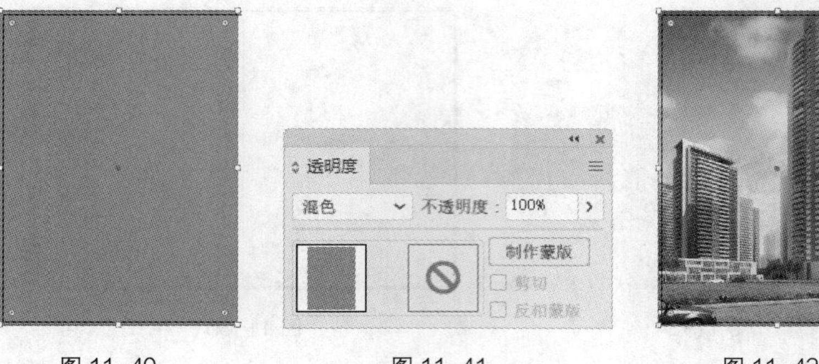

图 11-40　　图 11-41　　图 11-42

（7）选择“文字”工具，在页面左上角输入需要的文字。选择“选择”工具，在属性栏中选择合适的字体并设置文字大小。设置填充色为淡灰色（其 C、M、Y、K 的值分别为 0、0、0、35），填充文字，效果如图 11-43 所示。

（8）按 Ctrl+T 组合键，弹出“字符”控制面板，将“设置所选字符的字距调整”选项设为 100，其他选项的设置如图 11-44 所示。按 Enter 键确定操作，效果如图 11-45 所示。

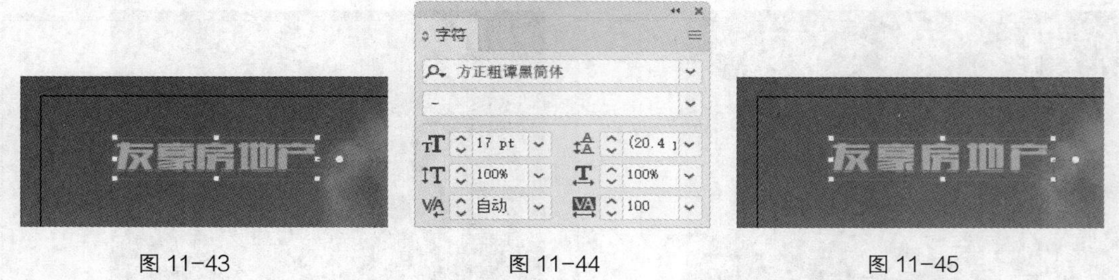

图 11-43　　图 11-44　　图 11-45

（9）选择“直线段”工具，在按住 Shift 键的同时，在适当的位置绘制一条竖线，设置描边色为淡灰色（其 C、M、Y、K 的值分别为 0、0、0、35），填充描边，效果如图 11-46 所示。在属性栏中将“描边粗细”选项设置为 2 pt，按 Enter 键确定操作，效果如图 11-47 所示。

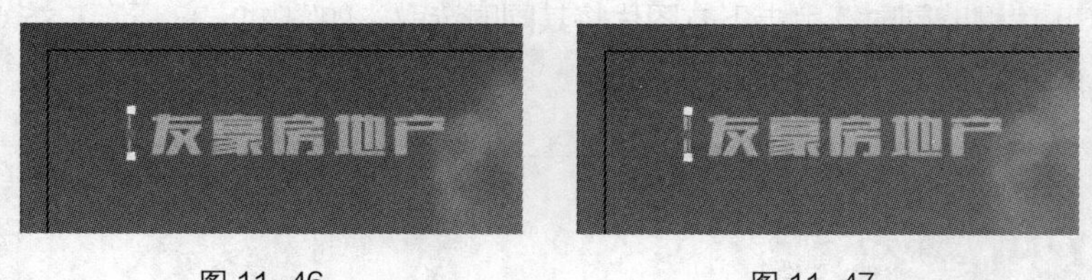

图 11-46　　图 11-47

（10）选择“矩形”工具，在适当的位置绘制一个矩形，设置填充色为浅褐色（其 C、M、Y、K 的值分别为 66、65、61、13），填充图形，并设置描边色为无，效果如图 11-48 所示。

（11）在属性栏中将“不透明度”选项设为 80%，按 Enter 键确定操作，效果如图 11-49 所示。使用“矩形”工具，再绘制一个矩形，填充图形为白色，并设置描边色为无，效果如图 11-50 所示。

（12）选择“文字”工具，在矩形上输入需要的文字。选择“选择”工具，在属性栏中选择合适的字体并设置文字大小。设置填充色为橄榄棕色（其 C、M、Y、K 的值分别为 50、50、45、0），填充文字，效果如图 11-51 所示。

图 11-48

图 11-49

图 11-50

图 11-51

（13）在“字符”控制面板中，将“设置所选字符的字距调整”选项设为 540，其他选项的设置如图 11-52 所示。按 Enter 键确定操作，效果如图 11-53 所示。

图 11-52

图 11-53

（14）选择“矩形”工具，在适当的位置绘制一个矩形，填充描边为白色，效果如图 11-54 所示。按 Ctrl+C 组合键，复制矩形。按 Ctrl+F 组合键，将复制的矩形粘贴在前面。选择“选择”工具，向左拖曳矩形右边中间的控制手柄到适当的位置，调整其大小，效果如图 11-55 所示。

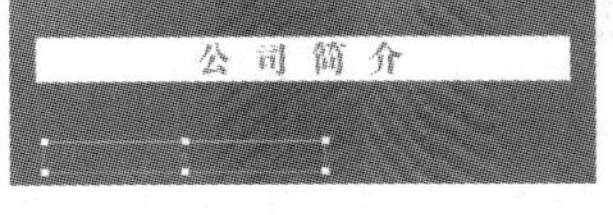

图 11-54

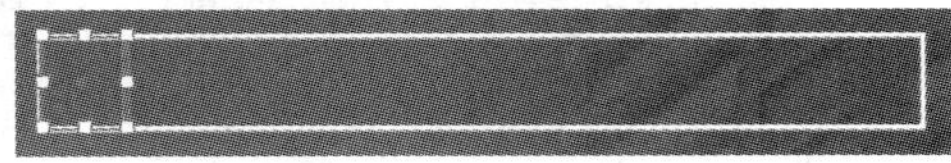

图 11-55

（15）按 Shift+X 组合键，互换填充色和描边色，效果如图 11-56 所示。按 Ctrl+C 组合键，复制矩形。按 Ctrl+B 组合键，将复制的矩形粘贴在后面。选择“选择”工具，向右拖曳矩形右边中间的控制手柄到适当的位置，调整其大小，效果如图 11-57 所示。

图 11-56

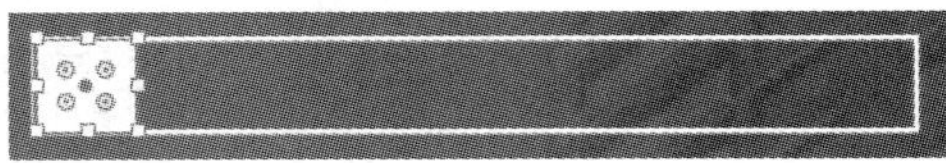

图 11-57

（16）保持图形的选取状态。设置填充色为黄色（其 C、M、Y、K 的值分别为 0、0、100、0），填充图形，效果如图 11-58 所示。

（17）选择“文字”工具，在适当的位置输入需要的文字。选择“选择”工具，在属性栏中选择合适的字体并设置文字大小，填充文字为白色，效果如图 11-59 所示。

图 11-58　　　　图 11-59

（18）在“字符”控制面板中，将“设置所选字符的字距调整”选项设为 838，其他选项的设置如图 11-60 所示。按 Enter 键确定操作，效果如图 11-61 所示。

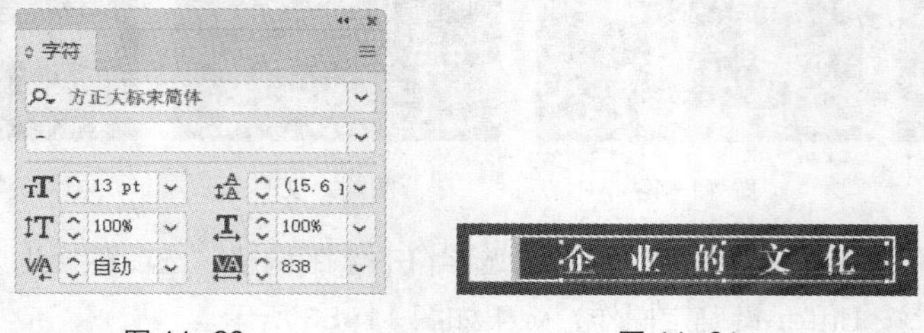

图 11-60　　　　图 11-61

（19）选择“文字”工具，在适当的位置按住鼠标左键不放，拖曳出一个带有选中文本的文本框，如图 11-62 所示。重新输入需要的文字，选择“选择”工具，在属性栏中选择合适的字体并设置文字大小，填充文字为白色，效果如图 11-63 所示。

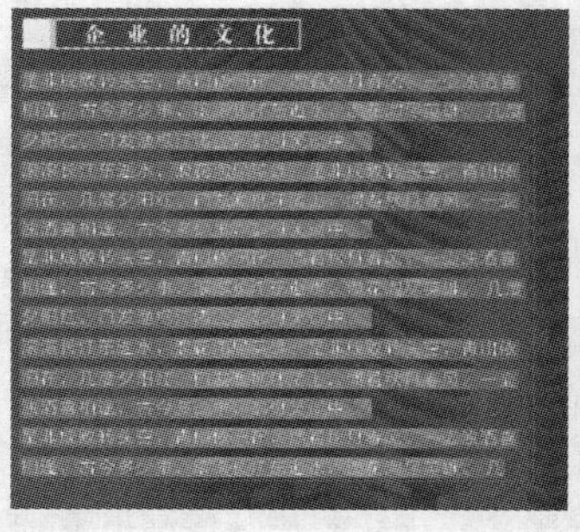

图 11-62

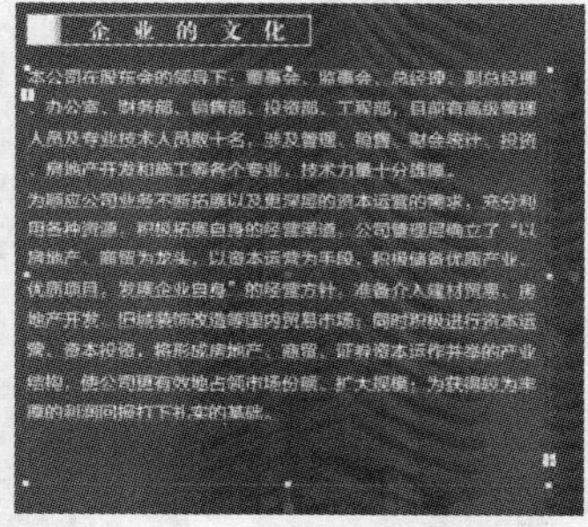

图 11-63

（20）在“字符”控制面板中，将“设置所选字符的字距调整”选项设为 75，其他选项的设置如图 11-64 所示。按 Enter 键确定操作，效果如图 11-65 所示。

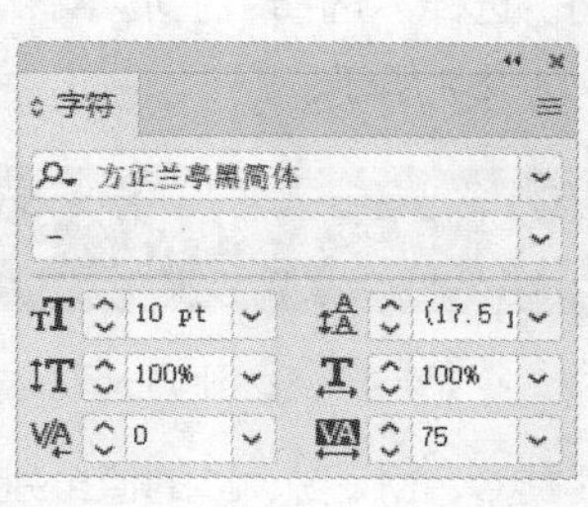

图 11-64

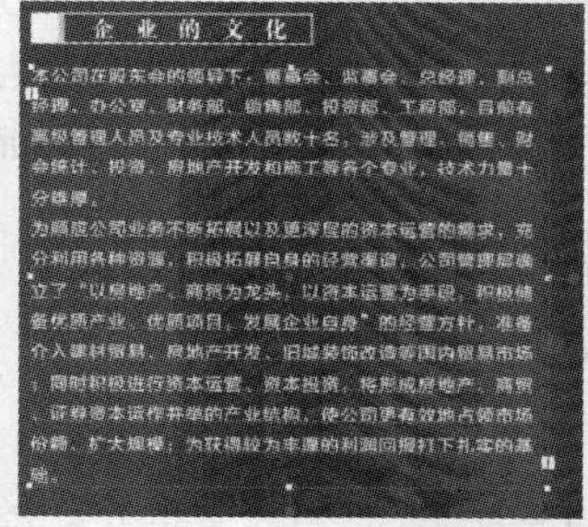

图 11-65

（21）按 Alt+Ctrl+T 组合键，弹出“段落”控制面板，将“首行左缩进”选项设为 20 pt，其他选项的设置如图 11-66 所示。按 Enter 键确定操作，效果如图 11-67 所示。用相同的方法制作“我们的目标”“我们的承诺”，效果如图 11-68 所示。

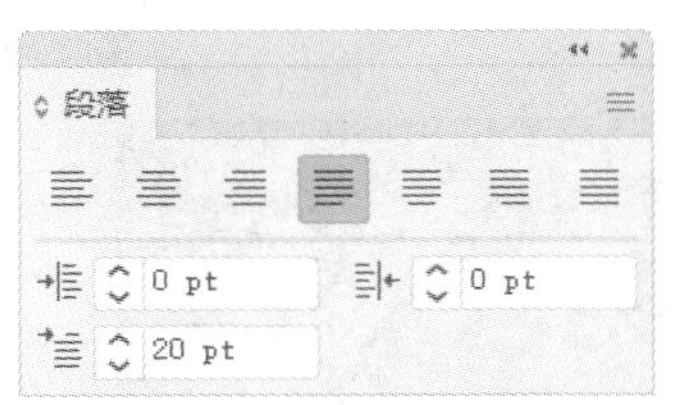

图 11-66

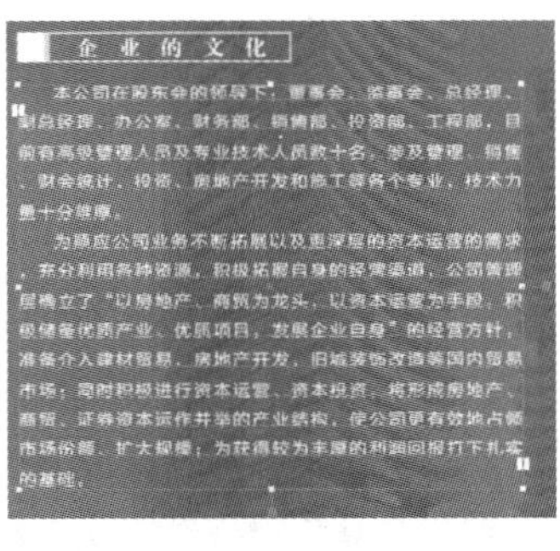

图 11-67

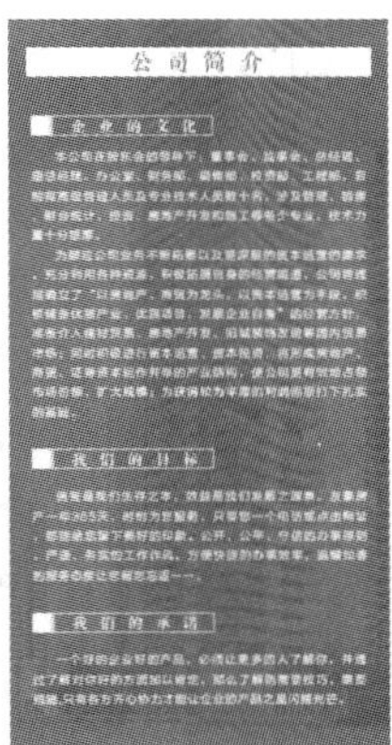

图 11-68

11.2.2 制作年增长图表

（1）在 Illustrator CC 2019 中，选择“矩形”工具，在适当的位置绘制一个矩形。设置填充色为橄榄棕色（其 C、M、Y、K 的值分别为 50、50、45、0），填充图形，并设置描边色为无，效果如图 11-69 所示。

（2）选择“文件 > 置入”命令，弹出“置入”对话框。选择云盘中的“Ch11 > 素材 > 房地产画册内页 1 设计 > 02”文件，单击“置入”按钮，在页面中单击置入图片。单击属性栏中的“嵌入”按钮，嵌入图片。选择“选择”工具，拖曳图片到适当的位置，并调整其大小，效果如图 11-70 所示。

图 11-69

图 11-70

（3）选择“矩形”工具，在适当的位置绘制一个矩形，如图 11-71 所示。选择“选择”工具，在按住 Shift 键的同时，单击下方图片将其同时选取，如图 11-72 所示。按 Ctrl+7 组合键，建立剪切蒙版，效果如图 11-73 所示。

图 11-71

图 11-72

图 11-73

（4）选择“文字”工具T，在适当的位置分别输入需要的文字。选择“选择”工具▶，在属性栏中分别选择合适的字体并设置文字大小，填充文字为白色，效果如图 11-74 所示。

（5）选择“文字”工具T，在适当的位置按住鼠标左键不放，拖曳出一个带有选中文本的文本框，如图 11-75 所示。重新输入需要的文字，选择“选择”工具▶，在属性栏中选择合适的字体并设置文字大小，填充文字为白色，效果如图 11-76 所示。

图 11-74

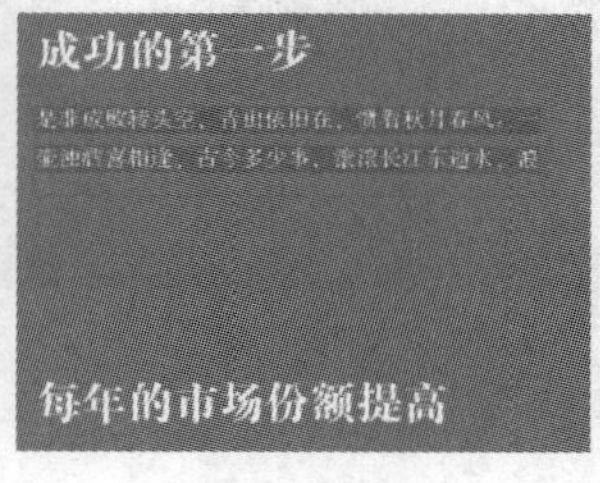

图 11-75

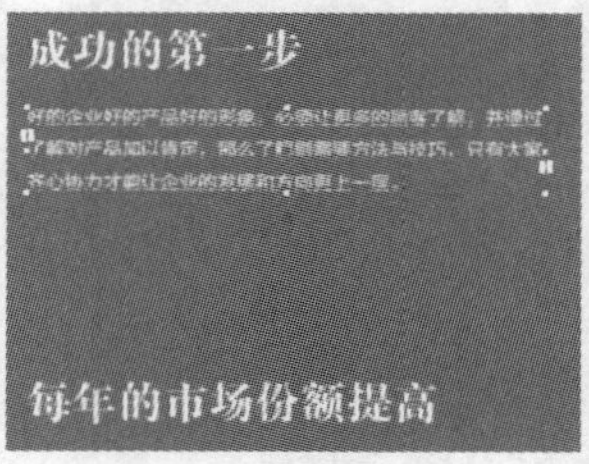

图 11-76

（6）在“字符”控制面板中，将“设置所选字符的字距调整”选项VA设为 40，其他选项的设置如图 11-77 所示。按 Enter 键确定操作，效果如图 11-78 所示。

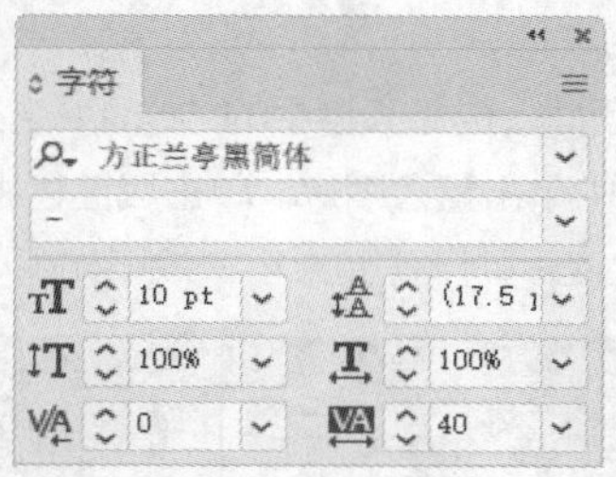

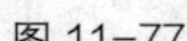
图 11-77

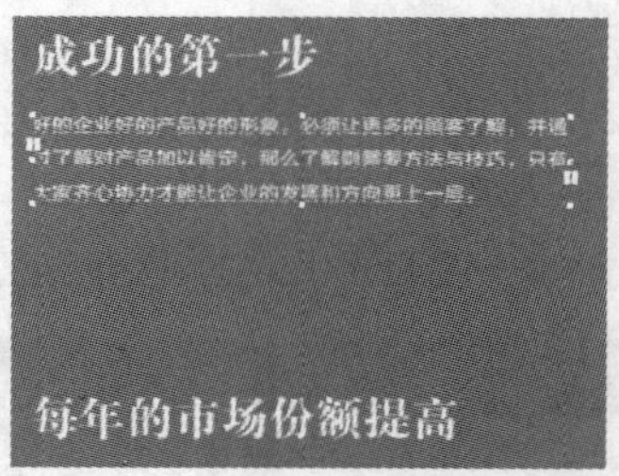

图 11-78

（7）在“段落”控制面板中，将“首行左缩进”选项设为 20 pt，其他选项的设置如图 11-79 所示。按 Enter 键确定操作，效果如图 11-80 所示。

（8）选择“直线段”工具／，在按住 Shift 键的同时，在适当的位置绘制一条横线，填充描边为白色，效果如图 11-81 所示。

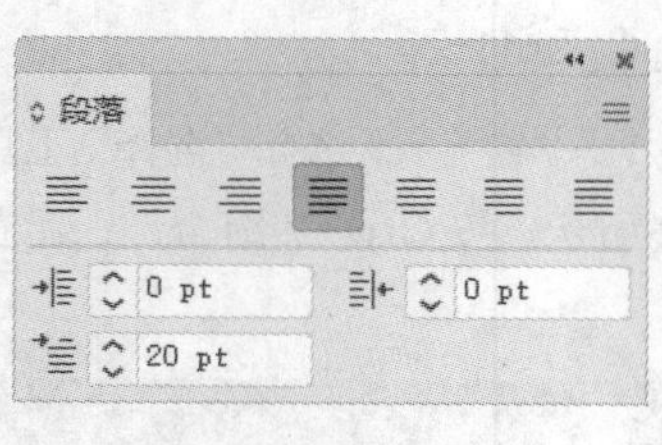

图 11-79

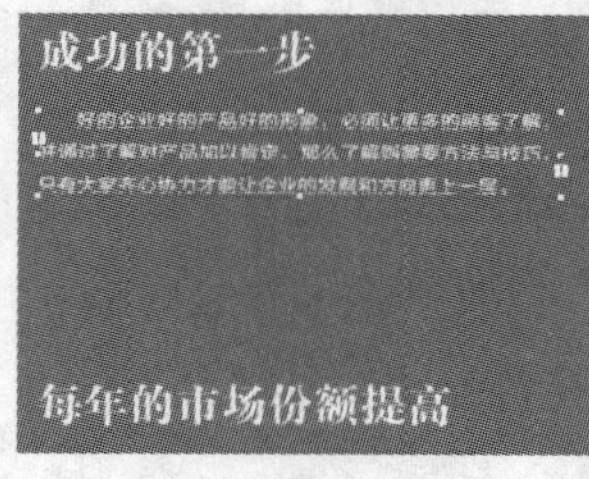

图 11-80

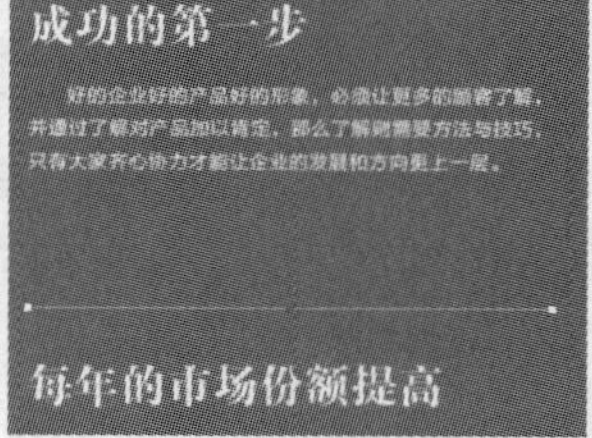

图 11-81

（9）选择“雷达图”工具，在页面中单击鼠标左键，弹出“图表”对话框，设置如图 11-82 所示。单击“确定”按钮，弹出“图表数据”对话框，输入需要的数据，如图 11-83 所示。输入完成后，单击“应用”按钮✓，关闭“图表数据”对话框，建立雷达图表，并将其拖曳到页面中适当的位置，效果如图 11-84 所示。

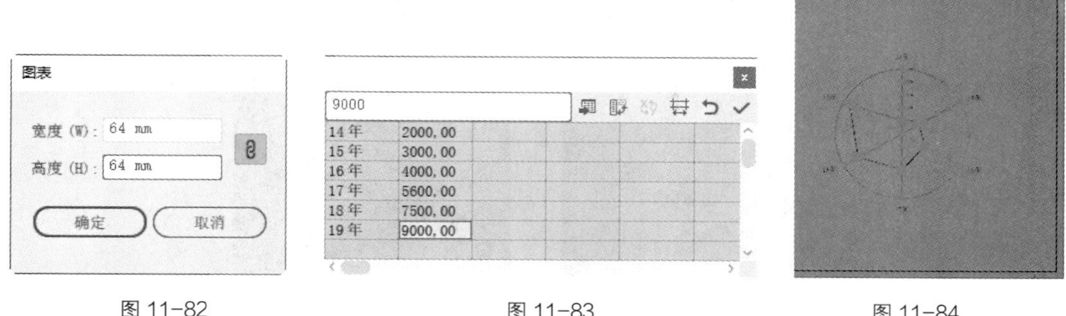

图 11-82　　图 11-83　　图 11-84

（10）选择“编组选择”工具，在按住 Shift 键的同时，依次单击选取需要的线条和刻度线，如图 11-85 所示。填充描边为白色，效果如图 11-86 所示。用相同的方法分别设置其他图形的填充色和描边色，效果如图 11-87 所示。

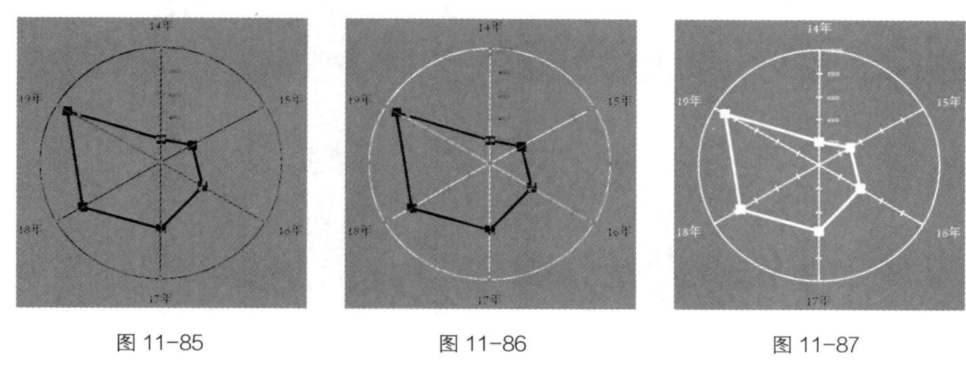

图 11-85　　图 11-86　　图 11-87

（11）选择“窗口 > 符号库 > 箭头”命令，弹出“箭头”控制面板，选择需要的箭头，如图 11-88 所示。选择“选择”工具，拖曳符号到页面中适当的位置，并调整其大小，效果如图 11-89 所示。在符号上单击鼠标右键，在弹出的下拉列表中选择“断开符号链接”命令，断开符号链接，效果如图 11-90 所示。

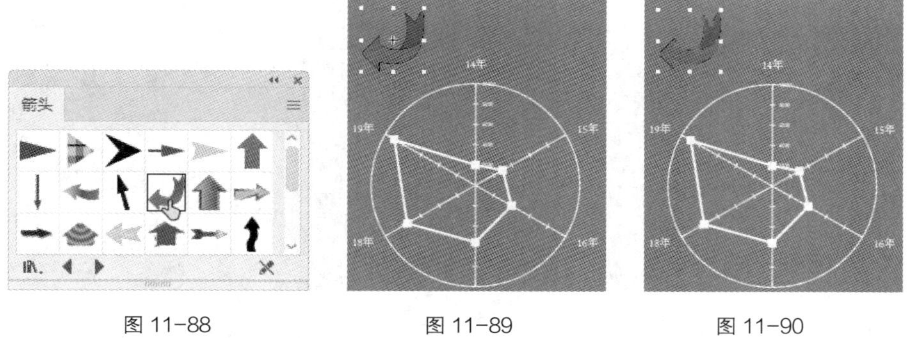

图 11-88　　图 11-89　　图 11-90

（12）填充符号图形为白色，效果如图 11-91 所示，并设置描边色为铅灰色（其 C、M、Y、K 的值分别为 40、40、34、0），填充符号描边，效果如图 11-92 所示。

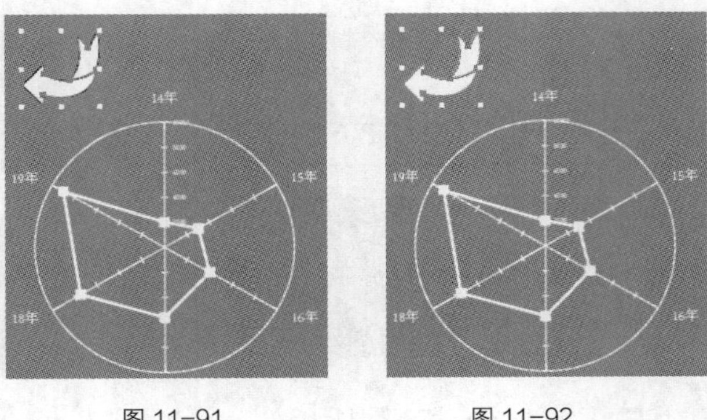

图 11-91　　　　图 11-92

（13）在“变换”控制面板中，将“旋转”选项设为 180°，如图 11-93 所示。按 Enter 键确定操作，效果如图 11-94 所示。

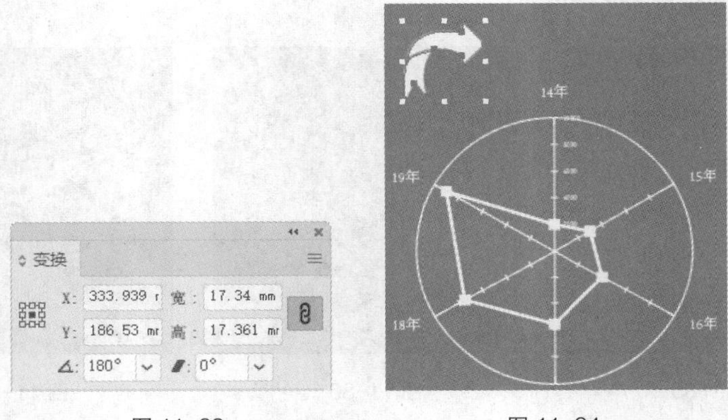

图 11-93　　　　图 11-94

（14）选择“文字”工具 T，在符号右侧输入需要的文字。选择“选择”工具 ▶，在属性栏中选择合适的字体并设置文字大小，填充文字为白色，效果如图 11-95 所示。房地产画册内页 1 制作完成，效果如图 11-96 所示。

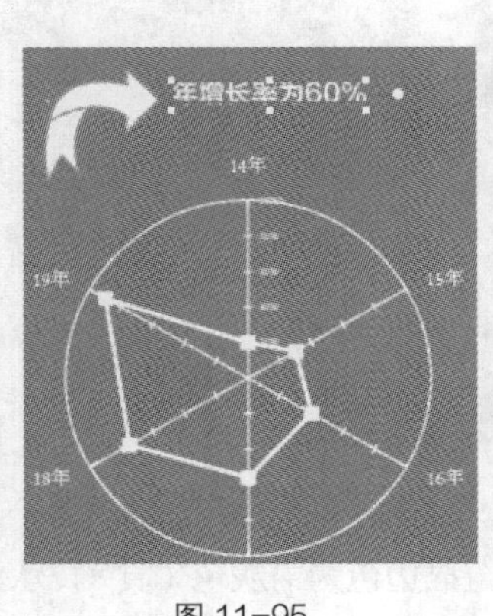

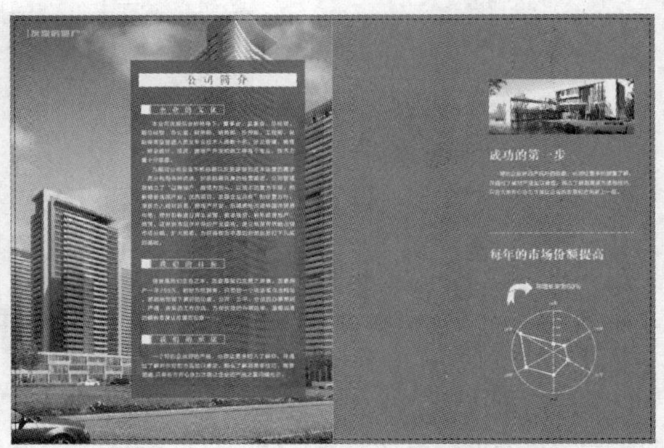

图 11-95　　　　图 11-96

（15）按 Ctrl+S 组合键，弹出“存储为”对话框，将其命名为“房地产画册内页 1 设计”，保存为 AI 格式。单击“保存”按钮，弹出“Illustrator 选项”对话框，单击“确定”按钮，将文件保存。

11.3 课后习题——房地产画册内页 2 设计

习题知识要点

在 Illustrator 中，使用“置入”命令、“矩形”工具和“剪切蒙版”命令制作图片蒙版效果，使用“文字”工具、“字符”控制面板和“字形”命令添加内页宣传文字，使用“文字”工具、“制表符”控制面板制作图表文字，使用“直线段”工具、“描边”控制面板和“复制”命令制作图表。

素材所在位置

云盘 > Ch11 > 素材 > 房地产画册内页 2 设计 > 01、02。

效果所在位置

云盘 > Ch11 > 效果 > 房地产画册内页 2 设计.ai，如图 11-97 所示。

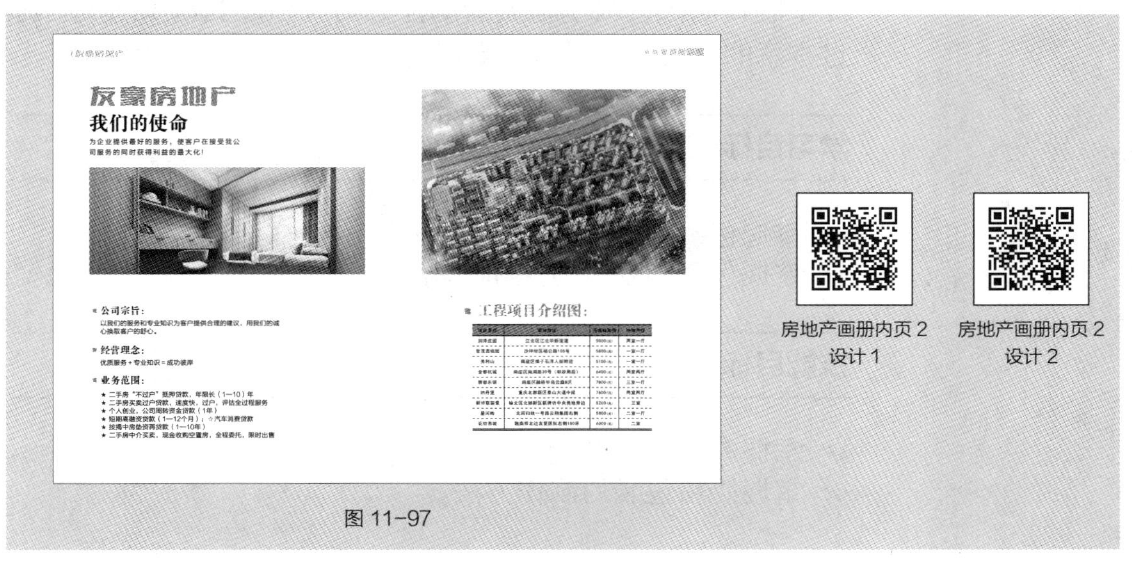

图 11-97

12

第 12 章 包装设计

本章介绍

包装可以代表一个商品的品牌形象，并起到保护、美化商品及传达商品信息的作用。好的包装可以让商品在同类产品中脱颖而出，吸引消费者的注意力并引发其购买行为。通过本章的学习，读者可以掌握包装的设计方法和制作技巧。

学习目标

- 掌握包装的设计思路和过程。
- 掌握包装的制作方法和技巧。

技能目标

- 掌握苏打饼干包装的制作方法。
- 掌握奶粉包装的制作方法。

12.1 苏打饼干包装设计

案例学习目标

在 Illustrator 中，学习使用参考线分割页面，使用绘图工具、“变换”控制面板、“添加锚点”工具、“直接选择”工具和“渐变”工具制作包装平面展开图，使用“文字”工具、“字符”控制面板、“倾斜”工具和“填充”工具添加产品名称和包装相关信息；在 Photoshop 中，学习使用“变换”命令和“模糊滤镜”命令制作包装广告效果。

案例知识要点

在 Illustrator 中，使用“导入”命令添加产品图片，使用“投影”命令为产品图片添加阴影效果，使用“矩形”工具、“渐变”工具、“变换”控制面板、“镜像”工具、“添加锚点”工具和“直接选择”工具制作包装平面展开图，使用“文字”工具、“倾斜”工具和“填充”工具添加产品名称，使用“文字”工具、“字符”控制面板、“矩形”工具和“直线段”工具添加营养成分表和包装其他信息；在 Photoshop 中，使用“矩形选框”工具、“移动”工具和“变换”命令添加包装正面、顶面和侧面，使用“高斯模糊”命令为包装添加阴影效果。

效果所在位置

云盘 > Ch12 > 效果 > 苏打饼干包装设计 > 苏打饼干包装平面展开图.ai、苏打饼干包装广告效果.psd，如图 12-1 所示。

图 12-1

12.1.1 绘制包装平面展开图

（1）打开 Illustrator CC 2019，按 Ctrl+N 组合键，弹出“新建文档”对话框。设置文档的宽度为 234 mm，高度为 268 mm，取向为纵向，颜色模式为 CMYK，单击“创建”按钮，新建一个文档。

（2）按 Ctrl+R 组合键，显示标尺。选择“选择”工具，在上方标尺上向下拖曳出一条水平参考线，选择“窗口 > 变换”命令，弹出“变换”控制面板，将“Y”轴选项设为 3 mm，如图 12-2 所示。按 Enter 键确定操作，效果如图 12-3 所示。使用相同的方法，分别在 41 mm、44 mm、

134 mm、137 mm、175 mm、178 mm 处新建一条水平参考线，如图 12-4 所示。

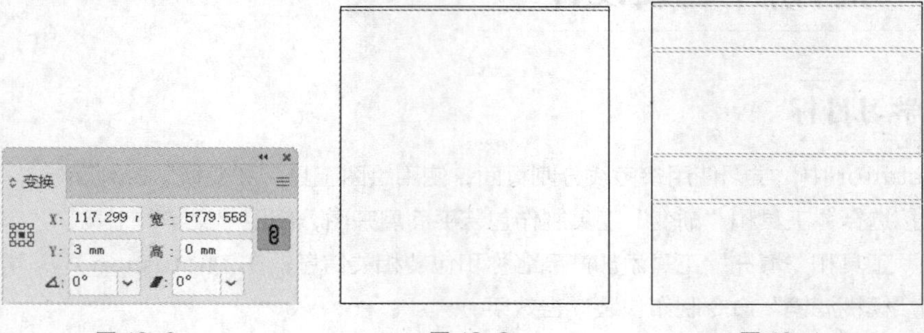

图 12-2　　图 12-3　　图 12-4

（3）使用“选择”工具，在左侧标尺上向右拖曳出一条垂直参考线，选择“窗口 > 变换”命令，弹出“变换”控制面板，将“X”轴选项设为 17 mm，如图 12-5 所示。按 Enter 键确定操作，如图 12-6 所示。使用相同的方法，分别在 39 mm、42 mm、192 mm、195 mm、217 mm 处新建一条垂直参考线，如图 12-7 所示。

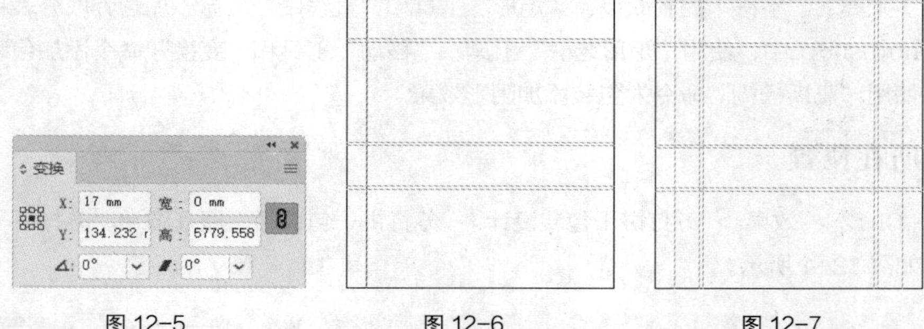

图 12-5　　图 12-6　　图 12-7

（4）选择“矩形”工具，在页面中绘制一个矩形，如图 12-8 所示。双击“渐变”工具，弹出“渐变”控制面板，选中“径向渐变”按钮，在色带上设置 3 个渐变滑块，分别将渐变滑块的位置设为 16、53、100，并设置 CMYK 的值分别为 16（0、12、58、0）、53（0、35、90、0）、100（0、60、88、0），其他选项的设置如图 12-9 所示。图形被填充为渐变色，效果如图 12-10 所示。

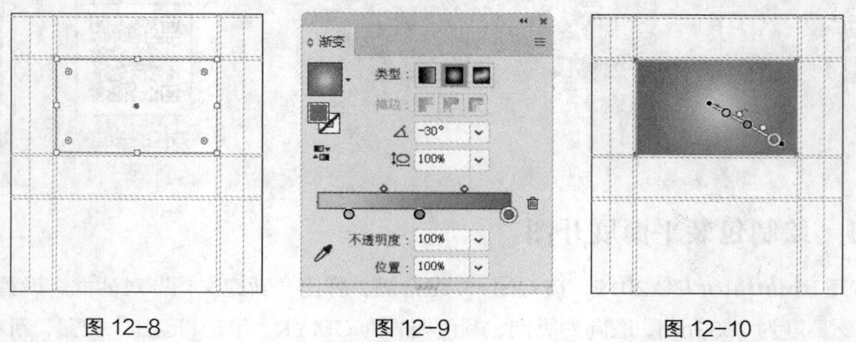

图 12-8　　图 12-9　　图 12-10

（5）选择“渐变”工具，将鼠标指针放置在渐变虚线环左侧的缩放点上，指针变为图标，如图 12-11 所示。单击并按住鼠标左键，拖曳缩放点到适当的位置，松开鼠标后，调整渐变虚线环的大小，效果如图 12-12 所示。

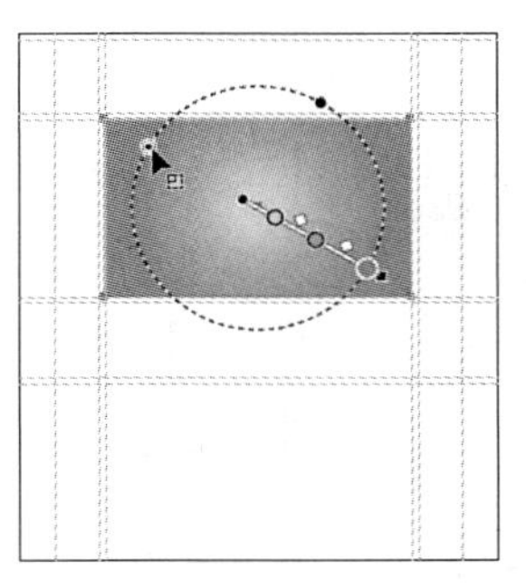

图 12-11

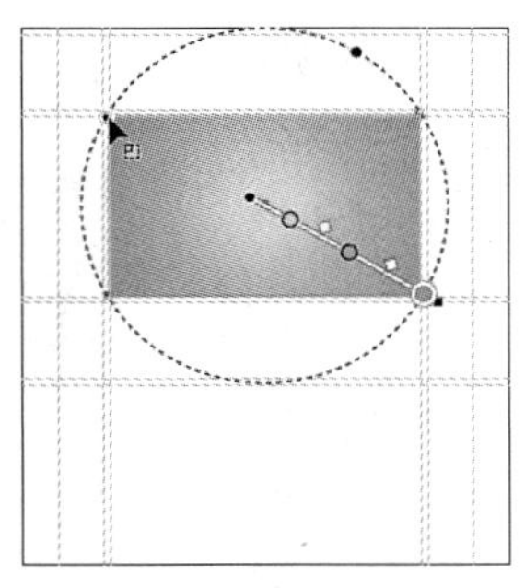

图 12-12

（6）使用“渐变”工具，将鼠标指针放置在渐变的起点处，指针变为图标，如图 12-13 所示。单击并按住鼠标左键，拖曳起点到适当的位置，松开鼠标后，调整渐变色，效果如图 12-14 所示。选择“选择”工具，设置描边色为无，效果如图 12-15 所示。

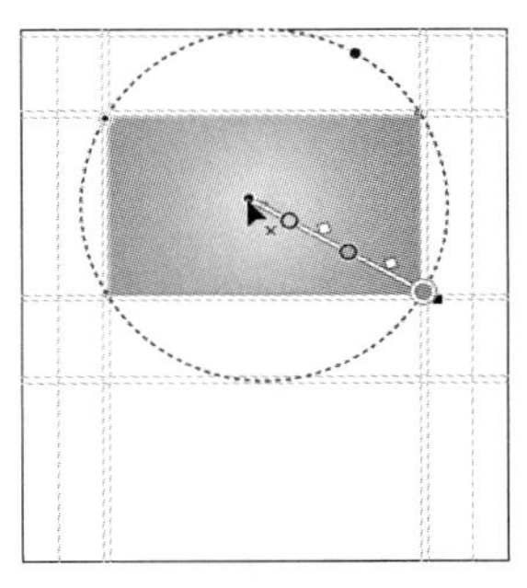

图 12-13

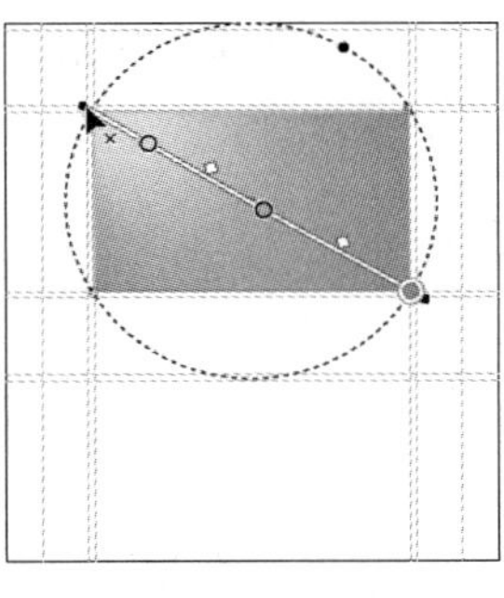

图 12-14

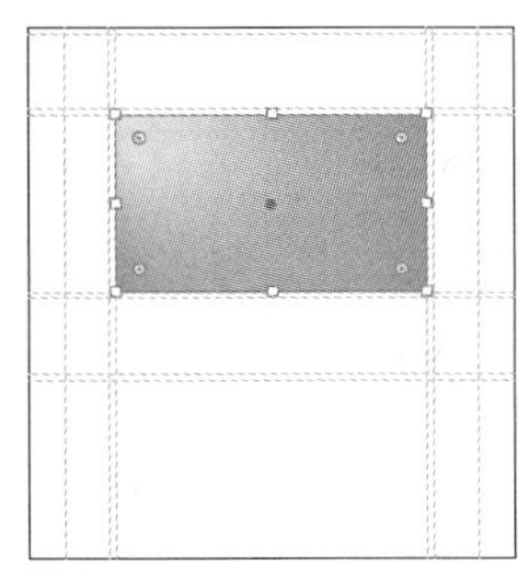

图 12-15

（7）选择“矩形”工具，在适当的位置绘制一个矩形，设置填充色为桔黄色（其 C、M、Y、K 的值分别为 0、35、90、0），填充图形，并设置描边色为无，效果如图 12-16 所示。

（8）选择“窗口 > 变换”命令，弹出“变换”控制面板，在“矩形属性：”选项组中，将“圆角半径”选项设为 4 mm 和 0 mm，如图 12-17 所示。按 Enter 键确定操作，效果如图 12-18 所示。

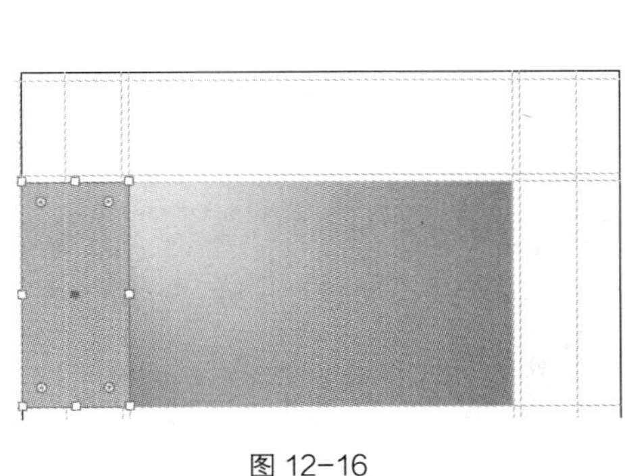

图 12-16

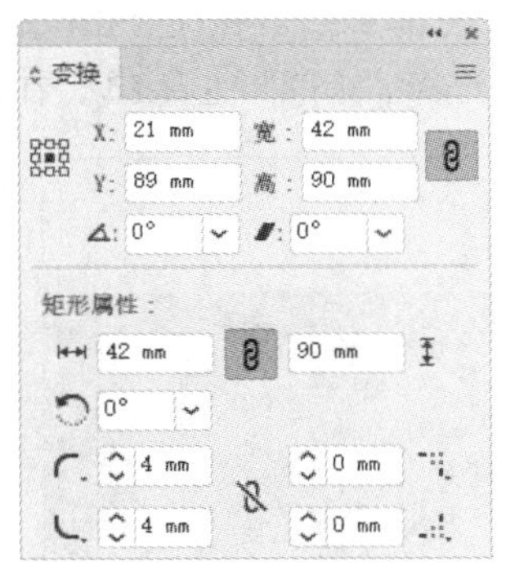

图 12-17

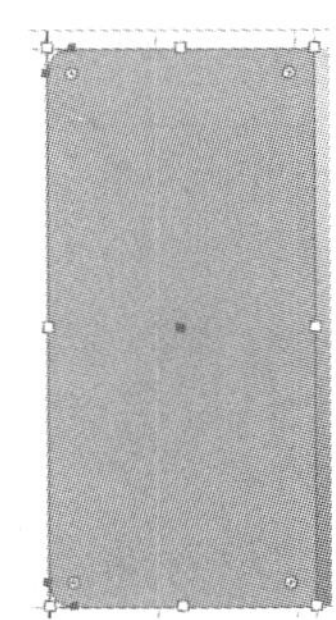

图 12-18

（9）选择“直接选择”工具，用框选的方法将圆角矩形左上角的锚点同时选取，如图 12-19 所示。按 Shift+↓组合键，水平向下移动锚点到适当的位置，如图 12-20 所示。用相同的方法调整左下角的锚点，效果如图 12-21 所示。

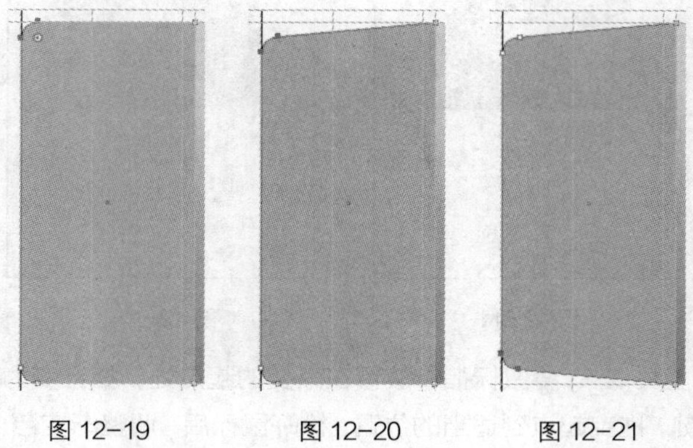

图 12-19　　图 12-20　　图 12-21

（10）选择“选择”工具▶，选取图形。双击“镜像”工具，弹出“镜像”对话框，选项的设置如图 12-22 所示。单击“复制”按钮，镜像并复制图形，效果如图 12-23 所示。

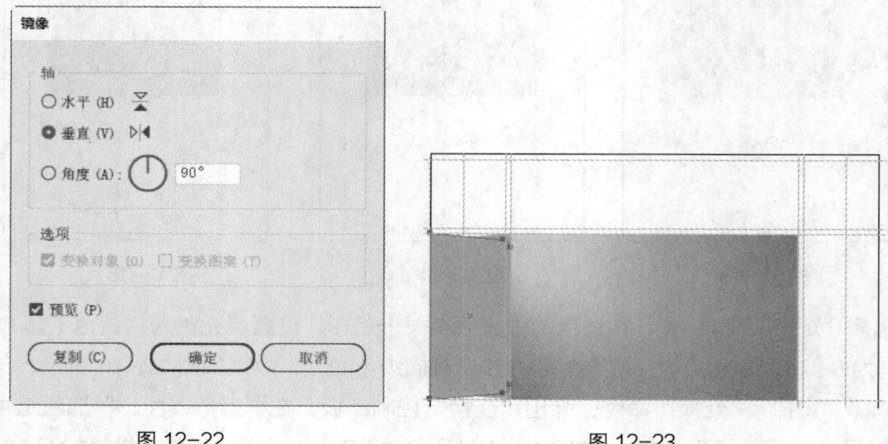

图 12-22　　图 12-23

（11）选择“选择”工具▶，在按住 Shift 键的同时，水平向右拖曳复制的图形到适当的位置，效果如图 12-24 所示。选择“矩形”工具，在适当的位置绘制一个矩形，如图 12-25 所示。

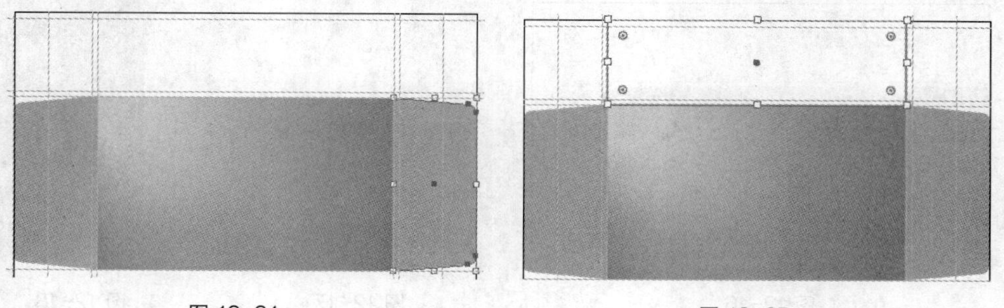

图 12-24　　图 12-25

（12）选择“吸管”工具，将吸管图标放置在下方渐变矩形上，如图 12-26 所示。单击鼠标左键吸取属性，如图 12-27 所示。

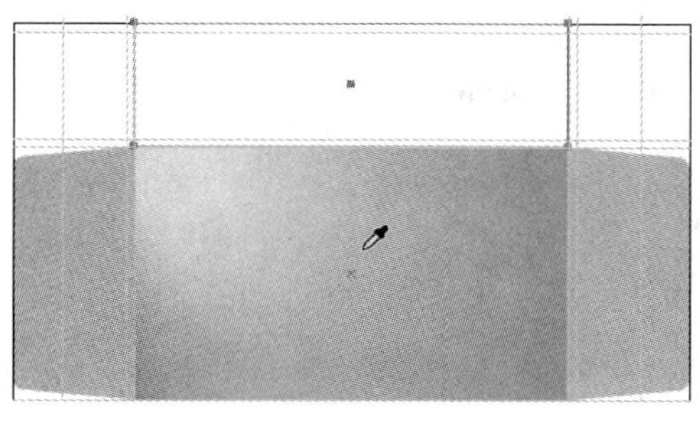

图 12-26

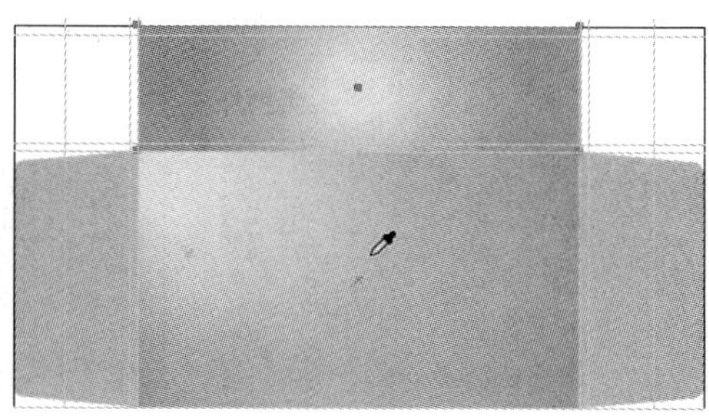

图 12-27

（13）选择“渐变”工具，将鼠标指针放置在渐变的终点处，指针变为图标，如图 12-28 所示。单击并按住鼠标左键，拖曳终点到适当的位置，松开鼠标后，调整渐变色，效果如图 12-29 所示。

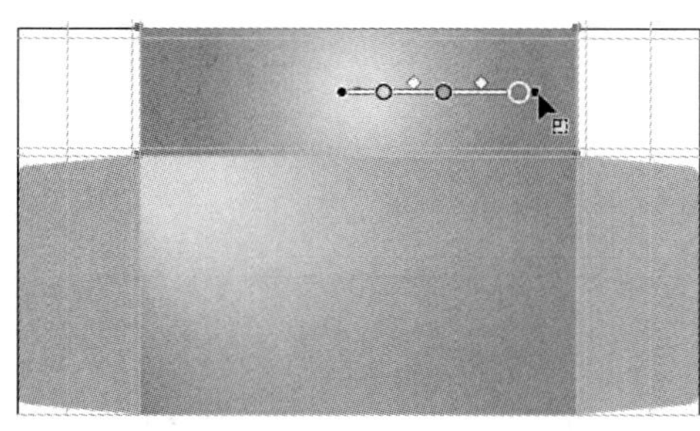

图 12-28

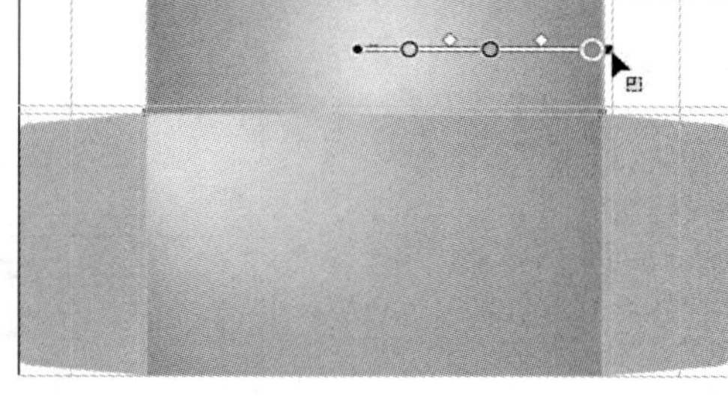

图 12-29

（14）选择“矩形”工具，在适当的位置绘制一个矩形，设置填充色为桔黄色（其 C、M、Y、K 的值分别为 0、35、90、0），填充图形，并设置描边色为无，效果如图 12-30 所示。

（15）在“变换”控制面板的“矩形属性：”选项组中，将“圆角半径”选项设为 2 mm 和 0 mm，如图 12-31 所示。按 Enter 键确定操作，效果如图 12-32 所示。

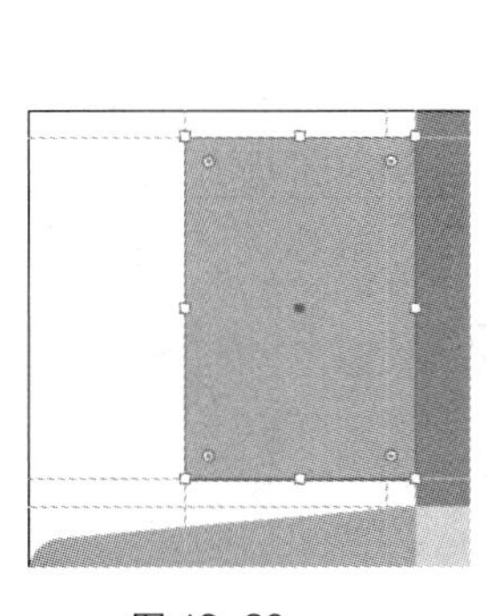

图 12-30

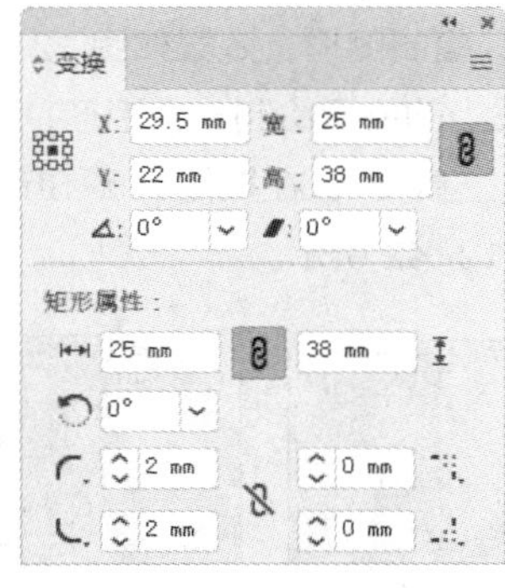

图 12-31

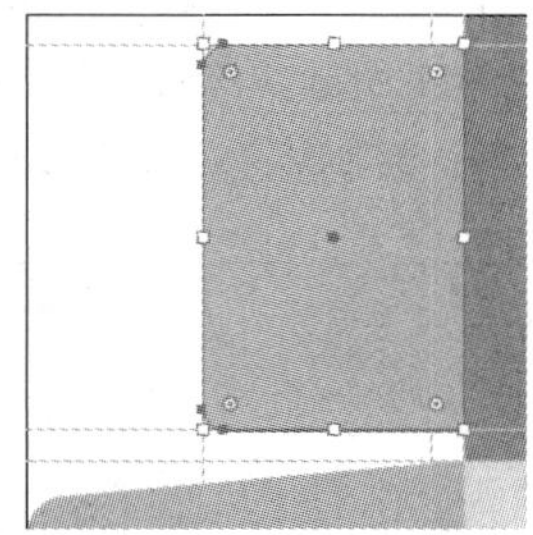

图 12-32

（16）选择“添加锚点”工具，在适当的位置分别单击鼠标左键，添加 2 个锚点，如图 12-33 所示。选择“直接选择”工具，选中并向下拖曳右下角的锚点到适当的位置，如图 12-34 所示。用相同的方法调整右上角的锚点，效果如图 12-35 所示。

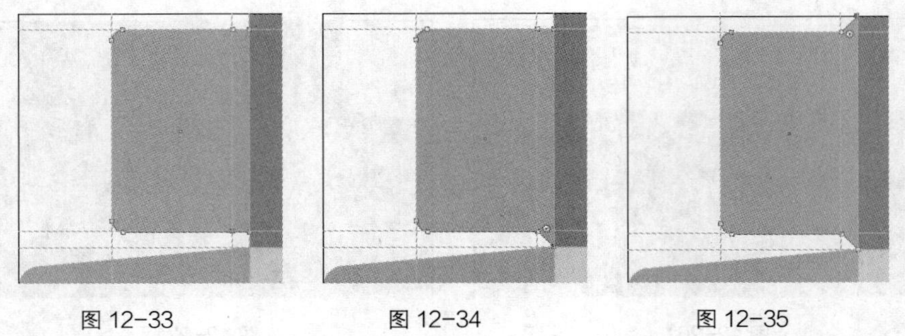

图 12-33　　图 12-34　　图 12-35

（17）选择“选择”工具，选取图形。双击“镜像”工具，弹出“镜像”对话框，选项的设置如图 12-36 所示。单击“复制”按钮，镜像并复制图形，效果如图 12-37 所示。

（18）选择“选择”工具，在按住 Shift 键的同时，水平向右拖曳复制的图形到适当的位置，效果如图 12-38 所示。

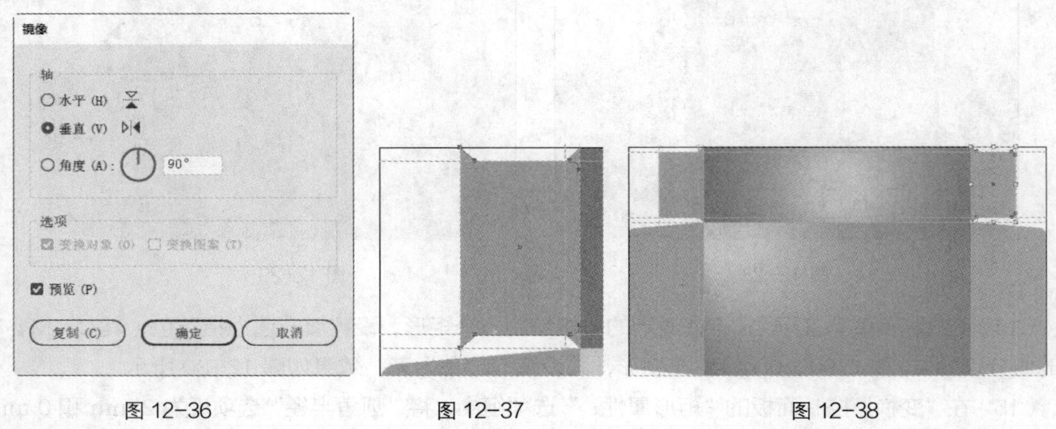

图 12-36　　图 12-37　　图 12-38

（19）用框选的方法将所绘制的图形同时选取，如图 12-39 所示。在按住 Alt+Shift 组合键的同时，垂直向下拖曳图形到适当的位置，复制图形，效果如图 12-40 所示。

（20）选择“矩形”工具，在适当的位置绘制一个矩形，填充图形为白色，并设置描边色为无，效果如图 12-41 所示。选择“选择”工具，在按住 Alt+Shift 组合键的同时，水平向右拖曳矩形到适当的位置，复制矩形，效果如图 12-42 所示。

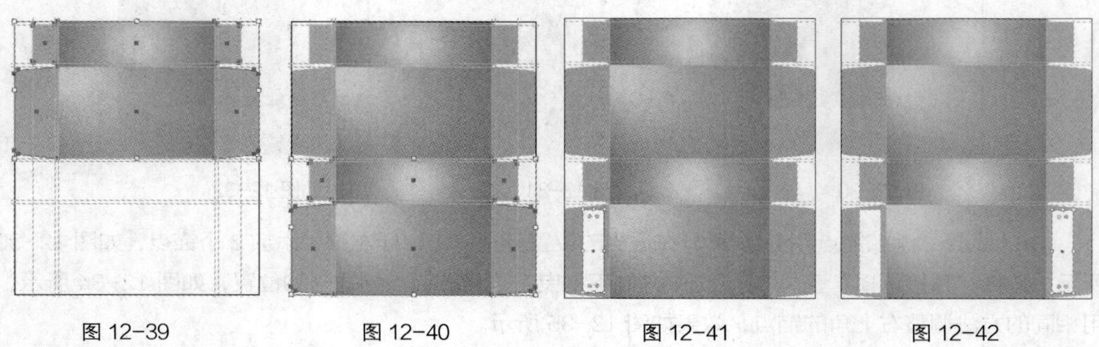

图 12-39　　图 12-40　　图 12-41　　图 12-42

12.1.2 制作产品正面和侧面

（1）在 Illustrator CC 2019 中，选择“文件 > 置入”命令，弹出“置入”对话框。选择云盘中的“Ch12 > 素材 > 苏打饼干包装设计 > 01”文件，单击“置入”按钮，在页面中单击置入图片。单击属性栏中的“嵌入”按钮，嵌入图片。选择“选择”工具，拖曳图片到适当的位置，效果如图 12-43 所示。

（2）选择“文字”工具，在页面中输入需要的文字。选择“选择”工具，在属性栏中选择合适的字体并设置文字大小。设置填充色为红色（其 C、M、Y、K 的值分别为 17、99、100、0），填充文字，效果如图 12-44 所示。

（3）双击“倾斜”工具，弹出“倾斜”对话框，选择“垂直”单选按钮，其他选项的设置如图 12-45 所示。单击“确定”按钮，倾斜文字，效果如图 12-46 所示。

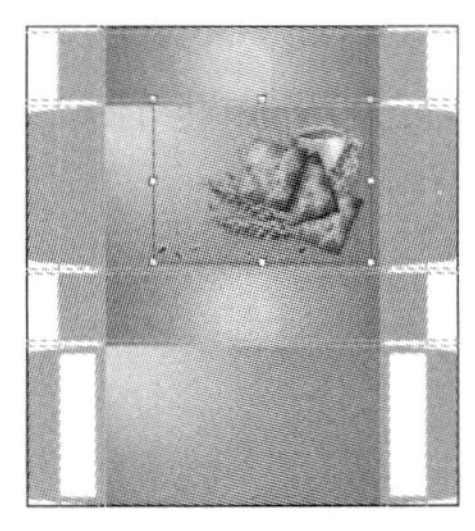
图 12-43

图 12-44

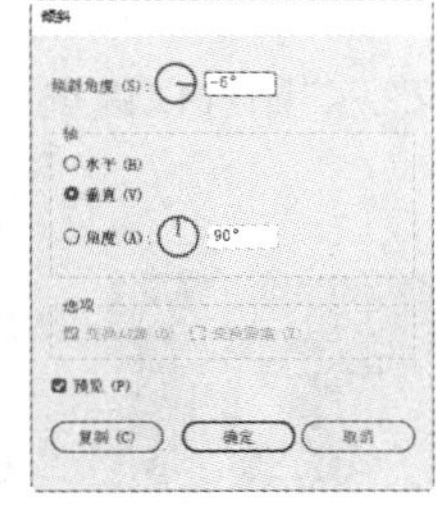
图 12-45

图 12-46

（4）选择“选择”工具，按 Ctrl+C 组合键，复制文字。按 Ctrl+B 组合键，将复制的文字粘贴在后面。分别按←键和↓键微调文字到适当的位置，填充文字为白色，效果如图 12-47 所示。用相同的方法再复制一组文字到适当的位置，并填充相应的颜色，效果如图 12-48 所示。

（5）选择“文字”工具，在适当的位置输入需要的文字。选择“选择”工具，在属性栏中选择合适的字体并设置文字大小，效果如图 12-49 所示。在属性栏中单击“居中对齐”按钮，并微调文字到适当的位置，效果如图 12-50 所示。

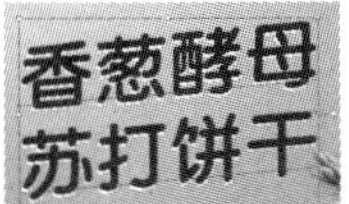

图 12-47

图 12-48

图 12-49

图 12-50

（6）保持文字的选取状态。设置填充色为暗绿色（其 C、M、Y、K 的值分别为 100、55、100、35），填充文字，效果如图 12-51 所示。选择“文字”工具，选取文字“美丽的一天”，设置填充色为暗红色（其 C、M、Y、K 的值分别为 55、86、100、38），填充文字，效果如图 12-52 所示。

（7）双击“倾斜”工具，弹出“倾斜”对话框，选择“垂直”单选按钮，其他选项的设置如图 12-53 所示。单击“确定”按钮，倾斜文字，效果如图 12-54 所示。

图 12-51

图 12-52

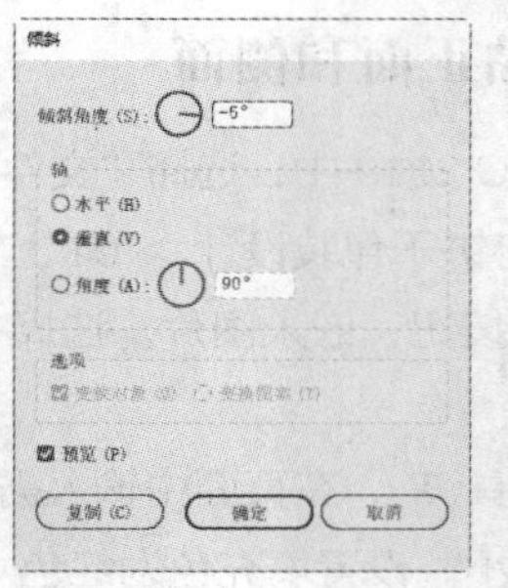
图 12-53

图 12-54

（8）选择“文字”工具T，在适当的位置输入需要的文字。选择“选择”工具▶，在属性栏中选择合适的字体并设置文字大小，填充文字为白色，效果如图 12-55 所示。

（9）在属性栏中单击“右对齐”按钮≡，并微调文字到适当的位置，效果如图 12-56 所示。选择“文字”工具T，选取文字“图片仅供参考”，在属性栏中设置文字大小，效果如图 12-57 所示。

图 12-55

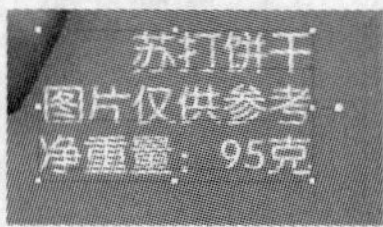

图 12-56

图 12-57

（10）选择“矩形”工具▭，在适当的位置绘制一个矩形，如图 12-58 所示，填充描边为白色，并在属性栏中将“描边粗细”选项设置为 0.5 pt。按 Enter 键确定操作，效果如图 12-59 所示。

（11）在“变换”控制面板的“矩形属性：”选项组中，将“圆角半径”选项均设为 2.5 mm，如图 12-60 所示。按 Enter 键确定操作，效果如图 12-61 所示。

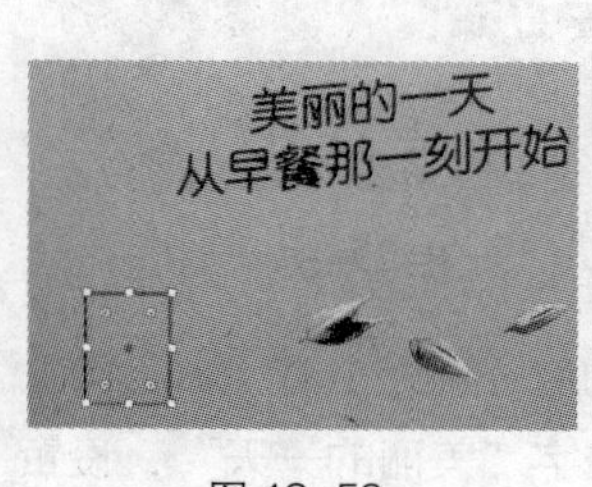

图 12-58

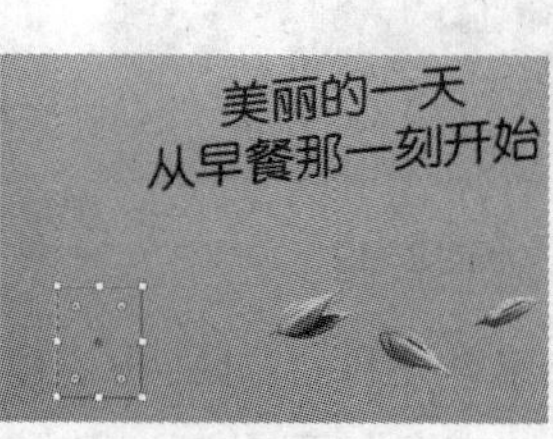

图 12-59

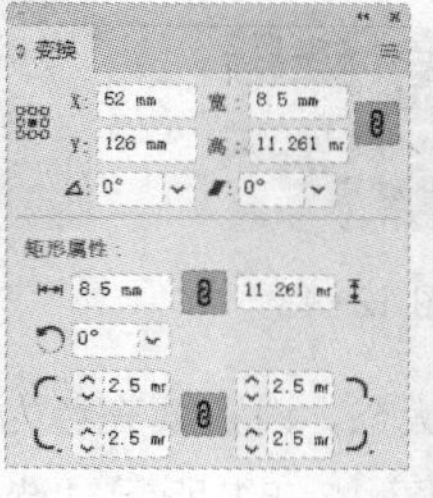

图 12-60

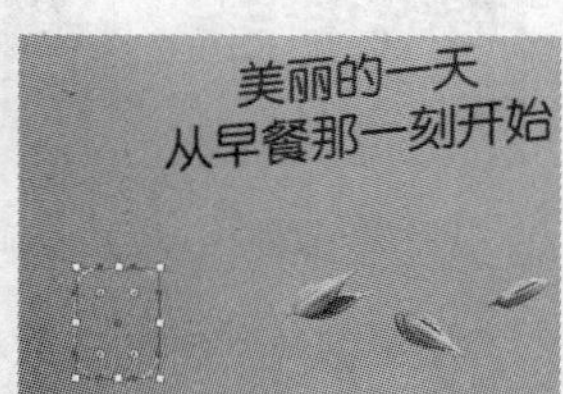

图 12-61

（12）选择“对象 > 变换 > 缩放”命令，在弹出的“比例缩放”对话框中进行设置，如图 12-62 所示。单击“复制”按钮，缩小并复制圆角矩形，效果如图 12-63 所示。按 Shift+X 组合键，互换填充色和描边色，效果如图 12-64 所示。

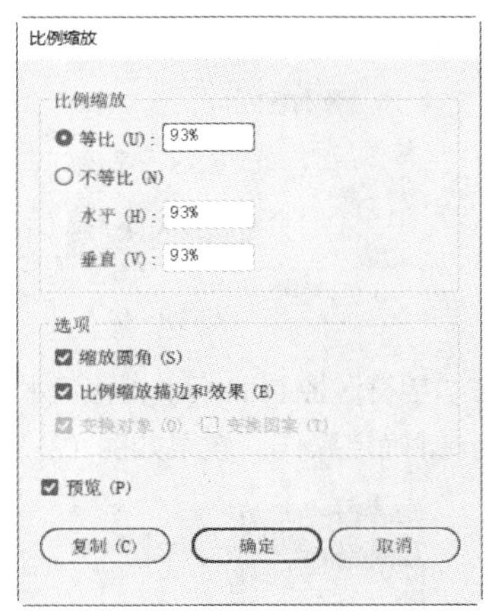

图 12-62

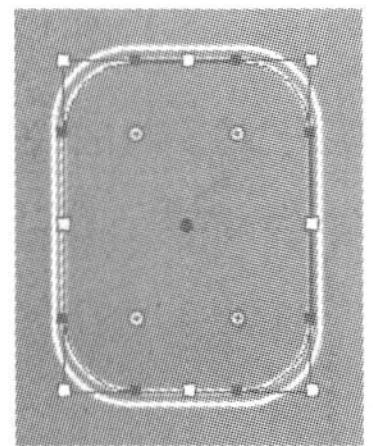

图 12-63

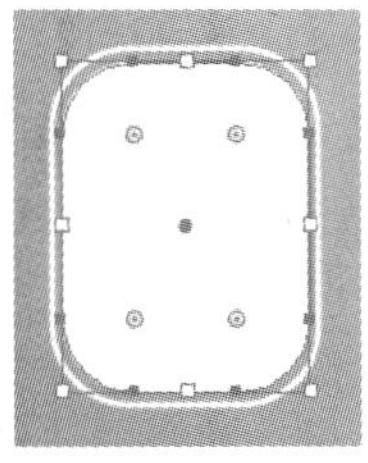

图 12-64

（13）选择“椭圆”工具，在适当的位置绘制一个椭圆形，如图 12-65 所示。选择“选择”工具，在按住 Shift 键的同时，单击下方白色圆角矩形将其同时选取，如图 12-66 所示。

（14）选择“窗口 > 路径查找器”命令，弹出“路径查找器”控制面板，单击“减去顶层”按钮，如图 12-67 所示，生成新的对象，效果如图 12-68 所示。

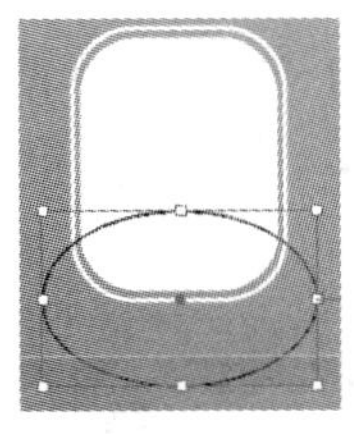

图 12-65

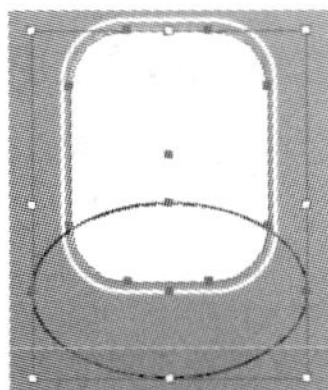

图 12-66

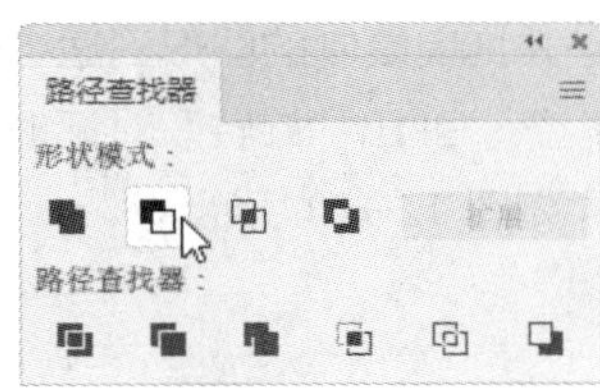

图 12-67

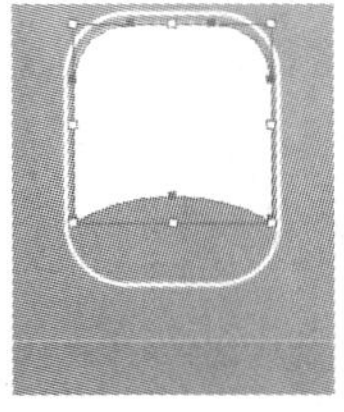

图 12-68

（15）选择“文字”工具，在适当的位置分别输入需要的文字。选择“选择”工具，在属性栏中分别选择合适的字体并设置文字大小，单击“左对齐”按钮，微调文字到适当的位置，效果如图 12-69 所示。

（16）选取文字“每份 18.5 克”，填充文字为白色，效果如图 12-70 所示。选取文字“能量 383 千焦”，在属性栏中单击“居中对齐”按钮，并微调文字到适当的位置，效果如图 12-71 所示。

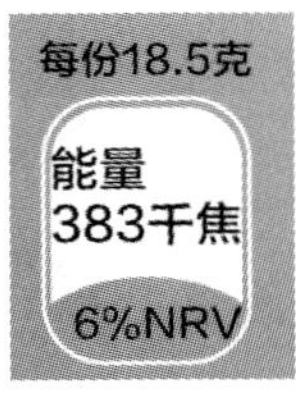

图 12-69

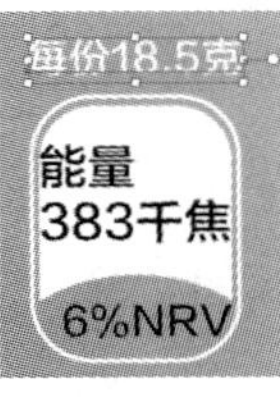

图 12-70

图 12-71

（17）保持文字的选取状态。设置填充色为橘黄色（其 C、M、Y、K 的值分别为 0、62、100、0），填充文字，效果如图 12-72 所示。按 Ctrl+T 组合键，弹出“字符”控制面板，将“水平缩放”选项设为 87%，其他选项的设置如图 12-73 所示。按 Enter 键确定操作，效果如图 12-74 所示。

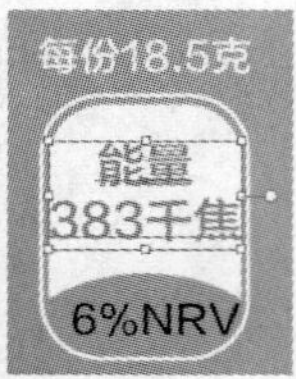

图 12-72

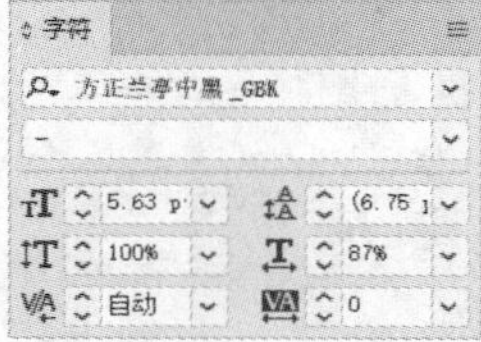

图 12-73

图 12-74

（18）选取文字“6%NRV”，填充文字为白色，在“字符”控制面板中，将“水平缩放”选项设为 87%，其他选项的设置如图 12-75 所示。按 Enter 键确定操作，效果如图 12-76 所示。

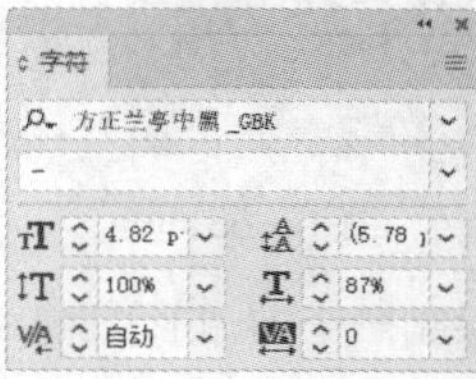

图 12-75

图 12-76

（19）按 Ctrl+O 组合键，打开云盘中的“Ch12 > 素材 > 苏打饼干包装设计 > 02”文件。选择“选择”工具，选取需要的图形，按 Ctrl+C 组合键，复制图形。选择正在编辑的页面，按 Ctrl+V 组合键，将其粘贴到页面中，并拖曳复制的图形到适当的位置，效果如图 12-77 所示。

（20）双击“旋转”工具，弹出“旋转”对话框，选项的设置如图 12-78 所示。单击“复制”按钮，旋转并复制图形，效果如图 12-79 所示。

图 12-77

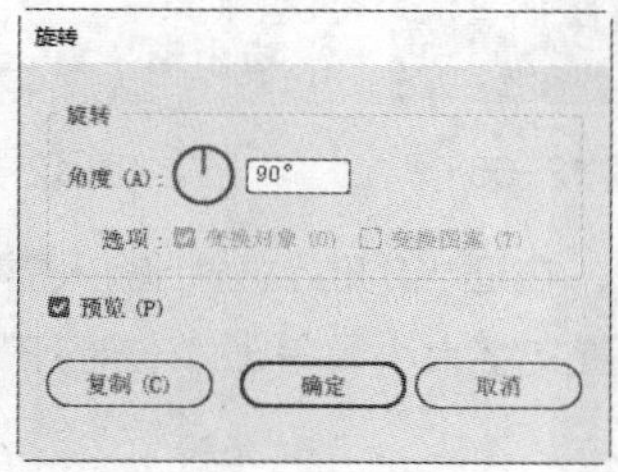

图 12-78

图 12-79

（21）选择“选择”工具，向左拖曳复制的图形到左侧面适当的位置，效果如图 12-80 所示。双击“旋转”工具，弹出“旋转”对话框，选项的设置如图 12-81 所示。单击“复制”按钮，旋转并复制图形，效果如图 12-82 所示。

图 12-80

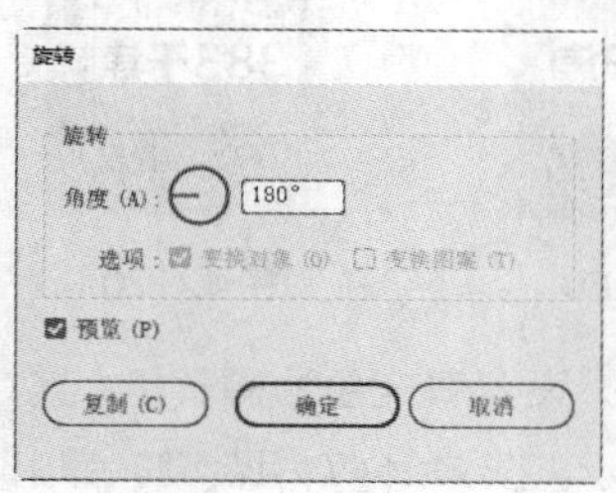

图 12-81

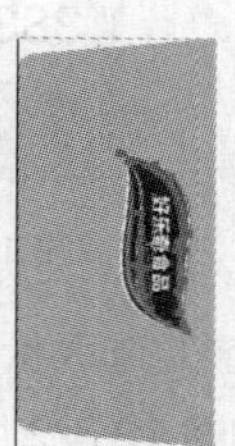
图 12-82

（22）选择“选择”工具，在按住 Shift 键的同时，水平向右拖曳复制的图形到右侧面适当的位置，效果如图 12-83 所示。

图 12-83

（23）选择“钢笔”工具，在适当的位置绘制一个不规则图形，如图 12-84 所示。双击“渐变”工具，弹出“渐变”控制面板。选中“线性渐变”按钮，在色带上设置两个渐变滑块，分别将渐变滑块的位置设为 0、100，并设置 C、M、Y、K 的值分别为 0（0、35、90、0）、100（17、99、100、0），其他选项的设置如图 12-85 所示。图形被填充为渐变色，设置描边色为无，效果如图 12-86 所示。

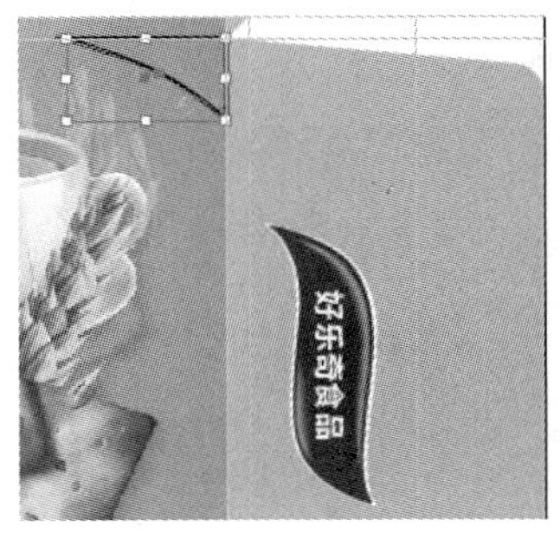

图 12-84

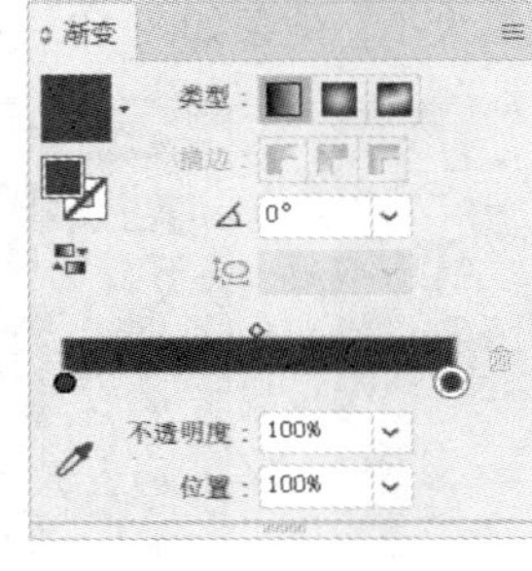

图 12-85

图 12-86

（24）选择“钢笔”工具，在适当的位置绘制一条曲线，如图 12-87 所示。选择“路径文字”工具，单击“左对齐”按钮，在曲线路径上单击鼠标左键，出现一个带有选中文本的文本区域，如图 12-88 所示。输入需要的文字，选择“选择”工具，在属性栏中选择合适的字体并设置文字大小，填充文字为白色，效果如图 12-89 所示。

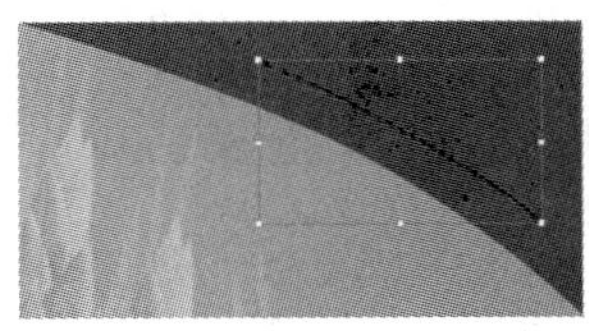

图 12-87

图 12-88

图 12-89

12.1.3 制作包装顶面和底面

（1）在 Illustrator CC 2019 中，选择“文件 > 置入”命令，弹出“置入”对话框。选择云盘中的“Ch12 > 素材 > 苏打饼干包装设计 > 03”文件，单击“置入”按钮，在页面中单击置入图片。单击属性栏中的“嵌入”按钮，嵌入图片。选择“选择”工具，拖曳图片到适当的位置，效果如图 12-90 所示。

（2）选择“效果 > 风格化 > 投影”命令，在弹出的“投影”对话框中进行设置，如图 12-91 所示。单击“确定”按钮，效果如图 12-92 所示。

图 12-90

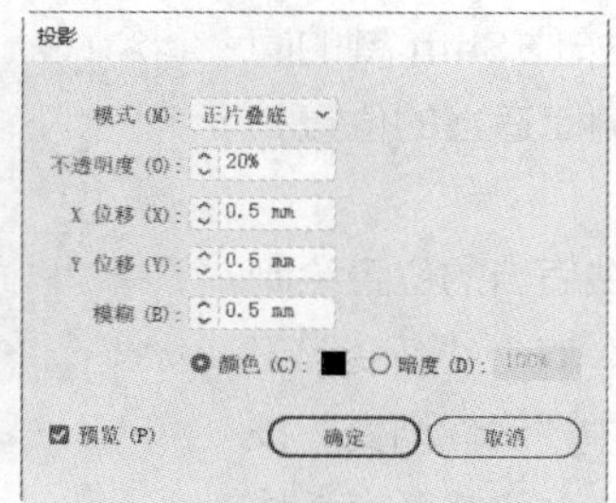

图 12-91

图 12-92

（3）选择“选择”工具▶，在按住 Shift 键的同时，在包装正面中依次单击将需要的文字同时选取。按 Ctrl+G 组合键，将选中的文字编组，如图 12-93 所示。在按住 Alt 键的同时，向下拖曳编组文字到适当的位置，复制文字，并调整其大小，效果如图 12-94 所示。

图 12-93

图 12-94

（4）选择“文字”工具T，在适当的位置输入需要的文字。选择“选择”工具▶，在属性栏中选择合适的字体并设置文字大小，效果如图 12-95 所示。设置填充色为暗绿色（其 C、M、Y、K 的值分别为 100、55、100、35），填充文字，效果如图 12-96 所示。

图 12-95

图 12-96

（5）选择“文字”工具T，在顶面中输入需要的文字。选择“选择”工具▶，在属性栏中选择合适的字体并设置文字大小，填充文字为白色，效果如图 12-97 所示。

（6）在“字符”控制面板中，将“设置行距”选项设为 8 pt，其他选项的设置如图 12-98 所示。按 Enter 键确定操作，效果如图 12-99 所示。

图 12-97

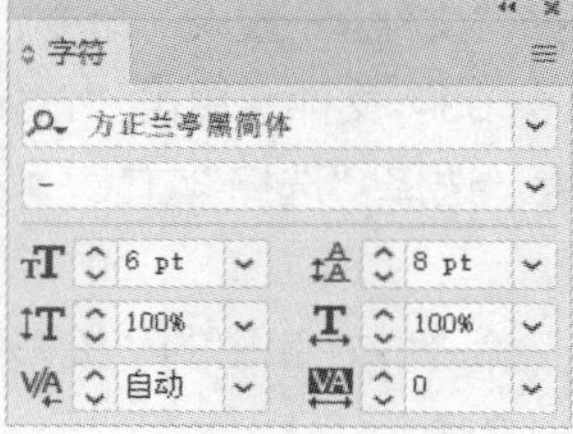

图 12-98

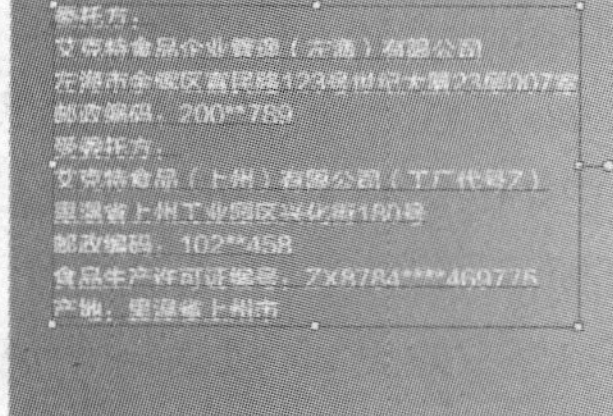

图 12-99

（7）用相同的方法分别输入其他白色文字，效果如图 12-100 所示。

图 12-100

（8）选择“矩形”工具，在适当的位置绘制一个矩形，填充描边为白色，并在属性栏中将“描边粗细”选项设置为 0.5 pt。按 Enter 键确定操作，效果如图 12-101 所示。

（9）选择“直线段”工具，在按住 Shift 键的同时，在适当的位置绘制一条直线，填充描边为白色，并在属性栏中将“描边粗细”选项设置为 0.5 pt。按 Enter 键确定操作，效果如图 12-102 所示。

（10）选择“选择”工具，在按住 Shift 键的同时，在包装正面中依次单击将需要的图片和文字同时选取，如图 12-103 所示。在按住 Alt+Shift 组合键的同时，垂直向下拖曳图片和文字到适当的位置，复制图片和文字，效果如图 12-104 所示。

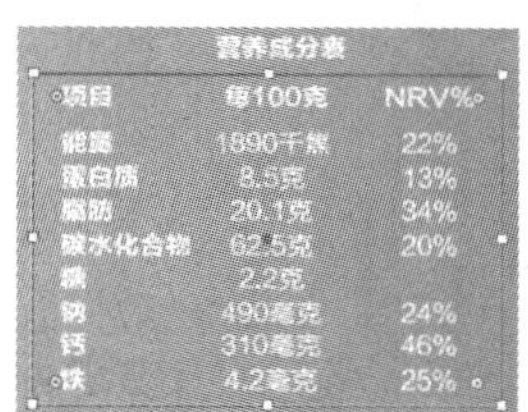

图 12-101

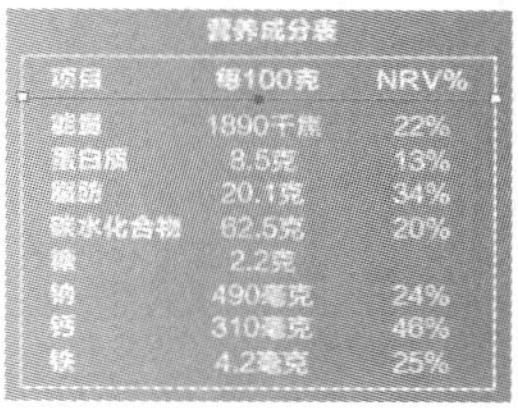

图 12-102

图 12-103

图 12-104

（11）选择“选择”工具，在按住 Shift 键的同时，在包装正面中选取需要的图形和文字，如图 12-105 所示。选择“文件 > 导出所选项目”命令，弹出“导出为多种屏幕所用格式”对话框，将其命名为“05”，保存为 PNG 格式，如图 12-106 所示。单击“导出资源”按钮，将选中图形和文字导出。

图 12-105

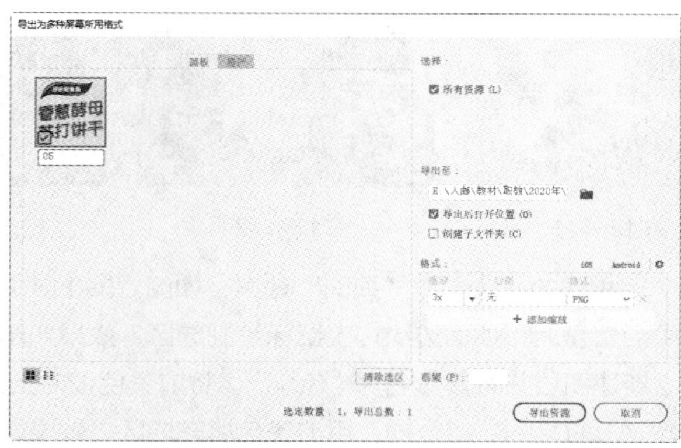

图 12-106

（12）苏打饼干包装平面展开图制作完成。按 Ctrl+S 组合键，弹出“存储为”对话框，将其命名为“苏打饼干包装平面展开图”，保存为 AI 格式。单击“保存”按钮，弹出“Illustrator 选项”对话框，单击“确定”按钮，将文件保存。

12.1.4 制作包装广告效果

（1）打开 Photoshop CC 2019，按 Ctrl+N 组合键，弹出“新建文档”对话框。设置宽度为 29.7 cm，高度为 18.5 cm，分辨率为 150 ppi，颜色模式为 RGB，背景内容为白色。单击“创建”按钮，新建一个文件。

（2）按 Ctrl+O 组合键，打开云盘中的“Ch12 > 素材 > 苏打饼干包装设计 > 04、05”文件。选择“移动”工具，分别将图片拖曳到新建图像窗口中适当的位置，并调整其大小，效果如图 12-107 所示。在“图层”控制面板中分别生成新的图层并将其命名为“图片”和“产品名称”，如图 12-108 所示。

（3）按 Ctrl+O 组合键，打开云盘中的“Ch12 > 效果 > 苏打饼干包装设计 > 苏打饼干包装平面展开图.ai”文件。单击“打开”按钮，弹出“导入 PDF”对话框，单击“确定”按钮，打开图像，如图 12-109 所示。选择“矩形选框”工具，在包装平面展开图中绘制出需要的选区，如图 12-110 所示。

图 12-107

图 12-108

图 12-109

图 12-110

（4）选择“移动”工具，将选区中的图像拖曳到新建的图像窗口中适当的位置，并调整其大小，效果如图 12-111 所示。在“图层”控制面板中生成新的图层并将其命名为“正面”。

（5）按 Ctrl+T 组合键，图像周围出现变换框。在按住 Ctrl 键的同时，拖曳右下角的控制手柄到适当的位置，如图 12-112 所示。用相同的方法拖曳右上角的控制手柄到适当的位置，如图 12-113 所示。按 Enter 键确定操作，效果如图 12-114 所示。

图 12-111

图 12-112

图 12-113

图 12-114

（6）用相同的方法制作“顶面”效果，如图 12-115 所示。选择“多边形套索”工具，在图像窗口中沿着正面和顶面边缘拖曳鼠标绘制选区，效果如图 12-116 所示。

（7）新建图层并将其命名为“色块”。将前景色设为土黄色（其 R、G、B 的值分别为 218、158、17），按 Alt+Delete 组合键，用前景色填充选区，效果如图 12-117 所示。按 Ctrl+D 组合键，取消选区，效果如图 12-118 所示。

图 12-115

图 12-116

图 12-117

图 12-118

（8）选择“苏打饼干包装平面展开图”文件。选择“矩形选框”工具，在包装平面展开图中绘制出需要的选区，如图 12-119 所示。选择“移动”工具，将选区中的图像拖曳到新建的图像窗口中适当的位置，并调整其大小，效果如图 12-120 所示。在“图层”控制面板中生成新的图层并将其命名为“侧面”。

图 12-119

图 12-120

（9）按 Ctrl+T 组合键，图像周围出现变换框。在按住 Ctrl 键的同时，拖曳左上角的控制手柄到适当的位置，如图 12-121 所示。用相同的方法拖曳左下角的控制手柄到适当的位置，如图 12-122 所示。按 Enter 键确定操作，效果如图 12-123 所示。

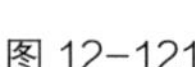
图 12-121

图 12-122

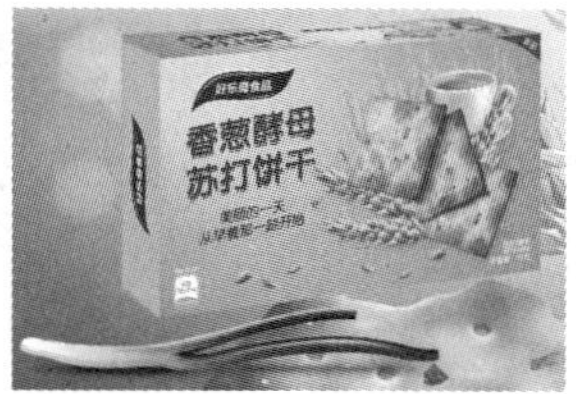

图 12-123

（10）新建图层并将其命名为“阴影”。将前景色设为暗红色（其 R、G、B 的值分别为 107、26、0），选择“钢笔”工具，在属性栏的“选择工具模式”选项中选择“路径”，在图像窗口中绘制路径，如图 12-124 所示。按 Ctrl+Enter 组合键，将路径转换为选区。按 Alt+Delete 组合键，用前景色填充选区，按 Ctrl+D 组合键，取消选区，效果如图 12-125 所示。

图 12-124

图 12-125

（11）选择“滤镜 > 模糊 > 高斯模糊”命令，在弹出的“高斯模糊”对话框中进行设置，如图 12-126 所示。单击“确定”按钮，效果如图 12-127 所示。

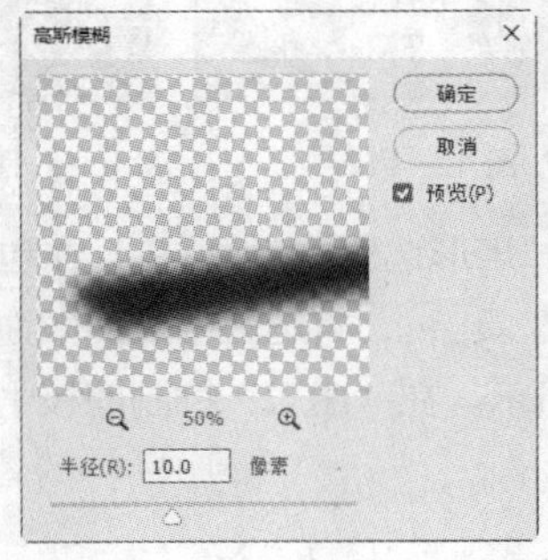

图 12-126

图 12-127

（12）在“图层”控制面板中，将“阴影”图层拖曳到“正面”图层的下方，如图 12-128 所示，图像效果如图 12-129 所示。苏打饼干包装广告效果制作完成。

图 12-128

图 12-129

（13）按 Ctrl+S 组合键，弹出“另存为”对话框，将其命名为“苏打饼干包装广告效果”，保存为 PSD 格式。单击“保存”按钮，弹出“Photoshop 格式选项”对话框，单击“确定”按钮，将文件保存。

12.2 课后习题——奶粉包装设计

习题知识要点

在 Illustrator 中，使用“矩形”工具、“椭圆”工具、“路径查找器”面板和“渐变”工具绘制包装主体部分，使用“椭圆”工具、“直接选择”工具和“排列”命令绘制狮子和标签图形，使用“文本”工具、“字符”面板和“渐变”工具添加相关信息；在 Photoshop 中，使用“渐变”工具制作背景效果，使用“复制”命令、“变换”命令、“图层”蒙版、“渐变”工具制作倒影效果。

素材所在位置

云盘 > Ch12 > 素材 > 奶粉包装设计 > 01~03。

效果所在位置

云盘 > Ch12 > 效果 > 奶粉包装设计 > 奶粉包装.ai、奶粉包装广告效果.psd，如图 12-130 所示。

图 12-130

奶粉包装设计 1　奶粉包装设计 2　奶粉包装设计 3　奶粉包装设计 4

13

第 13 章 网页设计

本章介绍

网页是构成网站的基本元素，是承载各种网站应用的平台。制作精美的网页，不仅能有效地传达信息，还能提升用户的忠诚度，增加用户数量。通过本章的学习，读者可以掌握网页的设计方法和制作技巧。

学习目标

- 掌握网页的设计思路和过程。
- 掌握网页的制作方法和技巧。

技能目标

- 掌握休闲生活类网页的制作方法。
- 掌握电商类手机网页的制作方法。

13.1 休闲生活类网页设计

案例学习目标

在 Photoshop 中，学习使用绘图工具、“文字”工具和“创建剪贴蒙版”命令制作休闲生活类网页。

案例知识要点

在 Photoshop 中，使用“圆角矩形”工具和“创建剪贴蒙版”命令制作广告栏，使用“矩形”工具、“椭圆”工具、“文字”工具和“添加图层样式”命令制作导航栏和底部，使用“添加图层蒙版”按钮、“渐变”工具、“色相/饱和度”命令和“色彩平衡”命令制作 Logo，使用“椭圆”工具、“直线”工具和“创建剪贴蒙版”命令制作网页中心部分。

效果所在位置

云盘 > Ch13 > 效果 > 休闲生活类网页设计.psd，如图 13-1 所示。

图 13-1

13.1.1 制作广告栏

（1）打开 Photoshop CC 2019，按 Ctrl+N 组合键，弹出“新建文档”对话框。设置宽度为 1 400 px，高度为 1 050 px，分辨率为 72 ppi，颜色模式为 RGB，背景内容为白色，单击“创建”按钮，新建一个文件。

（2）选择“渐变”工具，单击属性栏中的“点按可编辑渐变”按钮，弹出“渐变编辑器”对话框。将渐变色设为从白色到米白色（其 R、G、B 的值分别为 245、243、239），如

图 13–2 所示。单击“确定”按钮，在图像窗口中从下向上拖曳鼠标指针填充渐变色，效果如图 13–3 所示。

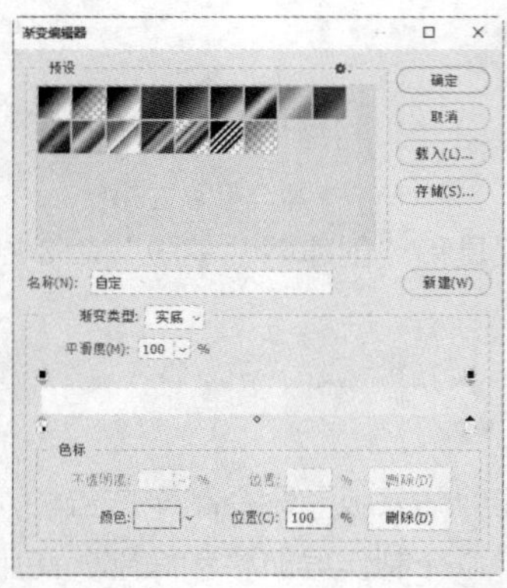

图 13–2

图 13–3

（3）选择“圆角矩形”工具，在属性栏的“选择工具模式”选项中选择“形状”，将填充色设为绿色（其 R、G、B 的值分别为 2、194、179），描边色设为无，“半径”选项设为 10 px，在图像窗口中绘制一个圆角矩形，效果如图 13–4 所示。在“图层”控制面板中生成新的形状图层并将其命名为“绿色圆角矩形”。

（4）按 Ctrl + O 组合键，打开云盘中的“Ch13 > 素材 > 休闲生活类网页设计 > 01”文件。选择“移动”工具，将图片拖曳到图像窗口中适当的位置，效果如图 13–5 所示。在“图层”控制面板中生成新的图层并将其命名为“彩带”。按 Alt+Ctrl+G 组合键，为“彩带”图层创建剪贴蒙版，效果如图 13–6 所示。

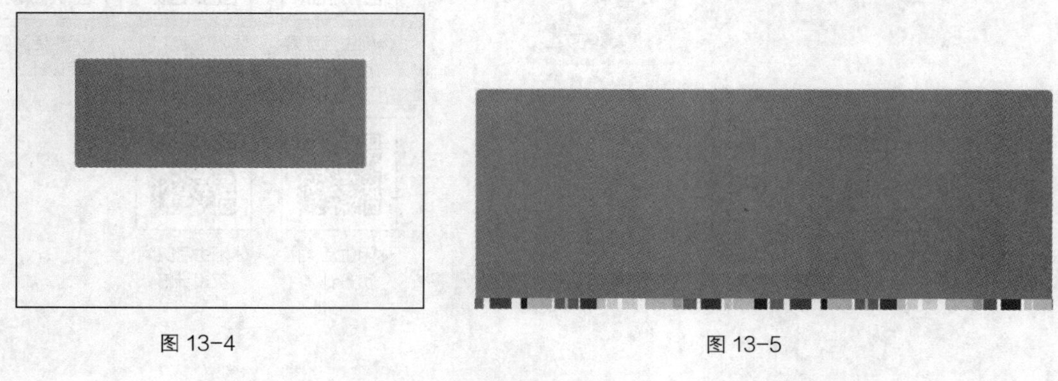
图 13–4　　图 13–5

图 13–6

（5）选择“圆角矩形”工具▢，在属性栏中将填充色设为灰色（其 R、G、B 的值分别为 234、234、234），描边色设为无，在图像窗口中绘制一个圆角矩形，效果如图 13-7 所示。在“图层”控制面板中生成新的形状图层并将其命名为“灰色圆角矩形”。

（6）按 Ctrl + O 组合键，打开云盘中的“Ch13 > 素材 > 休闲生活类网页设计 > 02”文件。选择“移动”工具✥，将图片拖曳到图像窗口中适当的位置，效果如图 13-8 所示。在“图层”控制面板中生成新的图层并将其命名为“蔬菜”。

图 13-7

图 13-8

（7）在“图层”控制面板下方单击“添加图层蒙版”按钮◘，为“蔬菜”图层添加图层蒙版，如图 13-9 所示。将前景色设为黑色。选择“画笔”工具🖌，在属性栏中单击“画笔预设”选项右侧的按钮⌄，在弹出的面板中选择需要的画笔形状，并设置适当的画笔大小，如图 13-10 所示。在图像窗口中拖曳鼠标擦除不需要的图像，效果如图 13-11 所示。

图 13-9

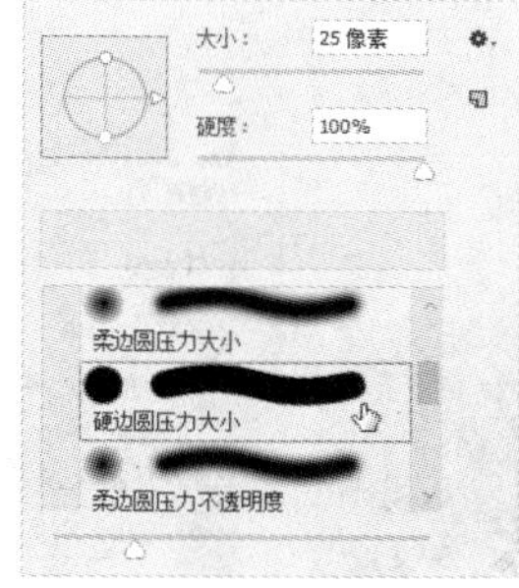

图 13-10

图 13-11

（8）按 Alt+Ctrl+G 组合键，为“蔬菜”图层创建剪贴蒙版，效果如图 13-12 所示。新建图层并将其命名为“灰色渐变条”。选择“矩形选框”工具⬚，在图像窗口中绘制矩形选区，如图 13-13 所示。

图 13-12

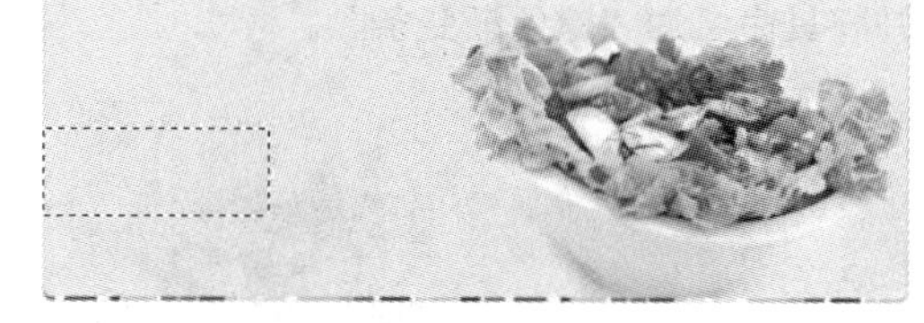

图 13-13

（9）选择“渐变”工具▣，单击属性栏中的“点按可编辑渐变”按钮▬⌄，弹出“渐变编辑器”对话框，在“位置”选项中分别输入 0、25、75、100 四个位置点，分别设置四个位置点颜色的 RGB 值为 0（255、255、255），25（152、152、152），75（152、152、152），100（255、255、255），如图 13-14 所示。单击“确定”按钮。在矩形选框中从左向右拖曳鼠标指针填充渐变色，效果如图 13-15 所示。按 Ctrl+D 组合键，取消选区。

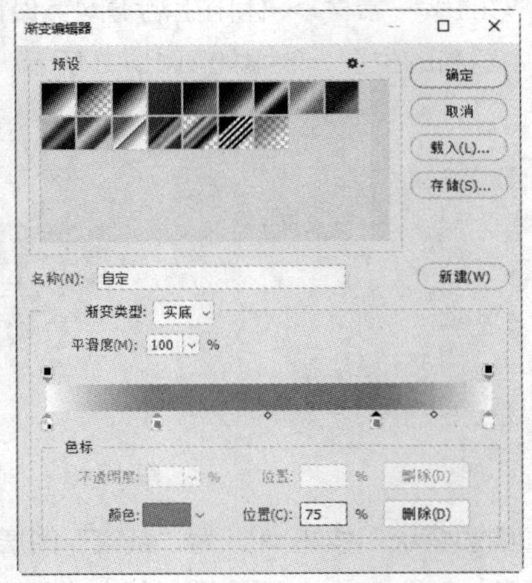

图 13-14

图 13-15

（10）按 Alt+Ctrl+G 组合键，为“灰色渐变条”图层创建剪贴蒙版，图像效果如图 13-16 所示。在“图层”控制面板上方，将“灰色渐变条”图层的“不透明度”选项设为 20%，如图 13-17 所示，图像效果如图 13-18 所示。

图 13-16

图 13-17

（11）选择“矩形”工具，在属性栏的“选择工具模式”选项中选择“形状”，将填充色设为无，描边色设为无，在图像窗口中绘制一个矩形，效果如图 13-19 所示。在“图层”控制面板中生成新的形状图层并将其命名为“橙色渐变条”。

图 13-18

图 13-19

（12）单击“图层”控制面板下方的“添加图层样式”按钮 fx，在弹出的菜单中选择“渐变叠加”命令，弹出“渐变叠加”对话框。单击对话框中的“点按可编辑渐变”按钮，弹出“渐变编辑器”对话框。将渐变色设为从橙色（其 R、G、B 的值分别为 240、129、34）到透明色，如图 13-20 所示。单击“确定”按钮，返回到“图层样式”对话框，其他选项的设置如图 13-21 所示。单击“确定”按钮，效果如图 13-22 所示。用相同的方法添加其他的渐变条，并填充相应的颜色，效果如图 13-23 所示。

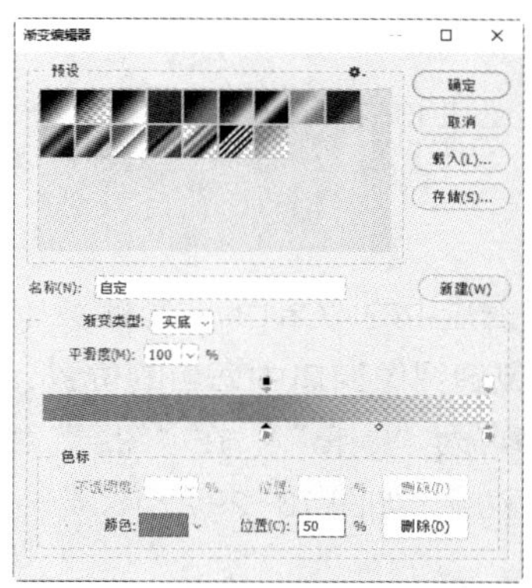

图 13-20

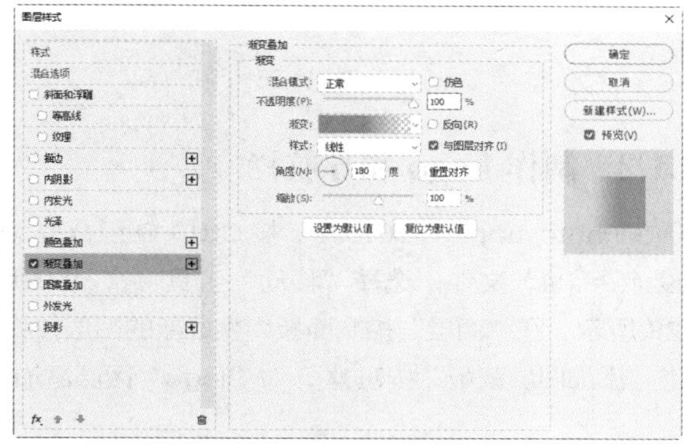

图 13-21

图 13-22

图 13-23

（13）选择“横排文字”工具 T，在适当的位置输入需要的文字并选取文字，在属性栏中选择合适的字体并设置文字大小，设置文本颜色为白色，效果如图 13-24 所示，在“图层”控制面板中生成新的文字图层。用相同的方法添加其他的文字，并设置需要的字体，如图 13-25 所示。

图 13-24

图 13-25

（14）按 Ctrl + O 组合键，打开云盘中的“Ch13 > 素材 > 休闲生活类网页设计 > 03”文件。选择“移动”工具，将图片拖曳到图像窗口中适当的位置，效果如图 13-26 所示。在“图层”控制面板中生成新的图层并将其命名为“人物”。

（15）在按住 Shift 键的同时，单击“人物”图层和“绿色圆角矩形”图层，将之间的所有图层同时选取。按 Ctrl + G 组合键，编组图层并将其命名为“广告栏”，如图 13-27 所示。

图 13-26

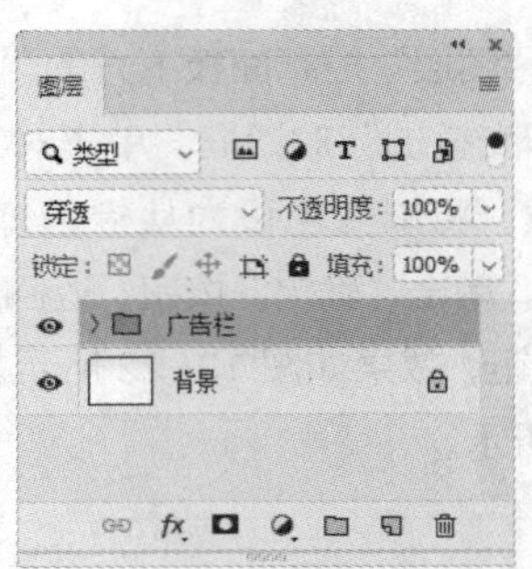

图 13-27

13.1.2 制作 Logo 和导航栏

（1）在 Photoshop CC 2019 中，按 Ctrl + O 组合键，打开云盘中的“Ch13 > 素材 > 休闲生活类网页设计 > 04”文件。选择“移动”工具，将图片拖曳到图像窗口中适当的位置，效果如图 13-28 所示，在“图层”控制面板中生成新的图层并将其命名为“logo”。在“图层”控制面板下方单击“添加图层蒙版”按钮，为“logo”图层添加图层蒙版，如图 13-29 所示。

图 13-28

图 13-29

（2）选择“渐变”工具，单击属性栏中的“点按可编辑渐变”按钮，弹出“渐变编辑器”对话框，将渐变色设为从黑色到白色，如图 13-30 所示，单击“确定”按钮。在图像窗口中从上向下拖曳鼠标指针填充渐变色，图像效果如图 13-31 所示。

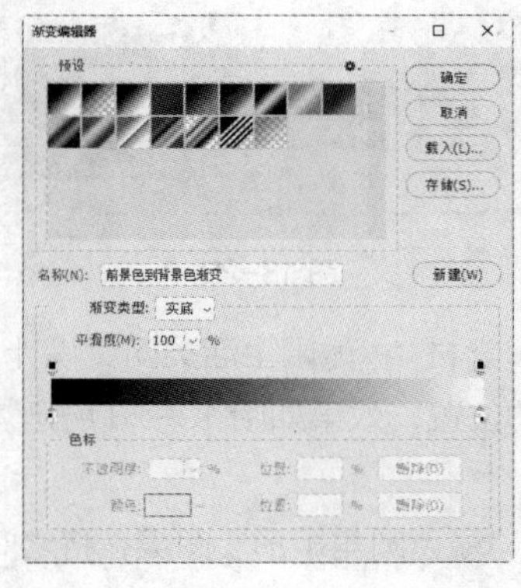

图 13-30

图 13-31

（3）在“图层”控制面板上方，将“logo”图层的“不透明度”选项设为 70%，如图 13-32 所示，图像效果如图 13-33 所示。

图 13-32　　　　图 13-33

（4）单击“图层”控制面板下方的“创建新的填充或调整图层”按钮，在弹出的菜单中选择“色相/饱和度”命令，在“图层”控制面板中生成“色相/饱和度 1”图层，同时弹出“色相/饱和度”面板。单击“此调整影响下面的所有图层”按钮使其显示为“此调整剪切到此图层”按钮，其他选项的设置如图 13-34 所示。按 Enter 键确定操作，图像效果如图 13-35 所示。

图 13-34　　　　图 13-35

（5）单击“图层”控制面板下方的“创建新的填充或调整图层”按钮，在弹出的菜单中选择“色彩平衡”命令，在“图层”控制面板中生成“色彩平衡 1”图层，同时弹出“色彩平衡”面板。单击“此调整影响下面的所有图层”按钮使其显示为“此调整剪切到此图层”按钮，其他选项的设置如图 13-36 所示。按 Enter 键确定操作，图像效果如图 13-37 所示。

图 13-36　　　　图 13-37

（6）在按住 Shift 键的同时，单击“logo”图层和“色彩平衡 1”图层，选取需要的图层，并将其拖曳到“图层”控制面板下方的“创建新图层”按钮 上进行复制，生成新的拷贝图层，如图 13-38 所示。删除“logo 拷贝”图层的图层蒙版，如图 13-39 所示，效果如图 13-40 所示。

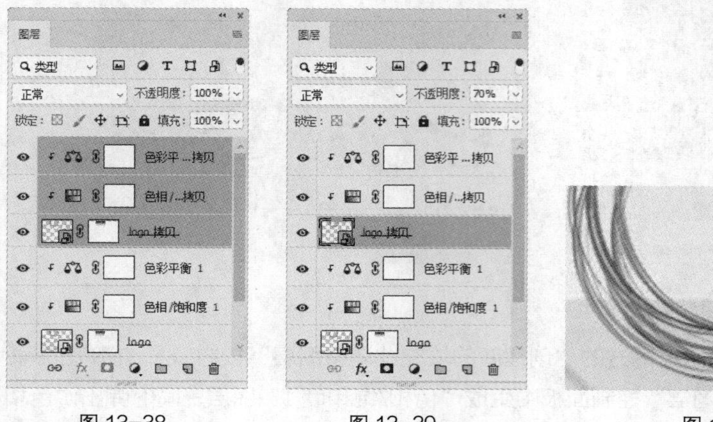

图 13-38　　图 13-39　　图 13-40

（7）在按住 Shift 键的同时，单击“logo 拷贝”图层和“色彩平衡 1 拷贝”图层，选取需要的图层。按 Ctrl+T 组合键，在图像周围出现变换框，单击属性栏中的“保持长宽比”按钮 。在按住 Alt 键的同时，向内拖曳变换框右上角的控制手柄，等比例缩小图像。按 Enter 键确定操作，效果如图 13-41 所示。

（8）选择“横排文字”工具 T，在适当的位置输入需要的文字并选取文字，在属性栏中选择合适的字体并设置文字大小，分别填充适当的颜色，效果如图 13-42 所示。在“图层”控制面板中分别生成新的文字图层。

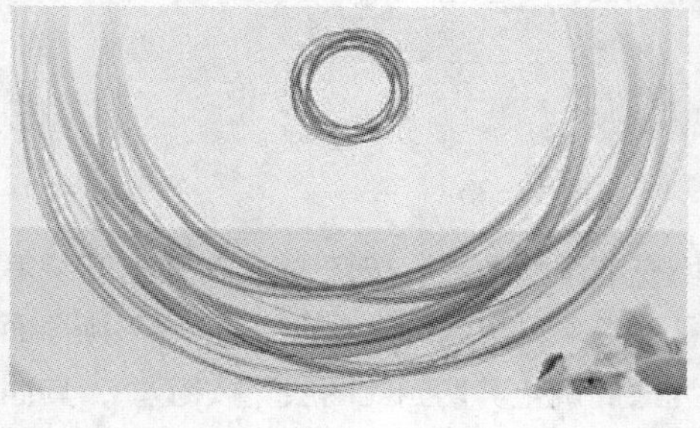

图 13-41

图 13-42

（9）在按住 Shift 键的同时，单击“logo”图层和“休闲生活&Lifestyle”文字图层，选取需要的图层。按 Ctrl + G 组合键，编组图层并将其命名为“logo”，如图 13-43 所示。

图 13-43

（10）选择“圆角矩形”工具 ，在属性栏中将填充色设为绿色（其 R、G、B 的值分别为 2、194、179），描边色设为无，在图像窗口中绘制一个圆角矩形，如图 13-44 所示。在“图层”控制面板生成新的形状图层并将其命名为“绿色”。用相同的方法绘制其他圆角矩形，并填充适当的颜色，如图 13-45 所示。

图 13-44

图 13-45

（11）在按住 Shift 键的同时，单击“绿色”图层和“绿色 拷贝”图层，选取需要的图层，并将其拖曳到“图层”控制面板下方的“创建新图层”按钮 上进行复制，生成新的拷贝图层，如图 13-46 所示。按 Ctrl + E 组合键，合并拷贝图层并将其命名为“合并图形”，效果如图 13-47 所示。

图 13-46

图 13-47

（12）单击“图层”控制面板下方的“添加图层样式”按钮 ，在弹出的菜单中选择“描边”命令，弹出“图层样式”对话框，将描边色设为白色，其他选项的设置如图 13-48 所示。单击“确定”按钮，效果如图 13-49 所示。

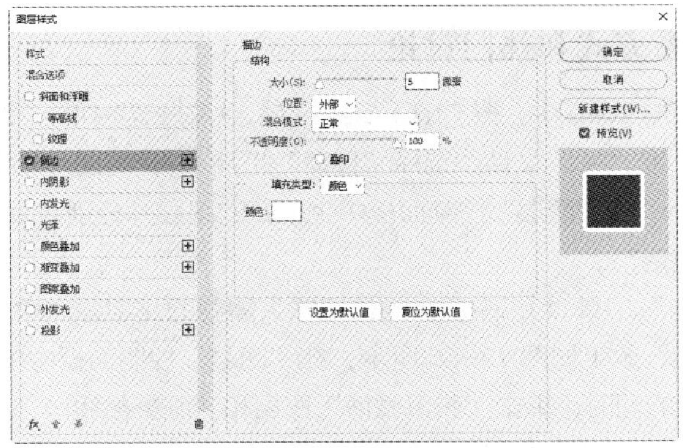

图 13-48

图 13-49

（13）将“合并图形”图层拖曳到“绿色”图层的下方，调整图层顺序，效果如图 13-50 所示。选择“横排文字”工具 T，在适当的位置输入需要的文字并选取文字，在属性栏中选择合适的字体并设置文字大小，效果如图 13-51 所示，在“图层”控制面板中生成新的文字图层。

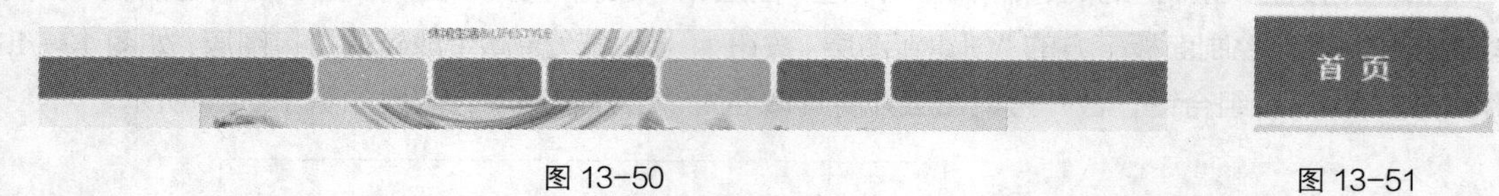

图 13-50　　图 13-51

（14）用相同的方法添加其他文字，效果如图 13-52 所示。在按住 Shift 键的同时，单击“合并图形”图层和“美容美体”文字图层，选取需要的图层。按 Ctrl＋G 组合键，编组图层并将其命名为“导航栏”，如图 13-53 所示。

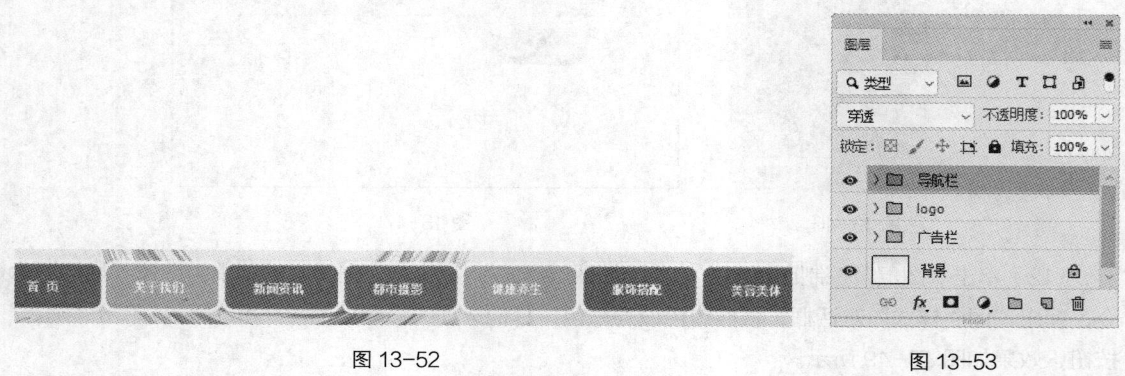

图 13-52　　图 13-53

13.1.3 制作联系方式和热门讨论

（1）在 Photoshop CC 2019 中，按 Ctrl＋O 组合键，打开云盘中的“Ch13 > 素材 > 休闲生活类网页设计 > 05、06、07、08”文件。选择“移动”工具，将图片拖曳到图像窗口中适当的位置，效果如图 13-54 所示。在“图层”控制面板中生成新的图层并分别将其命名为“腾讯微博”“新浪微博”“微信”和“电话”。

（2）选择“横排文字”工具 T，在适当的位置输入需要的文字并选取文字。在属性栏中选择合适的字体并设置文字大小，效果如图 13-55 所示，在“图层”控制面板中生成新的文字图层。

（3）在按住 Shift 键的同时，单击“腾讯微博”图层和“服务热线……”文字图层，选取需要的图层。按 Ctrl＋G 组合键，编组图层并将其命名为“联系方式”，如图 13-56 所示。

图 13-54

图 13-55

图 13-56

（4）选择“椭圆”工具 ，在属性栏中将填充色设为白色，描边色设为无，在图像窗口中绘制一个椭圆形，效果如图 13-57 所示。在“图层”控制面板中生成新的形状图层并将其命名为“白色椭圆”。

（5）按 Ctrl＋O 组合键，打开云盘中的“Ch13 > 素材 > 休闲生活类网页设计 > 09”文件。选择“移动”工具 ，将图片拖曳到图像窗口中适当的位置，效果如图 13-58 所示。在“图层”控制面板中生成新的图层并将其命名为“橙汁”。

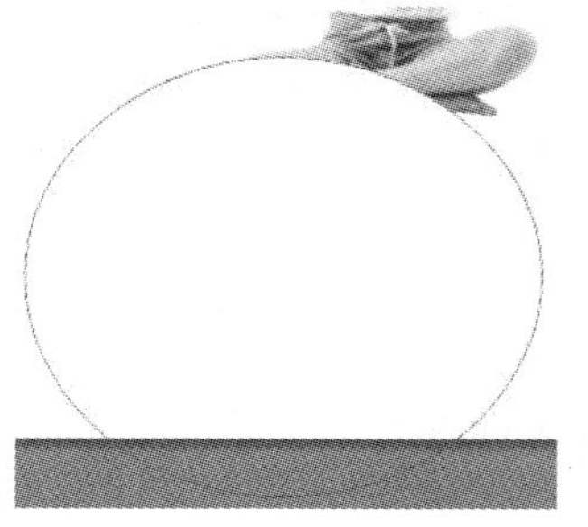

图 13-57

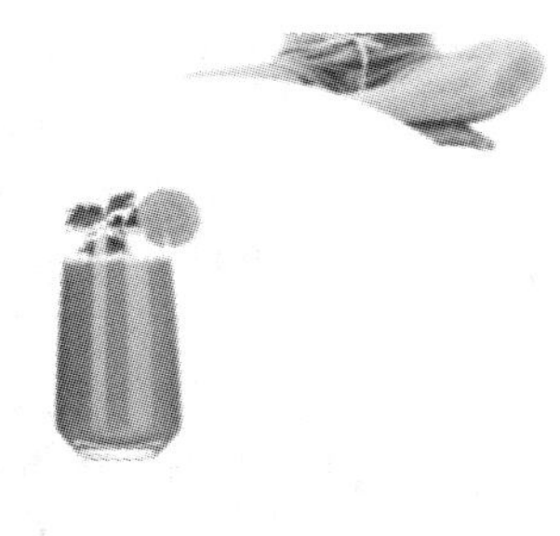

图 13-58

（6）选择“横排文字”工具 T，在适当的位置输入需要的文字并选取文字。在属性栏中选择合适的字体并设置文字大小，设置文本颜色为橙红色（其 R、G、B 的值分别为 250、107、2），效果如图 13-59 所示，在“图层”控制面板中生成新的文字图层。用相同的方法添加其他文字，并调整其行距，效果如图 13-60 所示。

图 13-59

图 13-60

（7）按住 Shift 键的同时，单击“logo”图层组中的“logo 拷贝”图层和“色彩平衡 1 拷贝”图层，选取需要的图层，如图 13-61 所示。将其拖曳到“图层”控制面板下方的“创建新图层”按钮 上进行复制，生成新的拷贝图层，拖曳拷贝图层到最顶层，如图 13-62 所示。选择“移动”工具 ，将图片拖曳到图像窗口中适当的位置，效果如图 13-63 所示。

图 13-61

图 13-62

图 13-63

（8）按 Ctrl+T 组合键，在图像周围出现变换框，向外拖曳变换框左下角的控制手柄，等比例放大图像。在变换框中单击鼠标右键，在弹出的菜单中选择“垂直翻转”命令，将图像垂直翻转。按 Enter 键确定操作，效果如图 13-64 所示。在“图层”控制面板下方单击“添加图层蒙版”按钮 ，为“logo 拷贝 2”图层添加图层蒙版，如图 13-65 所示。

图 13-64

图 13-65

（9）选择“渐变”工具 ，单击属性栏中的“点按可编辑渐变”按钮 ，弹出“渐变编辑器”对话框，将渐变色设为从黑色到白色，如图 13-66 所示，单击“确定”按钮。在图像窗口中从左下方向右上方拖曳鼠标指针填充渐变色，图像效果如图 13-67 所示。

（10）在按住 Shift 键的同时，单击“白色椭圆”图层和“色彩平衡 1 拷贝 2”图层，选取需要的图层。按 Ctrl＋G 组合键，编组图层并将其命名为“热门讨论”，如图 13-68 所示。

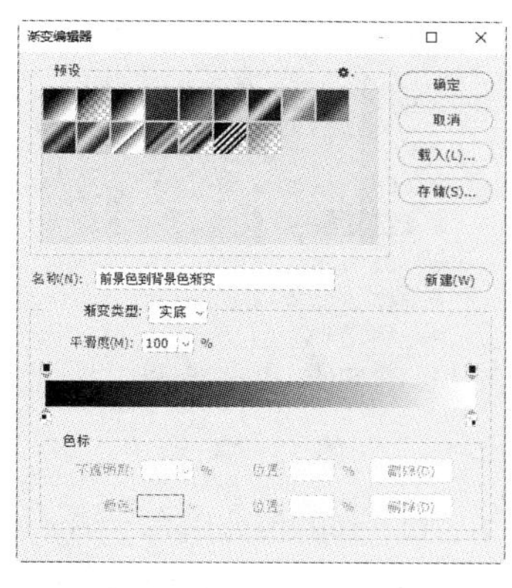

图 13-66

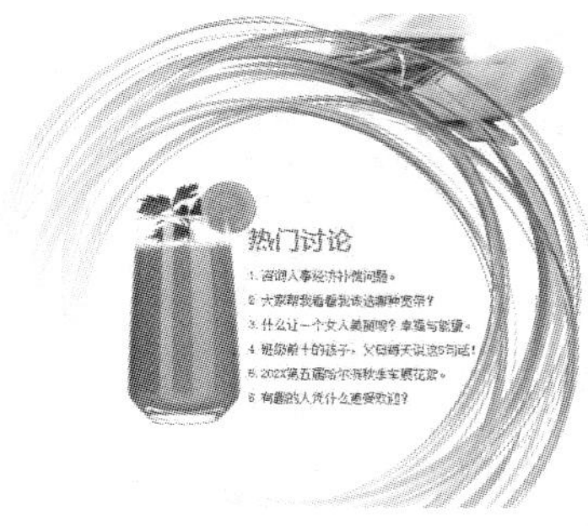

图 13-67

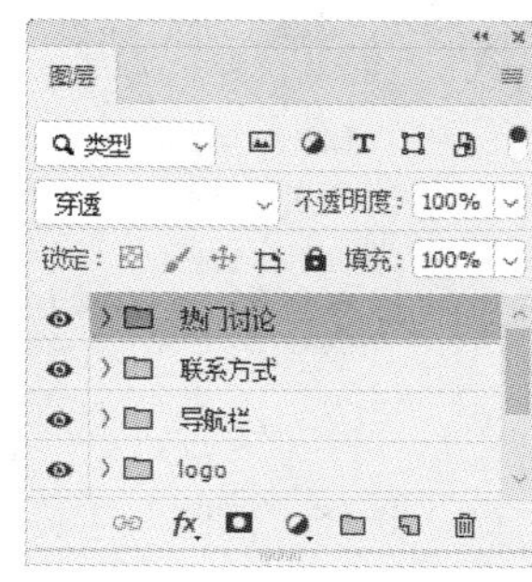

图 13-68

13.1.4 制作最新推荐和分类

（1）在 Photoshop CC 2019 中，选择“横排文字”工具 T，在适当的位置输入需要的文字并选取文字。在属性栏中选择合适的字体并设置文字大小，设置文本颜色为深灰色（其 R、G、B 的值分别为 100、100、100），效果如图 13-69 所示，在“图层”控制面板中生成新的文字图层。

（2）选择“直线”工具 ∕，在属性栏的“选择工具模式”选项中选择“形状”，将填充色设为灰色（其 R、G、B 的值分别为 200、200、200），描边色设为无，“半径”选项设为 1 px，在图像窗口中绘制一条直线，如图 13-70 所示。在“图层”控制面板中生成新的形状图层并将其命名为“直线”。

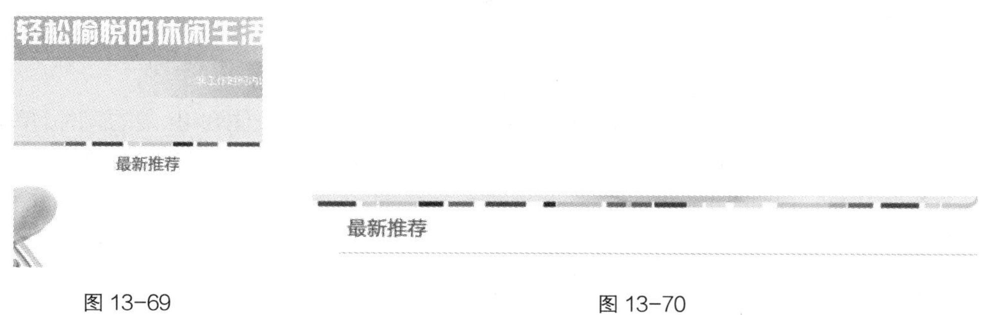

图 13-69　　图 13-70

（3）选择“横排文字”工具 T，在适当的位置输入需要的文字并选取文字。在属性栏中选择合适的字体并设置文字大小，效果如图 13-71 所示，在“图层”控制面板中生成新的文字图层。

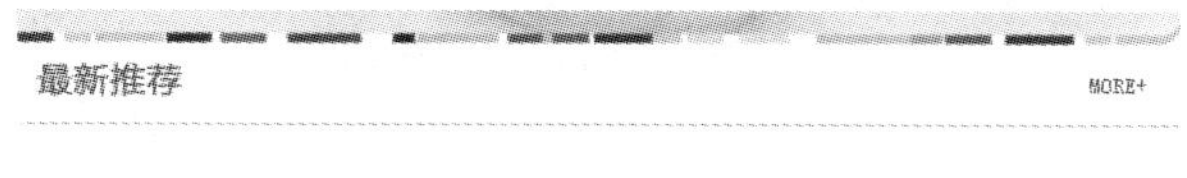

图 13-71

（4）用相同的方法添加其他文字和虚线，效果如图 13-72 所示。在按住 Shift 键的同时，单击“最新推荐”文字图层和“·镜头拉远……”文字图层，选取需要的图层。按 Ctrl + G 组合键，编组图层并将其命名为“最新推荐”，如图 13-73 所示。

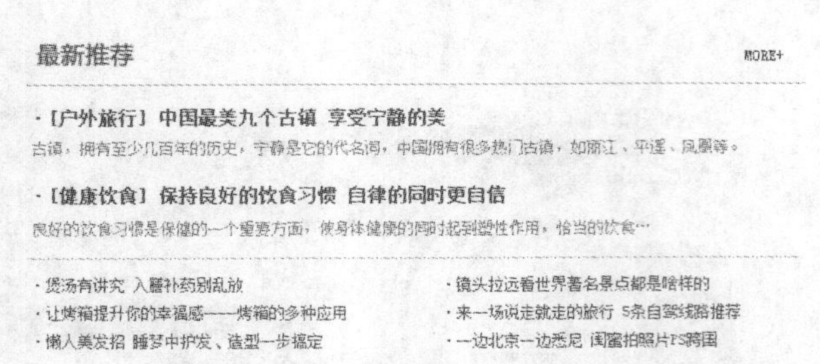

图 13-72

图 13-73

（5）选择“椭圆”工具 ，在属性栏中将填充色设为红色（其 R、G、B 的值分别为 226、87、90），描边色设为无。在按住 Shift 键的同时，在图像窗口中绘制一个圆形，效果如图 13-74 所示。在“图层”控制面板中生成新的形状图层并将其命名为“红色圆形”。

（6）按 Ctrl + O 组合键，打开云盘中的“Ch13 > 素材 > 休闲生活类网页设计 > 10”文件。选择“移动”工具 ，将图片拖曳到图像窗口中适当的位置，效果如图 13-75 所示。在“图层”控制面板中生成新的图层并将其命名为“电脑”。

（7）选择“横排文字”工具 T，在适当的位置输入需要的文字并选取文字。在属性栏中选择合适的字体并设置文字大小，效果如图 13-76 所示，在“图层”控制面板中生成新的文字图层。

图 13-74　　图 13-75　　图 13-76

（8）用相同的方法添加其他图形和文字，效果如图 13-77 所示。在按住 Shift 键的同时，单击“最新推荐”文字图层和“·镜头拉远……”文字图层，选取需要的图层。按 Ctrl + G 组合键，编组图层并将其命名为“分类”，如图 13-78 所示。

图 13-77　　图 13-78

13.1.5 制作底图

（1）在 Photoshop CC 2019 中，选择“椭圆”工具 ，在属性栏中将填充色设为白色，描边色设为无，在图像窗口中绘制一个椭圆形，效果如图 13-79 所示。在“图层”控制面板中生成新的形状图层并将其命名为“白色椭圆形”。

（2）选择“矩形”工具，在图像窗口中绘制一个矩形。在属性栏中将填充色设为灰色（其 R、G、B 的值分别为 214、214、214），效果如图 13-80 所示。在“图层”控制面板中生成新的形状图层并将其命名为“灰色矩形”。

图 13-79

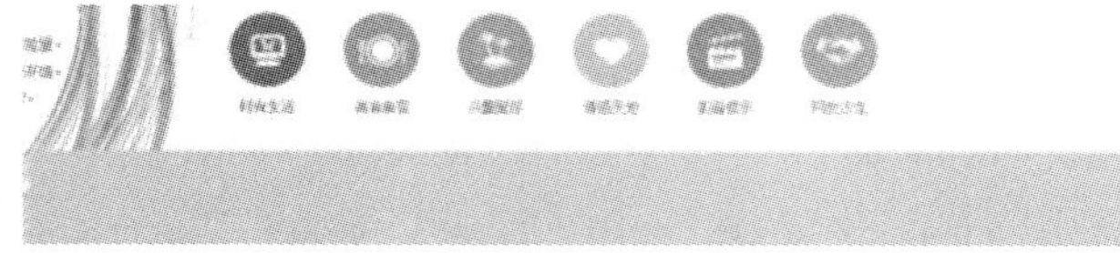

图 13-80

（3）单击“图层”控制面板下方的“添加图层样式”按钮，在弹出的菜单中选择“渐变叠加”命令，弹出“渐变叠加”对话框。单击对话框中的“点按可编辑渐变”按钮，弹出“渐变编辑器”对话框。将渐变色设为从深绿色（其 R、G、B 的值分别为 0、148、135）到浅绿色（其 R、G、B 的值分别为 2、194、178），如图 13-81 所示。单击“确定”按钮，返回到“图层样式”对话框，其他选项的设置如图 13-82 所示。单击“确定”按钮，效果如图 13-83 所示。

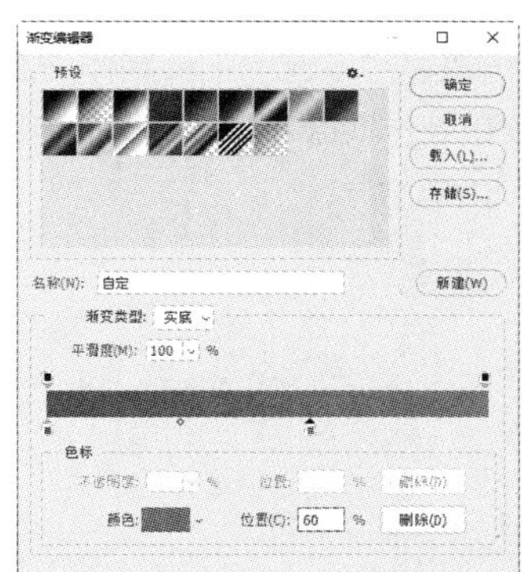

图 13-81

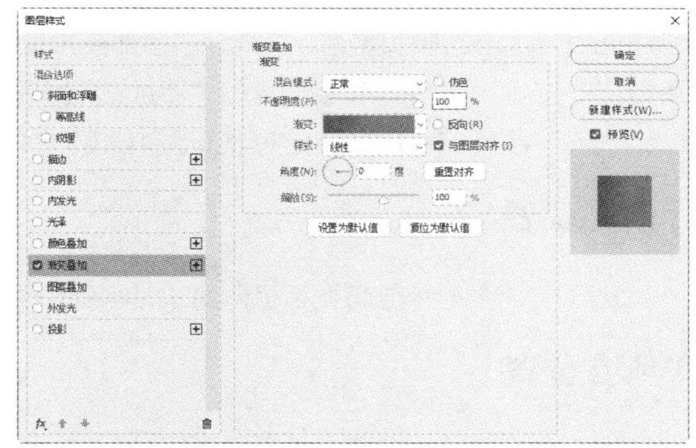

图 13-82

（4）选择“横排文字”工具，在适当的位置分别输入需要的文字并选取文字。在属性栏中选择合适的字体并设置文字大小，设置文本颜色为白色，效果如图 13-84 所示，在“图层”控制面板中生成新的文字图层。

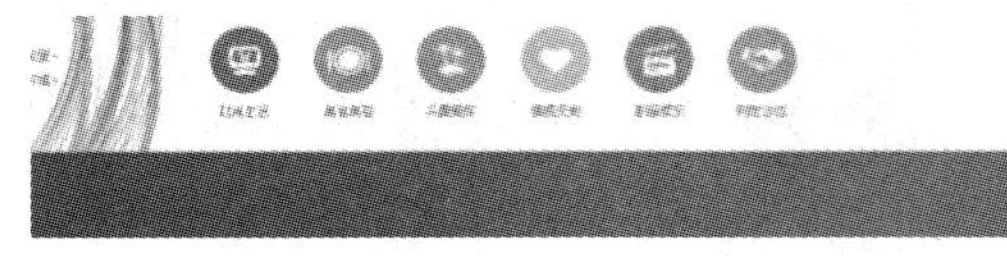

图 13-83

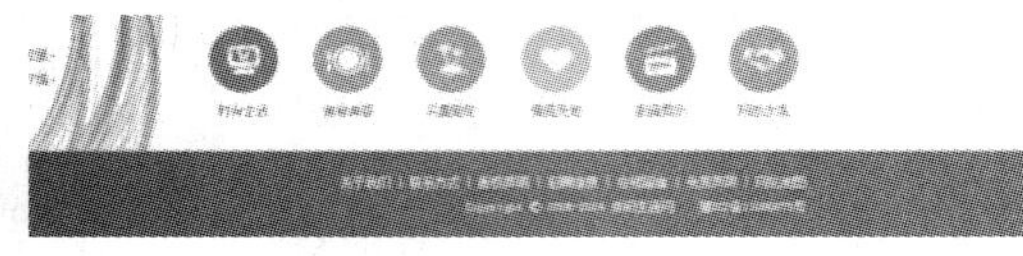

图 13-84

（5）在按住 Shift 键的同时，单击“白色椭圆形”图层和“关于我们……”文字图层，选取需要的图层。按 Ctrl+G 组合键，编组图层并将其命名为“底图”，如图 13-85 所示。将“底图”图层组拖曳到“广告栏”图层组下方，如图 13-86 所示，图像效果如图 13-87 所示。休闲生活类网页制作完成。

图 13-85

图 13-86

图 13-87

（6）按 Ctrl+S 组合键，弹出“另存为”对话框，将其命名为“休闲生活类网页设计”，保存为 PSD 格式。单击“保存”按钮，弹出“Photoshop 格式选项”对话框，单击“确定”按钮，将文件保存。

13.2 课后习题——电商类手机网页设计

习题知识要点

在 Photoshop 中，使用“移动”工具、“添加图层蒙版”按钮、“渐变”工具制作产品展示区，使用“圆角矩形”工具、“多边形”工具和“添加图层样式”按钮制作头部和导航栏，使用“横排文字”工具、“字符”控制面板和“自定形状”工具制作宣传语和内容文字。

素材所在位置

云盘 ＞Ch13＞ 素材 ＞ 电商类手机网页设计 ＞01~05。

效果所在位置

云盘 ＞Ch13＞ 效果 ＞ 电商类手机网页设计.psd，如图 13-88 所示。

图 13-88

14

第 14 章 UI 设计

本章介绍

UI 设计主要包括人机交互、操作逻辑和界面美观的整体设计。随着信息技术的高速发展，图形界面的设计也越来越多样化。通过本章的学习，读者可以掌握 UI 的设计方法和制作技巧。

学习目标

- 掌握 UI 的设计思路和过程。
- 掌握 UI 的制作方法和技巧。

技能目标

- 掌握美食类 App 首页的制作方法。
- 掌握美食类 App 食品详情页的制作方法。
- 掌握美食类 App 购物车页的制作方法。

14.1 美食类 App 首页设计

案例学习目标

在 Photoshop 中，学习“新建参考线版面”命令分割页面，使用“置入嵌入对象”命令、绘图工具、“添加图层样式”按钮制作美食类 App 首页。

案例知识要点

在 Photoshop 中，使用“新建参考线命令”添加水平参考线，使用“置入嵌入对象”命令添加素材图片，使用“圆角矩形”工具、“创建剪贴蒙版”命令制作图片蒙版效果，使用“横排文字”工具、“字符”控制面板添加文字内容。

效果所在位置

云盘 ＞Ch14＞ 效果 ＞ 美食类 App 首页设计.psd，如图 14-1 所示。

图 14-1

14.1.1 制作导航栏和搜索栏

（1）打开 Photoshop CC 2019，按 Ctrl+N 组合键，弹出“新建文档”对话框。设置宽度为 750 px，高度为 1 334 px，分辨率为 72 ppi，颜色模式为 RGB，背景内容为灰色（其 R、G、B 的值分别为 239、241、244）。单击“创建”按钮，新建一个文件，如图 14-2 所示。

（2）选择“视图 ＞ 新建参考线版面”命令，弹出“新建参考线版面”对话框，设置如图 14-3 所示。单击“确定”按钮，完成参考线的创建，效果如图 14-4 所示。

（3）选择“文件 ＞ 置入嵌入对象”命令，弹出“置入嵌入的对象”对话框。选择云盘中的“Ch14 ＞ 素材 ＞ 美食类 App 首页设计 ＞ 01”文件，单击“置入”按钮，将图片置入到图像窗口中，再将其拖曳到适当的位置，调整其大小，按 Enter 键确定操作，效果如图 14-5 所示。在“图层”控制面板中生成新的图层并将其命名为“状态栏”。

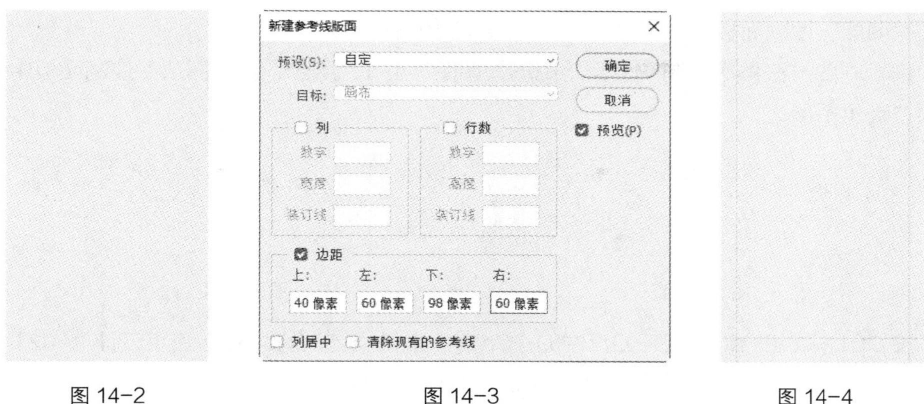

图 14-2　　图 14-3　　图 14-4

（4）选择“视图 > 新建参考线”命令，弹出“新建参考线”对话框。在 128 像素（距上方参考线 88 像素）的位置建立水平参考线，设置如图 14-6 所示。单击“确定”按钮，完成参考线的创建。

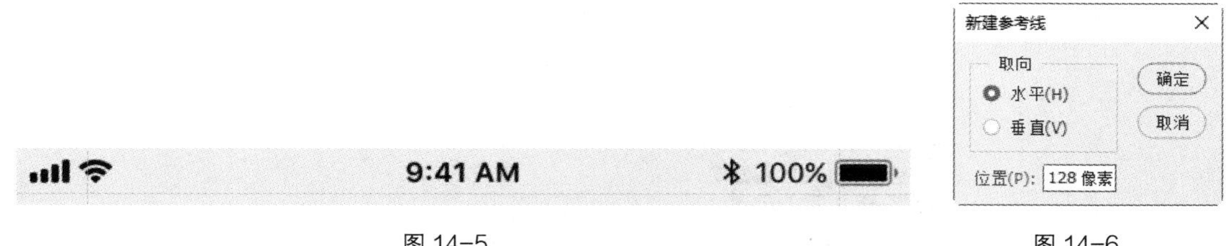

图 14-5　　图 14-6

（5）选择“横排文字”工具 T，在距离上方参考线 28 px 的位置输入需要的文字并选取文字。选择“窗口 > 字符”命令，弹出“字符”控制面板，将“颜色”选项设为蓝黑色（其 R、G、B 的值分别为 45、64、87），其他选项的设置如图 14-7 所示。按 Enter 键确定操作，效果如图 14-8 所示，在“图层”控制面板中生成新的文字图层。按 Ctrl+G 组合键，编组图层并将其命名为“导航栏”。

（6）选择“视图 > 新建参考线”命令，弹出“新建参考线”对话框。在 304 像素（距上方参考线 176 像素）的位置建立水平参考线，设置如图 14-9 所示。单击“确定”按钮，完成参考线的创建。

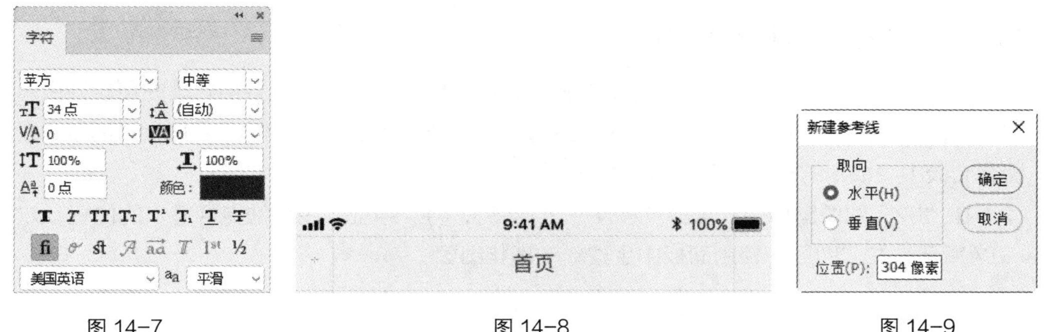

图 14-7　　图 14-8　　图 14-9

（7）选择“圆角矩形”工具 ▢，在属性栏的“选择工具模式”选项中选择“形状”，将填充色设为白色，描边色设为无，“半径”选项设为 12 px。在适当的位置绘制圆角矩形，效果如图 14-10

所示，在“图层”控制面板中生成新的形状图层“圆角矩形 1”。

（8）用相同的方法再次绘制一个圆角矩形，如图 14-11 所示，在“图层”控制面板中生成新的形状图层“圆角矩形 2”。

图 14-10　　　　图 14-11

（9）按 Ctrl + O 组合键，打开云盘中的“Ch14 >素材 > 美食类 App 首页设计 > 02”文件。选择“移动”工具，将“筛选”图形拖曳到适当的位置，效果如图 14-12 所示，在“图层”控制面板中生成新的形状图层。

（10）选择“横排文字”工具，在适当的位置输入需要的文字并选取文字。在“字符”控制面板中，将“颜色”选项设为深蓝色（其 R、G、B 的值分别为 74、100、132），其他选项的设置如图 14-13 所示。按 Enter 键确定操作，效果如图 14-14 所示，在“图层”控制面板中生成新的文字图层。

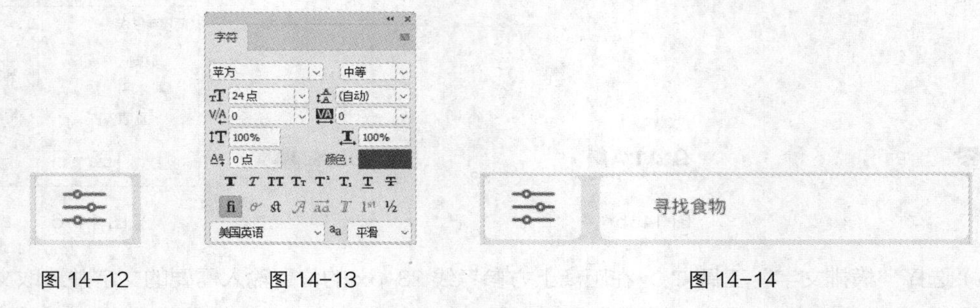

图 14-12　　　　图 14-13　　　　图 14-14

（11）在“02”图像窗口中，选择“移动”工具，将“搜索”图形拖曳到适当的位置，效果如图 14-15 所示，在“图层”控制面板中生成新的形状图层。

图 14-15

（12）按住 Shift 键的同时，单击“圆角矩形 1”图层组，将需要的图层同时选取。按 Ctrl+G 组合键，编组图层并将其命名为“筛选搜索栏”。

14.1.2　制作筛选栏和内容区

（1）在 Photoshop CC 2019 中，选择“圆角矩形”工具，在属性栏中将填充色设为白色，描边色设为无，“半径”选项设为 12 px。在适当的位置绘制圆角矩形，效果如图 14-16 所示，在“图层”控制面板中生成新的形状图层“圆角矩形 3”。

（2）在“02”图像窗口中，选择“移动”工具，将“地址”图形拖曳到适当的位置，效果如图 14-17 所示，在“图层”控制面板中生成新的形状图层。

图 14-16　　　　图 14-17

（3）选择“横排文字”工具 T，在适当的位置输入需要的文字并选取文字。在“字符”面板中，将“颜色”选项设为蓝黑色（其 R、G、B 的值分别为 45、64、87），其他选项的设置如图 14-18 所示。按 Enter 键确定操作，效果如图 14-19 所示，在“图层”控制面板中生成新的文字图层。

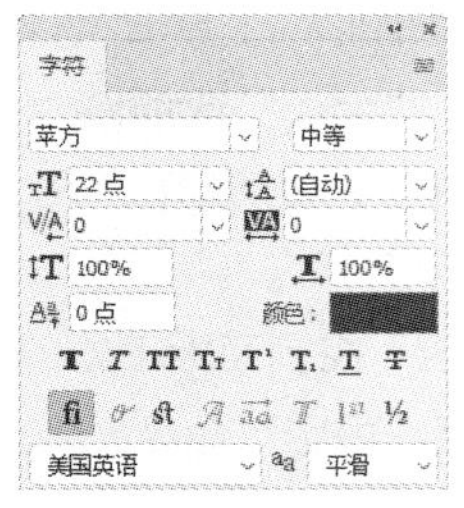

图 14-18

图 14-19

（4）在“02”图像窗口中，选择“移动”工具 ✥，将“展开”图形拖曳到适当的位置，效果如图 14-20 所示，在“图层”控制面板中生成新的形状图层。在按住 Shift 键的同时，单击“圆角矩形 3”图层组，将需要的图层同时选取。按 Ctrl+G 组合键，编组图层并将其命名为“地址”。

（5）用相同的方法分别制作“价格”和“时间”图层组，效果如图 14-21 所示。在按住 Shift 键的同时，单击“地址”图层组，将需要的图层组同时选取。按 Ctrl+G 组合键，编组图层并将其命名为“条件筛选栏”。

（6）选择“视图 > 新建参考线”命令，弹出“新建参考线”对话框。在 436 像素（距上方参考线 132 像素）的位置建立水平参考线，设置如图 14-22 所示。单击“确定”按钮，完成参考线的创建。

图 14-20　图 14-21　图 14-22

（7）选择“横排文字”工具 T，在适当的位置输入需要的文字并选取文字。在“字符”控制面板中，将“颜色”选项设为蓝黑色（其 R、G、B 的值分别为 45、64、87），其他选项的设置如图 14-23 所示，按 Enter 键确定操作。用相同的方法再次输入红色（其 R、G、B 的值分别为 249、60、100）文字，效果如图 14-24 所示，在“图层”控制面板中分别生成新的文字图层。

（8）选择“视图 > 新建参考线”命令，弹出“新建参考线”对话框。在 910 像素（距上方参考线 474 像素）的位置建立水平参考线，设置如图 14-25 所示。单击“确定”按钮，完成参考线的创建。

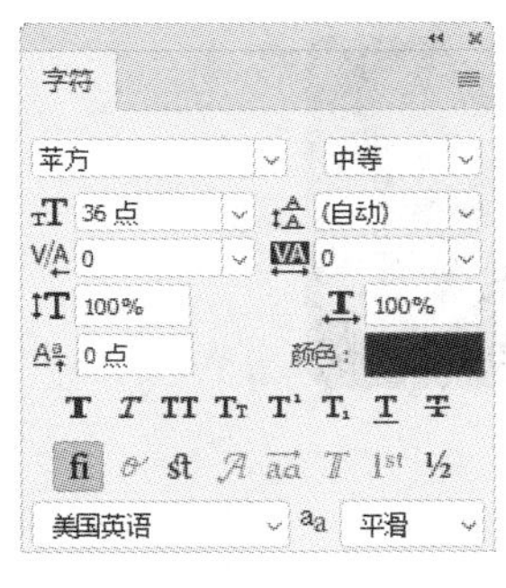

图 14-23

图 14-24

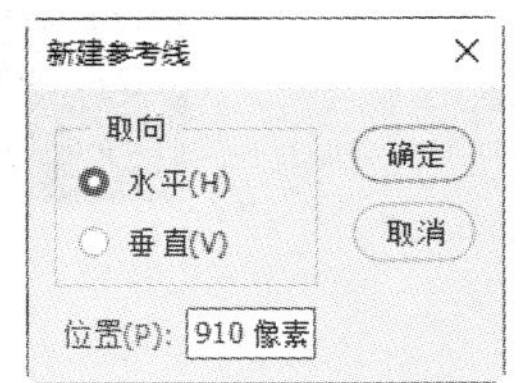

图 14-25

（9）选择“圆角矩形”工具 ▢，在属性栏中将填充色设为白色，描边色设为无，“半径”选项设为 24 px。在适当的位置绘制圆角矩形，效果如图 14-26 所示，在“图层”控制面板中生成新的形状图层“圆角矩形 4”。

图 14-26

（10）单击“图层”控制面板下方的“添加图层样式”按钮 fx，在弹出的菜单中选择“投影”命令，弹出“图层样式”对话框，将投影颜色设为灰色（其 R、G、B 的值分别为 97、97、98），其他选项的设置如图 14-27 所示。单击“确定”按钮，效果如图 14-28 所示。

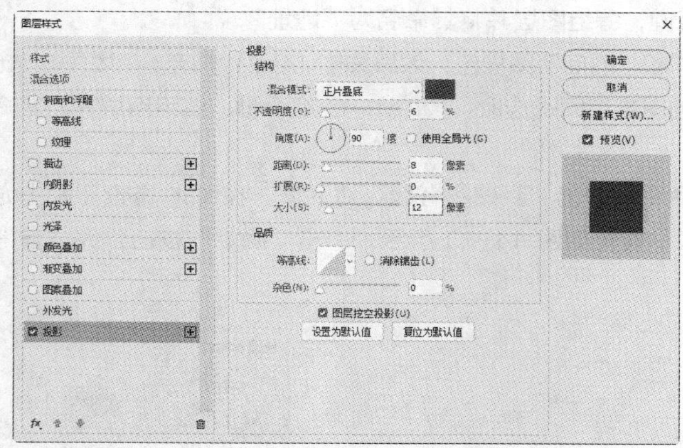

图 14-27

图 14-28

（11）选择“圆角矩形”工具 ▢，在属性栏中将“半径”选项设为 24 px，在适当的位置绘制圆角矩形。在属性栏中将填充色设为蓝黑色（其 R、G、B 的值分别为 45、64、87），描边色设为无，效果如图 14-29 所示，在“图层”控制面板中生成新的形状图层“圆角矩形 5”。

（12）选择“文件 > 置入嵌入对象”命令，弹出“置入嵌入的对象”对话框。选择云盘中的“Ch14 >素材 > 美食类 App 首页设计 > 03”文件，单击“置入”按钮，将图片置入到图像窗口中，再将其拖曳到适当的位置，调整其大小，按 Enter 键确定操作，在“图层”控制面板中生成新的图层并将其命名为“沙拉”。按 Alt+Ctrl+G 组合键，为“沙拉”图层创建剪贴蒙版，效果如图 14-30 所示。

图 14-29

图 14-30

（13）选择“横排文字”工具 T，在距离上方图形 40 px 的位置输入需要的文字并选取文字。在“字符”控制面板中，将“颜色”选项设为蓝黑色（其 R、G、B 的值分别为 45、64、87），其他选项的设置如图 14-31 所示。按 Enter 键确定操作，效果如图 14-32 所示，在“图层”控制面板中生成新的文字图层。

图 14-31

图 14-32

（14）在“02”图像窗口中，选择“移动”工具 ✥，将“时间”图形拖曳到适当的位置，效果如图 14-33 所示，在“图层”控制面板中生成新的形状图层。

（15）选择“横排文字”工具 T，在适当的位置分别输入需要的文字并选取文字。在“字符”控制面板中，将“颜色”选项设为蓝黑色（其 R、G、B 的值分别为 45、64、87），其他选项的设置如图 14-34 所示。按 Enter 键确定操作，在“图层”控制面板中分别生成新的文字图层。用相同的方法再次输入红色（其 R、G、B 的值分别为 249、60、100）文字，效果如图 14-35 所示。

图 14-33　　图 14-34　　图 14-35

（16）在按住 Shift 键的同时，单击“圆角矩形 4”图层，将需要的图层同时选取。按 Ctrl+G 组合键，编组图层并将其命名为“薄荷沙拉”。用相同的方法分别制作“意大利面”和“烤肉”图层组，效果如图 14-36 所示。

（17）在按住 Shift 键的同时，单击“今日特价”图层，将需要的图层同时选取。按 Ctrl+G 组合键，编组图层并将其命名为“今日特价”。

（18）选择“视图 > 新建参考线”命令，弹出“新建参考线”对话框。在 1 040 像素（距上方参考线 130 像素）的位置建立水平参考线，设置如图 14-37 所示。单击“确定”按钮，完成参考线的创建。

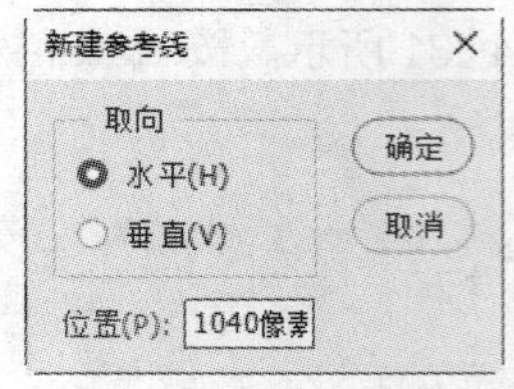

图 14-36　　　　图 14-37

（19）选择“横排文字”工具 T，在距离上方图形 56 px 的位置输入需要的文字并选取文字。在“字符”面板中，将“颜色”选项设为蓝黑色（其 R、G、B 的值分别为 45、64、87），其他选项的设置如图 14-38 所示。按 Enter 键确定操作，效果如图 14-39 所示，在“图层”控制面板中生成新的文字图层。

（20）选择“圆角矩形”工具，在属性栏中将“半径”选项设为 24 px，在适当的位置绘制圆角矩形，在“图层”控制面板中生成新的形状图层“圆角矩形 6”。在属性栏中将填充色设为蓝黑色（45、64、87），描边色设为无，效果如图 14-40 所示。

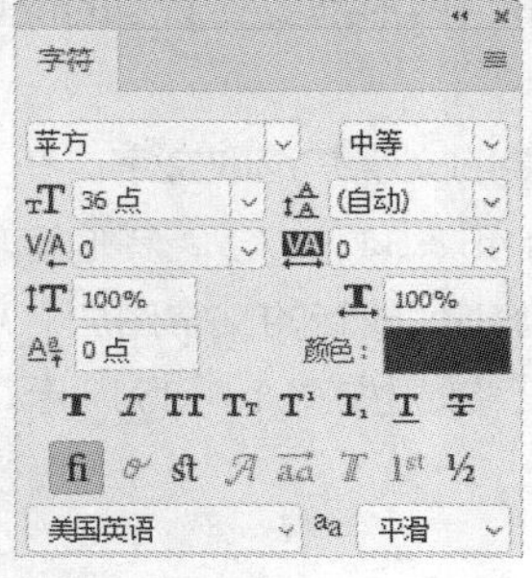

图 14-38　　　　图 14-39　　　　图 14-40

（21）单击“图层”控制面板下方的“添加图层样式”按钮 fx，在弹出的菜单中选择“渐变叠加”命令，弹出“渐变叠加”对话框。单击“渐变”选项右侧的“点按可编辑渐变”按钮，弹出“渐变编辑器”对话框。在“位置”选项中分别输入 0、100 两个位置点，分别设置两个位置点颜色的 RGB 值为 0（244、93、127）、100（240、116、174），如图 14-41 所示，单击“确定”按钮。返回到“渐变叠加”对话框，其他选项的设置如图 14-42 所示。单击“确定”按钮，效果如图 14-43 所示。

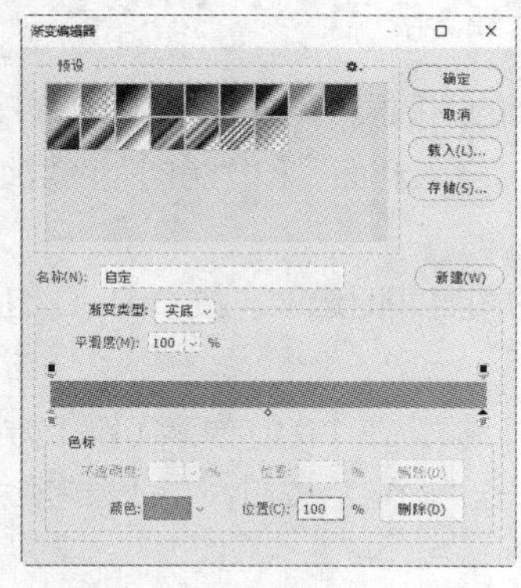

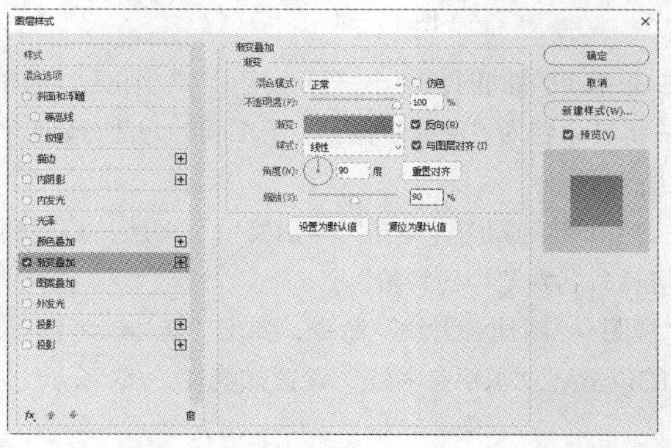

图 14-41　　　　图 14-42　　　　图 14-43

（22）在“02”图像窗口中，选择“移动”工具，将“早茶”图形拖曳到适当的位置，效果如图 14-44 所示，在“图层”控制面板中生成新的形状图层。

（23）选择“横排文字”工具，在距离上方图形 36 px 的位置输入需要的文字并选取文字。在“字符”面板中，将“颜色”选项设为蓝黑色（其 R、G、B 的值分别为 45、64、87），其他选项的设置如图 14-45 所示。按 Enter 键确定操作，效果如图 14-46 所示，在“图层”控制面板中生成新的文字图层。

（24）在按住 Shift 键的同时，单击“圆角矩形 6”图层，将需要的图层同时选取。按 Ctrl+G 组合键，编组图层并将其命名为“早茶”。用相同的方法分别制作“午餐”“水果”和“披萨”图层组，效果如图 14-47 所示。

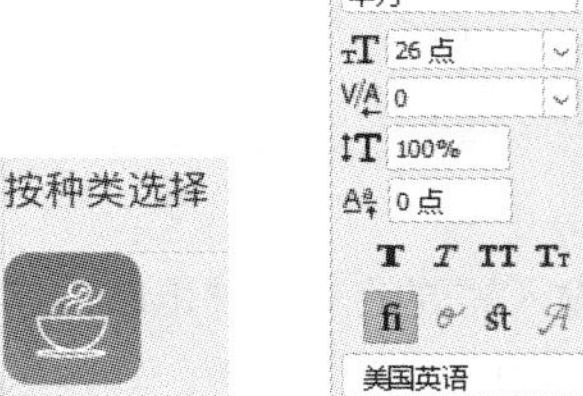

图 14-44

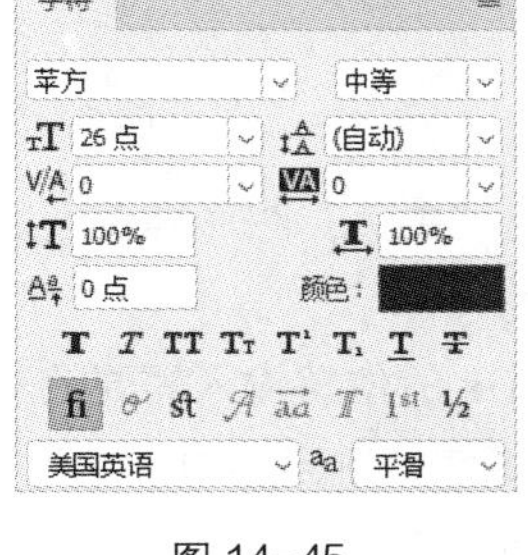

图 14-45

图 14-46

图 14-47

（25）在按住 Shift 键的同时，单击“按种类选择”图层，将需要的图层同时选取。按 Ctrl+G 组合键，编组图层并将其命名为“按种类选择”。在按住 Shift 键的同时，单击“今日特价”图层组，将需要的图层组同时选取。按 Ctrl+G 组合键，编组图层并将其命名为“内容区”，如图 14-48 所示。

图 14-48

14.1.3 制作控制栏

（1）在 Photoshop CC 2019 中，选择“圆角矩形”工具，在属性栏中将填充色设为白色，描边色设为无，“半径”选项设为 24 px。在适当的位置绘制圆角矩形，效果如图 14-49 所示，在“图层”控制面板中生成新的形状图层“圆角矩形 7”。

图 14-49

（2）单击“图层”控制面板下方的“添加图层样式”按钮，在弹出的菜单中选择“投影”命令，在弹出的“图层样式”对话框中，将投影颜色设为灰色（其 R、G、B 的值分别为 97、97、98），其他选项的设置如图 14-50 所示。单击“确定”按钮，效果如图 14-51 所示。

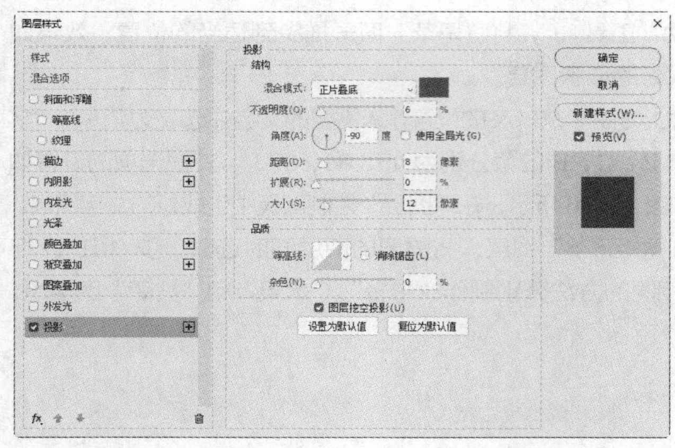

图 14-50

图 14-51

（3）在“02”图像窗口中，选择“移动”工具 ，将“主页”图形拖曳到适当的位置，效果如图 14-52 所示，在“图层”控制面板中生成新的形状图层。

（4）选择“横排文字”工具 T，在距离上方图形 40 px 的位置输入需要的文字并选取文字。在“字符”面板中，将“颜色”选项设为粉色（其 R、G、B 的值分别为 249、60、100），其他选项的设置如图 14-53 所示。按 Enter 键确定操作，效果如图 14-54 所示，在“图层”控制面板中生成新的文字图层。

图 14-52　图 14-53　图 14-54

（5）在按住 Shift 键的同时，单击“主页”图层，将需要的图层同时选取。按 Ctrl+G 组合键，编组图层并将其命名为“主页”。

（6）用相同的方法分别制作“喜欢”“购物车”和“我的”图层组，如图 14-55 所示，效果如图 14-56 所示。在按住 Shift 键的同时，单击“圆角矩形 7”图层，将需要的图层同时选取。按 Ctrl+G 组合键，编组图层并将其命名为“控制栏”，如图 14-57 所示。

图 14-55　图 14-56　图 14-57

（7）美食类 App 首页制作完成。按 Ctrl+S 组合键，弹出“另存为”对话框，将其命名为“美食类 App 首页设计”，保存为 PSD 格式。单击“保存”按钮，弹出“Photoshop 格式选项”对话框，单击“确定”按钮，将文件保存。

14.2 美食类 App 食品详情页设计

案例学习目标

在 Photoshop 中，学习“新建参考线版面”命令分割页面，使用“置入嵌入对象”命令、“绘图”工具、“添加图层样式”按钮制作美食类 App 食品详情页。

案例知识要点

在 Photoshop 中，使用“新建参考线”命令添加水平参考线，使用“置入嵌入对象”命令添加美食图片，使用“圆角矩形”工具、“创建剪贴蒙版”命令、“横排文字”工具制作 Banner，使用“圆角矩形”工具、“投影”命令、“横排文字”工具制作购物车。

效果所在位置

云盘 > Ch14 > 效果 > 美食类 App 食品详情页设计.psd，如图 14-58 所示。

图 14-58

14.2.1 制作导航栏和 Banner

（1）打开 Photoshop CC 2019，按 Ctrl+N 组合键，弹出“新建文档”对话框。设置宽度为 750 px，高度为 1 334 px，分辨率为 72 ppi，颜色模式为 RGB，背景内容为灰色（其 R、G、B 的值分别为 239、241、244）。单击“创建”按钮，新建一个文件，如图 14-59 所示。

（2）选择“视图 > 新建参考线版面”命令，弹出“新建参考线版面”对话框，设置如图 14-60 所示。单击“确定”按钮，完成参考线的创建，效果如图 14-61 所示。

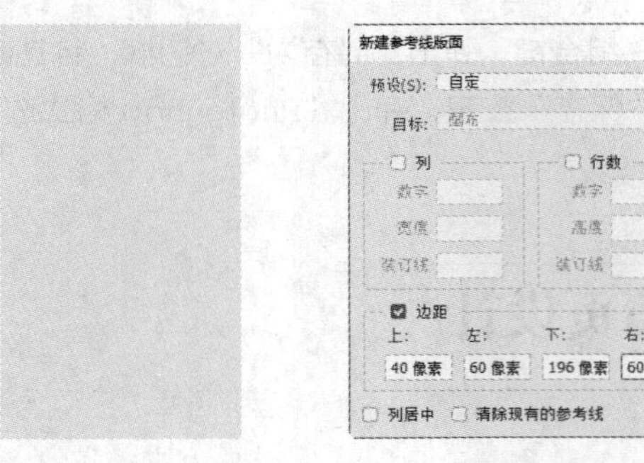

图 14-59　　图 14-60　　图 14-61

（3）选择“文件 > 置入嵌入对象”命令，弹出“置入嵌入的对象”对话框，选择云盘中的“Ch14 > 素材 > 美食类 App 食品详情页设计 > 01”文件。单击“置入”按钮，将图片置入到图像窗口中，再将其拖曳到适当的位置，调整其大小。按 Enter 键确定操作，效果如图 14-62 所示，在“图层”控制面板中生成新的图层并将其命名为“状态栏”。

（4）选择“视图 > 新建参考线”命令，弹出“新建参考线”对话框。在 128 像素（距上方参考线 88 像素）的位置建立水平参考线，设置如图 14-63 所示。单击“确定”按钮，完成参考线的创建。

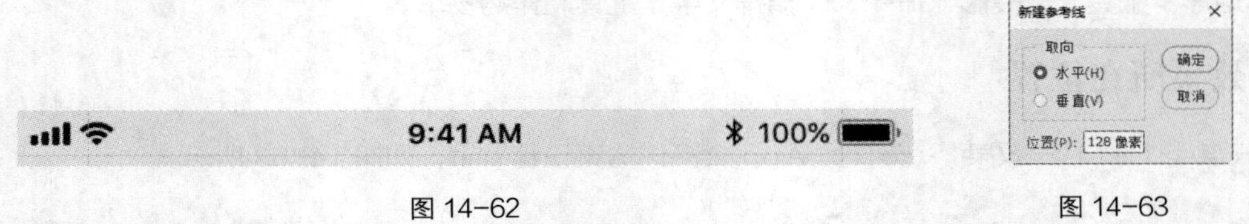

图 14-62　　图 14-63

（5）按 Ctrl＋O 组合键，打开云盘中的“Ch14 > 素材 > 美食类 App 食品详情页设计 > 02”文件。选择“移动”工具，将“返回”和“喜欢”图形分别拖曳到适当的位置，效果如图 14-64 所示，在“图层”控制面板中分别生成新的形状图层。

（6）选择“横排文字”工具 T，在距离上方参考线 28 px 的位置输入需要的文字并选取文字。选择“窗口 > 字符”命令，打开“字符”控制面板，将“颜色”选项设为蓝黑色（其 R、G、B 的值分别为 45、64、87），其他选项的设置如图 14-65 所示。按 Enter 键确定操作，效果如图 14-66 所示，在“图层”控制面板中生成新的文字图层。在按住 Shift 键的同时，单击“返回”图层，将需要的图层同时选取。按 Ctrl+G 组合键，编组图层并将其命名为“导航栏”。

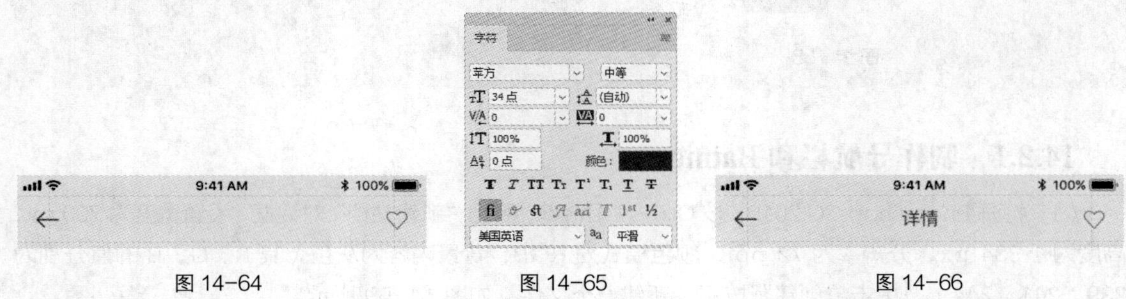

图 14-64　　图 14-65　　图 14-66

（7）选择“视图 > 新建参考线”命令，弹出“新建参考线”对话框。在 800 像素（距上方参考线 672 像素）的位置建立水平参考线，设置如图 14-67 所示。单击“确定”按钮，完成参考线的创建。

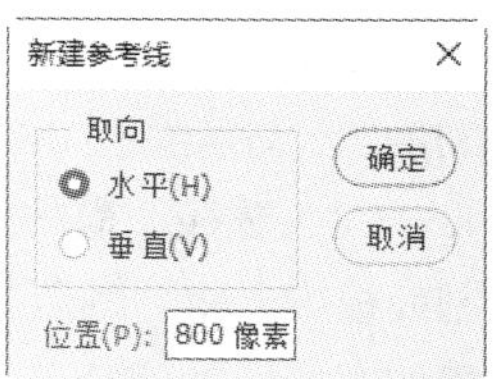

图 14-67

（8）选择“圆角矩形”工具 ，在属性栏的“选择工具模式”选项中选择“形状”，将填充色设为灰色（其 R、G、B 的值分别为 129、140、154），描边色设为无，“半径”选项设为 56 px，在适当的位置绘制圆角矩形，效果如图 14-68 所示，在“图层”控制面板中生成新的形状图层“圆角矩形 1”。

（9）选择“文件 > 置入嵌入对象”命令，弹出“置入嵌入的对象”对话框。选择云盘中的“Ch14 > 素材 > 美食类 App 食品详情页设计 > 03”文件。单击“置入”按钮，将图片置入到图像窗口中，再将其拖曳到适当的位置，调整其大小。按 Enter 键确定操作，在“图层”控制面板中生成新的图层并将其命名为“图 1”。按 Alt+Ctrl+G 组合键，为“图 1”图层创建剪贴蒙版，效果如图 14-69 所示。

（10）用相同的方法制作其他图形，效果如图 14-70 所示。在按住 Shift 键的同时，单击“圆角矩形 1”图层，将需要的图层同时选取。按 Ctrl+G 组合键，编组图层并将其命名为“Banner”。

图 14-68

图 14-69

图 14-70

14.2.2 添加详细信息

（1）在 Photoshop CC 2019 中，选择“视图 > 新建参考线”命令，弹出“新建参考线”对话框。在 856 像素（距上方参考线 56 像素）的位置建立水平参考线，设置如图 14-71 所示。单击“确定”按钮，完成参考线的创建。

（2）选择“横排文字”工具 T，在适当的位置输入需要的文字并选取文字。在“字符”面板中，将“颜色”选项设为蓝黑色（其 R、G、B 的值分别为 45、64、87），其他选项的设置如图 14-72 所示，按 Enter 键确定操作。用相同的方法再次在适当的位置输入红色（其 R、G、B 的值分别为 249、60、100）文字，效果如图 14-73 所示，在“图层”控制面板中分别生成新的文字图层。

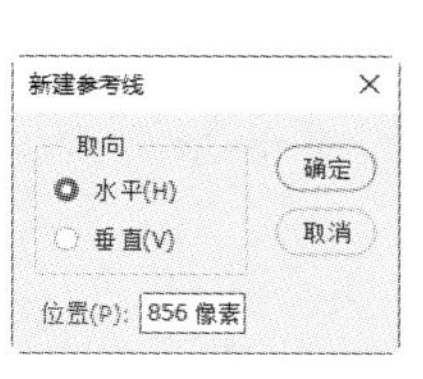

图 14-71

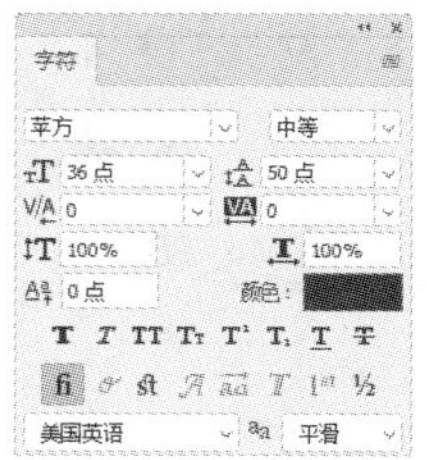

图 14-72

图 14-73

（3）在“02”图像窗口中，选择“移动”工具，将“时间”和“重量”图形分别拖曳到适当的位置，效果如图 14-74 所示，在“图层”控制面板中分别生成新的形状图层。

（4）选择“横排文字”工具，在适当的位置分别输入需要的文字并选取文字。在“字符”控制面板中，将“颜色”选项设为蓝黑色（其 R、G、B 的值分别为 100、124、153），其他选项的设置如图 14-75 所示。按 Enter 键确定操作，效果如图 14-76 所示，在“图层”控制面板中分别生成新的文字图层。

图 14-74

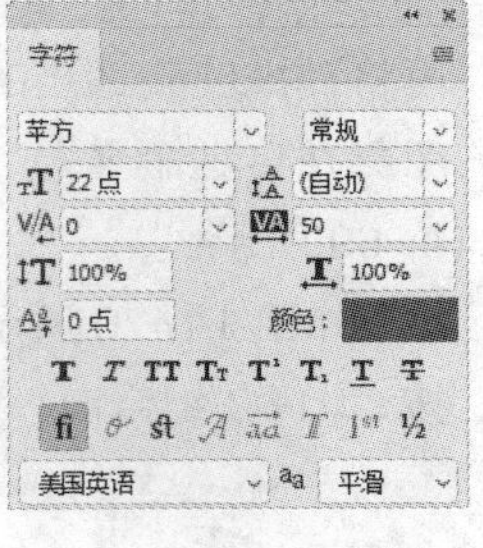

图 14-75

图 14-76

（5）选择“直线”工具，在属性栏中将填充色设为蓝黑色（其 R、G、B 的值分别为 100、124、153），描边色设为无，“粗细”选项设为 1 px。在按住 Shift 键的同时，在图像窗口中适当的位置绘制直线，如图 14-77 所示，在“图层”控制面板中生成新的形状图层“形状 1”。

（6）在“02”图像窗口中，选择“移动”工具，将“蔬菜”图形拖曳到适当的位置，效果如图 14-78 所示，在“图层”控制面板中生成新的形状图层。

图 14-77　　图 14-78

（7）用相同的方法输入其他文字，效果如图 14-79 所示，在“图层”控制面板中生成新的文字图层。选取需要的文字，在“字符”控制面板中，将“颜色”选项设为红色（其 R、G、B 的值分别为 100、124、153），其他选项的设置如图 14-80 所示。按 Enter 键确定操作，效果如图 14-81 所示。在按住 Shift 键的同时，单击“黑橄榄薄荷叶拼盘沙拉”图层，将需要的图层同时选取。按 Ctrl+G 组合键，编组图层并将其命名为“详细信息”。

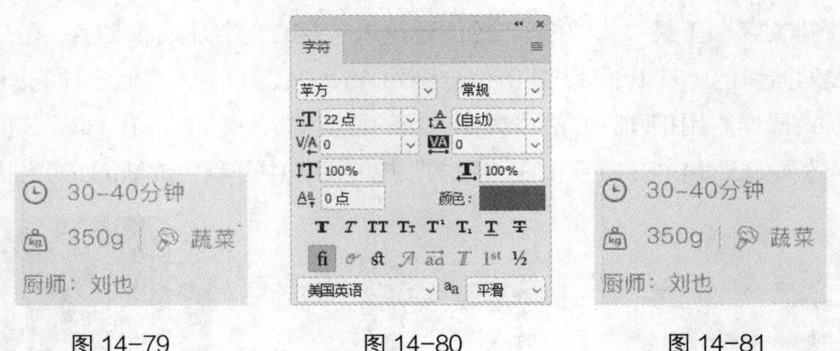

图 14-79　　图 14-80　　图 14-81

14.2.3 制作购物车

（1）在 Photoshop CC 2019 中，选择“圆角矩形”工具，在属性栏中将填充色设为白色，描边色设为无，“半径”选项设为 56 px。在适当的位置绘制圆角矩形，在“图层”控制面板中生成新的形状图层“圆角矩形 3”。

（2）单击“图层”控制面板下方的“添加图层样式”按钮 fx，在弹出的菜单中选择“投影”命令，弹出“图层样式”对话框，将投影颜色设为黑色，其他选项的设置如图 14-82 所示。单击“确定”按钮，效果如图 14-83 所示。

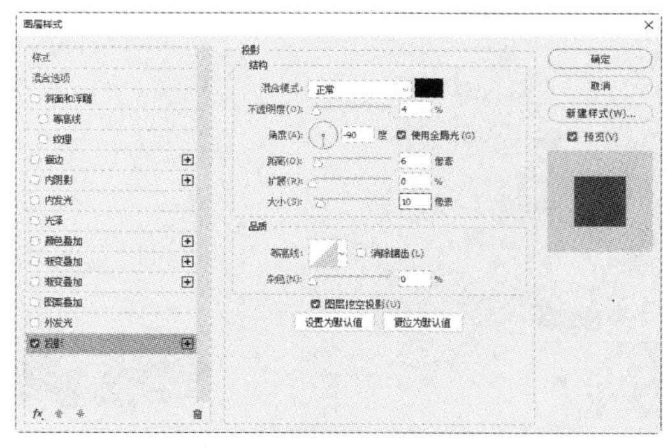

图 14-82

图 14-83

（3）选择“横排文字”工具 T，在适当的位置输入需要的文字并选取文字。在“字符”控制面板中，将“颜色”选项设为蓝黑色（其 R、G、B 的值分别为 45、64、87），其他选项的设置如图 14-84 所示。按 Enter 键确定操作，效果如图 14-85 所示，在“图层”控制面板中生成新的文字图层。

图 14-84　　图 14-85

（4）在“02”图像窗口中，选择“移动”工具 ✥，将“向上展开”图形拖曳到适当的位置，效果如图 14-86 所示，在“图层”控制面板中生成新的形状图层。

（5）选择“圆角矩形”工具 ▢，在属性栏中将“半径”选项设为 56 px，“粗细”选项设为 1 px，在适当的位置绘制圆角矩形，在“图层”控制面板中生成新的形状图层“圆角矩形 4”。在属性栏中将填充色设为无，描边色设为红色（其 R、G、B 的值分别为 249、60、100），如图 14-87 所示。

图 14-86　　图 14-87

（6）选择“移动”工具 ，在按住 Alt+Shift 组合键的同时，将其拖曳到适当的位置，复制图形，在“图层”控制面板中生成新的形状图层“圆角矩形 4 拷贝”。在属性栏中将填充色设为粉色（其 R、G、B 的值分别为 249、60、100），描边色设为无，效果如图 14-88 所示。

（7）选择“横排文字”工具 T，在适当的位置输入需要的文字并选取文字。在“字符”面板中，将“颜色”选项设为红色（其 R、G、B 的值分别为 249、60、100），其他选项的设置如图 14-89 所示。按 Enter 键确定操作，效果如图 14-90 所示，在“图层”控制面板中生成新的文字图层。

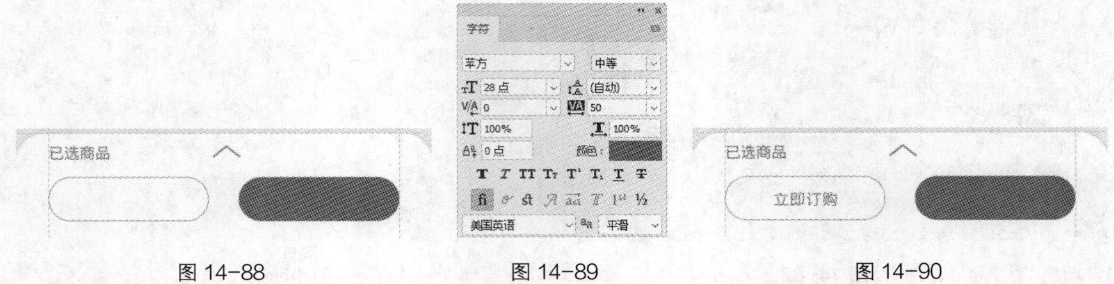

图 14-88　　图 14-89　　图 14-90

（8）单击“图层”控制面板下方的“添加图层样式”按钮 fx，在弹出的菜单中选择“投影”命令，弹出“图层样式”对话框，将投影颜色设为黑色，其他选项的设置如图 14-91 所示。单击“确定”按钮，效果如图 14-92 所示。

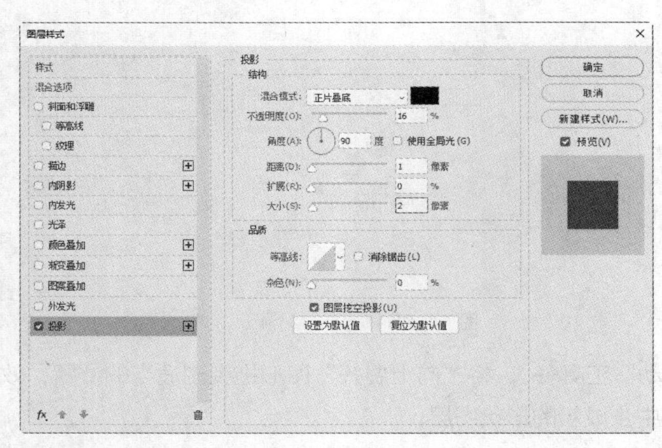

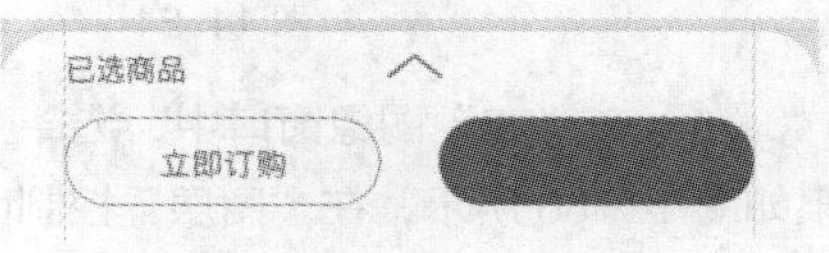

图 14-91　　图 14-92

（9）用相同的方法输入其他文字并添加投影，效果如图 14-93 所示。在按住 Shift 键的同时，单击“圆角矩形 3”图层，将需要的图层同时选取。按 Ctrl+G 组合键，编组图层并将其命名为“购物车”。

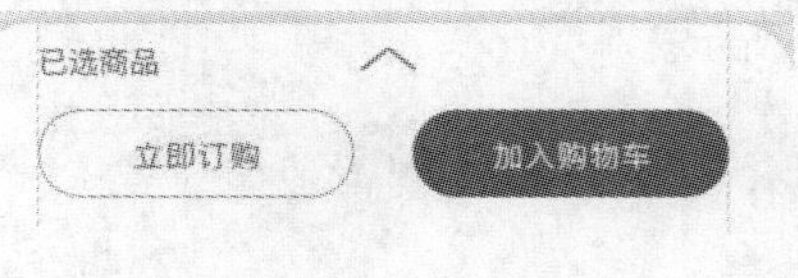

图 14-93

（10）美食类 App 食品详情页制作完成。按 Ctrl+S 组合键，弹出“另存为”对话框，将其命名为“美食类 App 食品详情页设计”，保存为 PSD 格式。单击“保存”按钮，弹出“Photoshop 格式选项”对话框，单击“确定”按钮，将文件保存。

14.3 课后习题——美食类 App 购物车页设计

习题知识要点

在 Photoshop 中，使用“新建参考线版面”命令分割页面，使用“移动”工具添加各类图标，使用“圆角矩形”工具、“置入嵌入对象”命令、“创建剪贴蒙版”命令和“横排文字”工具制作内容区和控制栏。

素材所在位置

云盘 > Ch14 > 素材 > 美食类 App 购物车页设计 > 01~04。

效果所在位置

云盘 > Ch14 > 效果 > 美食类 App 购物车页设计.psd，如图 14-94 所示。

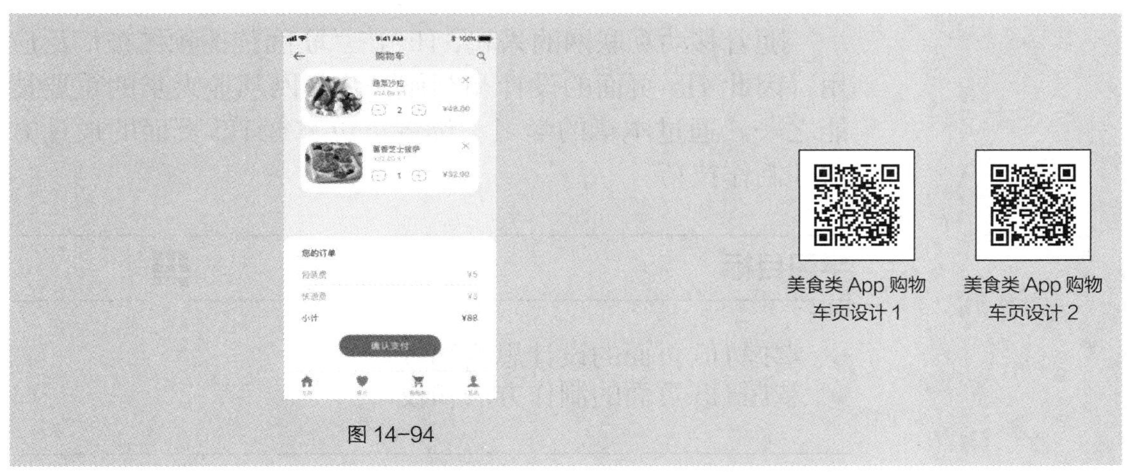

图 14-94

15

第15章 H5设计

本章介绍

随着移动互联网的兴起，H5 在互联网传播领域被广泛应用，因此 H5 页面的设计和制作是互联网从业人员的重要技能之一。通过本章的学习，读者可以掌握 H5 页面的设计方法和制作技巧。

学习目标

- 掌握 H5 页面的设计思路和过程。
- 掌握 H5 页面的制作方法和技巧。

技能目标

- 掌握文化传媒行业企业招聘 H5 首页的制作方法。
- 掌握文化传媒行业企业招聘 H5 工作环境页的制作方法。
- 掌握文化传媒行业企业招聘 H5 待遇页的制作方法。

15.1 文化传媒行业企业招聘 H5 首页设计

案例学习目标

在 Photoshop 中，学习使用“置入嵌入对象”命令、“图层”控制面板、“字符”控制面板、“添加图层样式”按钮、“钢笔”工具和“渐变”工具制作文化传媒行业企业招聘 H5 首页。

案例知识要点

在 Photoshop 中，使用“置入嵌入对象”命令、“不透明度”选项合成底图，使用“横排文字”工具、“字符”控制面板、“渐变叠加”命令添加并编辑标题文字，使用“钢笔”工具、“添加图层蒙版”按钮、“渐变”工具为文字添加阴影效果。

效果所在位置

云盘 > Ch15 > 效果 > 文化传媒行业企业招聘 H5 首页设计.psd，如图 15-1 所示。

图 15-1

15.1.1 添加并编辑文字

（1）打开 Photoshop CC 2019，按 Ctrl+N 组合键，弹出“新建文档”对话框。设置宽度为 750 px，高度为 1 206 px，分辨率为 72 ppi，颜色模式为 RGB，背景内容为白色，单击“创建”按钮，新建一个文件。

（2）选择“文件 > 置入嵌入对象”命令，弹出“置入嵌入的对象”对话框。分别选择云盘中的“Ch15 > 素材 > 文化传媒行业企业招聘 H5 首页设计 > 01、02”文件，单击“置入”按钮，将图片置入到图像窗口中。将图片拖曳到适当的位置并调整其大小，按 Enter 键确定操作，效果如图 15-2 所示。在“图层”控制面板中分别生成新的图层并将其命名为“底图”和“地球”。

（3）在“图层”控制面板上方，将“地球”图层的“不透明度”选项设为 60%，如图 15-3 所示，图像效果如图 15-4 所示。

（4）选择“横排文字”工具 T，在适当的位置输入需要的文字并选取文字。选择“窗口 > 字符”命令，弹出“字符”控制面板，将“颜色”选项设为黑色，其他选项的设置如图 15-5 所示。按 Enter

键确定操作，效果如图 15-6 所示，在“图层”控制面板中生成新的文字图层。

图 15-2 图 15-3 图 15-4

图 15-5 图 15-6

（5）单击“图层”控制面板下方的“添加图层样式”按钮 fx，在弹出的菜单中选择“渐变叠加”命令，弹出“渐变叠加”对话框。单击“渐变”选项右侧的“点按可编辑渐变”按钮，弹出“渐变编辑器”对话框。将渐变颜色设为从深蓝色（其 R、G、B 的值分别为 34、51、85）到灰蓝色（其 R、G、B 的值分别为 89、97、113），如图 15-7 所示。单击“确定”按钮，返回到“渐变叠加”对话框，其他选项的设置如图 15-8 所示。单击“确定”按钮，效果如图 15-9 所示。

图 15-7

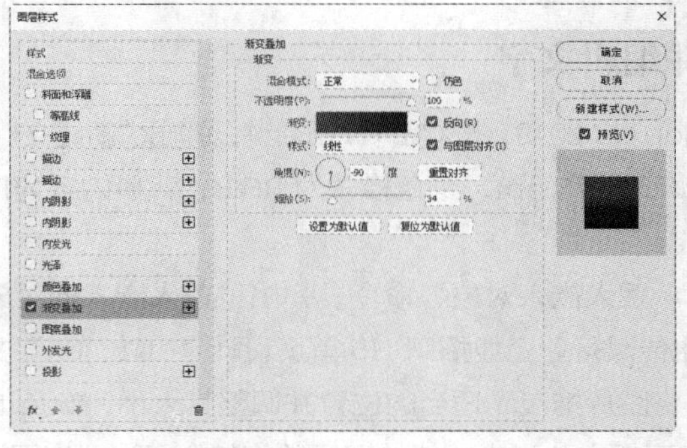

图 15-8

图 15-9

（6）选择“横排文字”工具 T，在适当的位置输入需要的文字并选取文字。在“字符”控制面板中，将“颜色”选项设为黑色，其他选项的设置如图 15-10 所示。按 Enter 键确定操作，效果如图 15-11 所示，在“图层”控制面板中生成新的文字图层。

（7）在“诚”文字图层上单击鼠标右键，在弹出的菜单中选择“拷贝图层样式”命令。在“聘”文字图层上单击鼠标右键，在弹出的快捷菜单中选择“粘贴图层样式”命令，效果如图 15-12 所示。

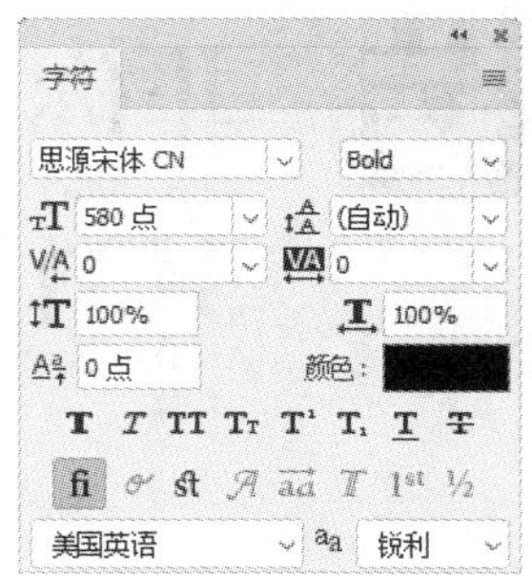

图 15-10

图 15-11

图 15-12

15.1.2 添加其他首页信息

（1）在 Photoshop CC 2019 中，选择“钢笔”工具，将属性栏中的“选择工具模式”选项设为“形状”，在图像窗口中绘制图形，效果如图 15-13 所示，在“图层”控制面板中生成新的形状图层并将其命名为“阴影”。单击“图层”控制面板下方的“添加图层蒙版”按钮，为“阴影”图层添加图层蒙版，如图 15-14 所示。

（2）选择“渐变”工具，单击属性栏中的“点按可编辑渐变”按钮，弹出“渐变编辑器”对话框，将渐变色设为从黑色到白色，如图 15-15 所示，单击“确定”按钮。在图像窗口中从左到右拖曳渐变色，效果如图 15-16 所示。

图 15-13

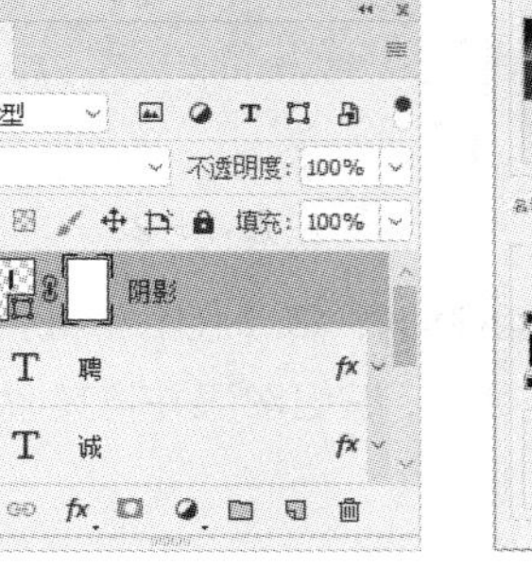

图 15-14

图 15-15

图 15-16

（3）在“图层”控制面板中，将“阴影”图层拖曳到“聘”文字图层的下方，如图 15-17 所示，图像效果如图 15-18 所示。

（4）选择“横排文字”工具，在图像窗口中分别输入需要的文字并选取文字。在属性栏中分别选择合适的字体并设置文字大小，将“文本颜色”选项设为深蓝色（其 R、G、B 的值分别为 43、58、96），效果如图 15-19 所示。在“图层”控制面板中分别生成新的文字图层。

（5）选择文字“Art Design 文化传播有限公司”，按 Alt+ → 组合键，适当调整文字的间距，效果如图 15-20 所示。

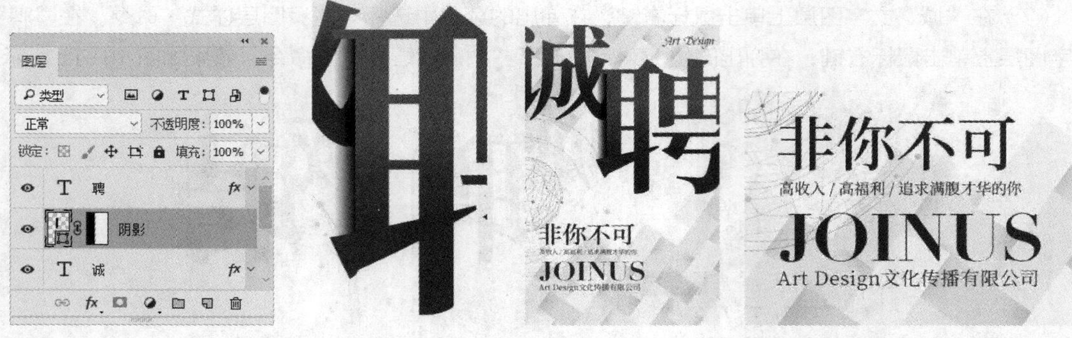

图 15-17　　图 15-18　　图 15-19　　图 15-20

（6）选择“文件 > 置入嵌入对象”命令，弹出“置入嵌入的对象”对话框。选择云盘中的“Ch15 > 素材 > 文化传媒行业企业招聘 H5 首页设计 > 03”文件，单击“置入”按钮，将图片置入到图像窗口中，再将其拖曳到适当的位置，调整其大小。按 Enter 键确定操作，效果如图 15-21 所示，在“图层”控制面板中生成新的图层并将其命名为“三角”。

（7）选择“横排文字”工具 T，在图像窗口中输入需要的文字并选取文字。在属性栏中选择合适的字体并设置文字大小，将“文本颜色”选项设为浅蓝色（其 R、G、B 的值分别为 168、174、194）。按 Alt+ → 组合键，适当调整文字的间距，文字效果如图 15-22 所示，在“图层”控制面板中生成新的文字图层。

Art Design文化传播有限公司

我们期待志同道合的你 梦想在此还等什么

图 15-21　　图 15-22

（8）在“图层”控制面板中，在按住 Shift 键的同时，将“底图”图层和“我们期待……等什么”文字图层之间的所有图层同时选取。按 Ctrl+G 组合键，编组图层并将其命名为“首页”，如图 15-23 所示，图像效果如图 15-24 所示。

图 15-23　　图 15-24

（9）文化传媒行业企业招聘 H5 首页制作完成。按 Ctrl+S 组合键，弹出“另存为”对话框，将其命名为“文化传媒行业企业招聘 H5 首页设计”，保存为PSD 格式。单击“保存”按钮，弹出“Photoshop 格式选项”对话框，单击“确定”按钮，将文件保存。

15.2 文化传媒行业企业招聘 H5 工作环境页设计

案例学习目标

在 Photoshop 中，学习使用“置入嵌入对象”命令、绘图工具、“创建剪贴蒙版”命令、“添加图层样式”按钮、“图层”控制面板和“横排文字”工具制作文化传媒行业企业招聘 H5 工作环境页。

案例知识要点

在 Photoshop 中，使用“矩形”工具、“不透明度”选项和“渐变叠加”命令制作网格背景，使用“矩形”工具、“置入嵌入对象”命令、“创建剪贴蒙版”命令制作蒙版效果，使用“自定形状”工具绘制装饰图形。

效果所在位置

云盘 > Ch15 > 效果 > 文化传媒行业企业招聘 H5 工作环境页设计.psd，如图 15-25 所示。

图 15-25

15.2.1 制作背景效果

（1）打开 Photoshop CC 2019，按 Ctrl+O 组合键，打开云盘中的“Ch15 > 效果 > 文化传媒行业企业招聘 H5 首页设计.psd”文件，如图 15-26 所示。

（2）选择“矩形”工具□，在属性栏的“选择工具模式”选项中选择“形状”，将填充色设为深蓝色（其 R、G、B 的值分别为 43、58、96），描边色设为无，在图像窗口中绘制一个矩形，效果如图 15-27 所示，在“图层”控制面板中生成新的图层“矩形 1”。

图 15-26

图 15-27

（3）在“图层”控制面板上方，将“矩形 1”图层的“不透明度”选项设为 85%，如图 15-28 所示，按 Enter 键确定操作，效果如图 15-29 所示。

图 15-28

图 15-29

（4）按 Ctrl+J 组合键，复制“矩形 1”图层，生成新的图层“矩形 1 拷贝”。在“图层”控制面板上方，将“矩形 1 拷贝”图层的“不透明度”选项设为 100%，如图 15-30 所示，按 Enter 键确定操作。在属性栏中将填充色设为白色，如图 15-31 所示。按 Ctrl+T 组合键，在图像周围出现变换框，在按住 Alt+Shift 组合键的同时，拖曳右下角的控制手柄等比例缩小图片。按 Enter 键确定操作，效果如图 15-32 所示。

（5）单击“图层”控制面板下方的“添加图层样式”按钮 fx，在弹出的菜单中选择“图案叠加”命令，弹出“图案叠加”对话框。单击“图案”选项，弹出图案选择面板，单击右上方的按钮 ⚙，在弹出的菜单中选择“图案”命令，弹出提示对话框，单击“追加”按钮。在面板中选中需要的图案，如图 15-33 所示，其他选项的设置如图 15-34 所示。单击“确定”按钮，效果如图 15-35 所示。

图 15-30　　图 15-31 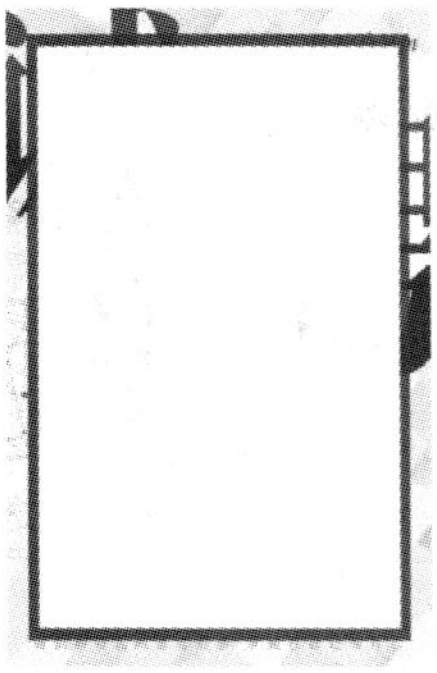　　图 15-32 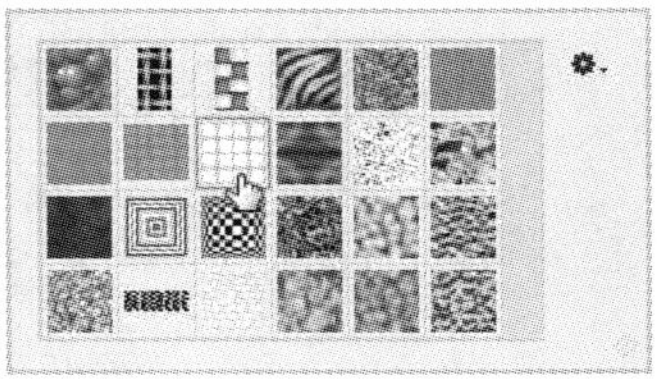　　图 15-33

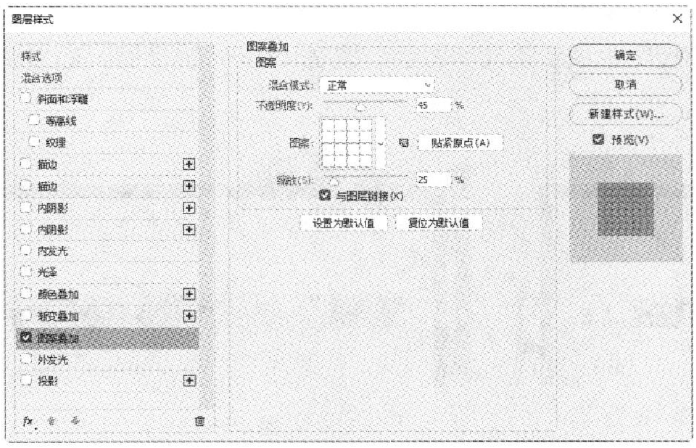

图 15-34 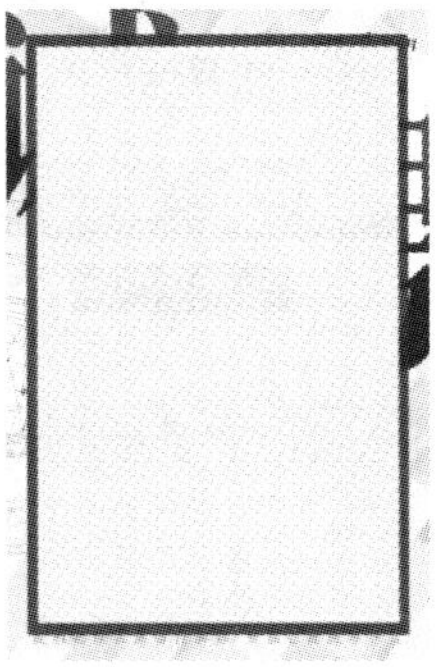　　图 15-35

（6）选择“矩形”工具，在图像窗口中绘制一个矩形，在属性栏中将填充色设为深蓝色（其 R、G、B 的值分别为 43、58、96），描边色设为无，效果如图 15-36 所示，在“图层”控制面板中生成新的图层“矩形 2”。

（7）选择“文件 > 置入嵌入对象”命令，弹出“置入嵌入的对象”对话框。选择云盘中的“Ch15 > 素材 > 文化传媒行业企业招聘 H5 工作环境页设计 > 01”文件，单击“置入”按钮，将图片置入到图像窗口中，再将其拖曳到适当的位置，调整其大小。按 Enter 键确定操作，效果如图 15-37 所示，在“图层”控制面板中生成新的图层并将其命名为“楼房”。

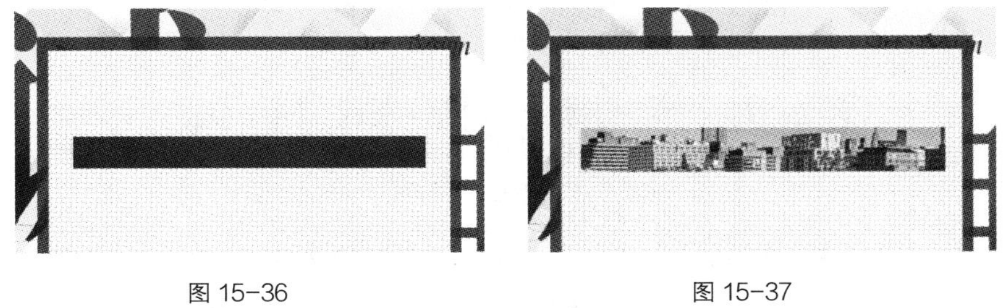

图 15-36　　图 15-37

（8）在按住 Alt 键的同时，将鼠标指针放在“楼房”图层和“矩形 2”图层的中间，指针变为图标，如图 15-38 所示。单击鼠标左键，创建剪贴蒙版，图像效果如图 15-39 所示。

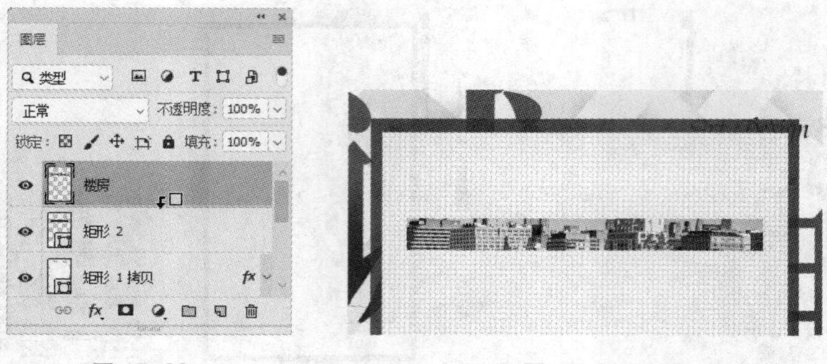

图 15-38　　图 15-39

（9）选择“横排文字”工具 T，在适当的位置输入需要的文字并选取文字。在属性栏中选择合适的字体并设置文字大小，设置文本颜色为蓝色（其 R、G、B 的值分别为 75、87、120），效果如图 15-40 所示，在“图层”控制面板中生成新的文字图层。按 Alt+ → 组合键，适当调整文字的间距，效果如图 15-41 所示。

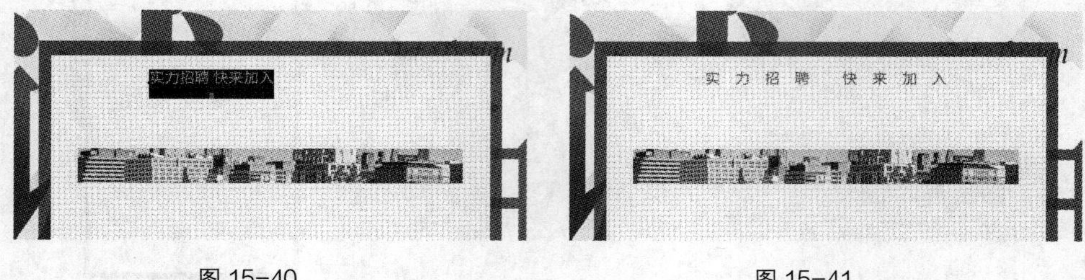

图 15-40　　图 15-41

（10）选择“椭圆”工具，在属性栏中将填充色设为蓝色（其 R、G、B 的值分别为 75、87、120），描边色设为无。在按住 Shift 键的同时，在图像窗口中绘制圆形，效果如图 15-42 所示，在“图层”控制面板中生成新的图层“椭圆 1”。

（11）选择“路径选择”工具，在按住 Alt+Shift 组合键的同时，水平向右拖曳图形到适当的位置，复制图形，效果如图 15-43 所示。用相同的方法按需要再复制 4 个图形，效果如图 15-44 所示。

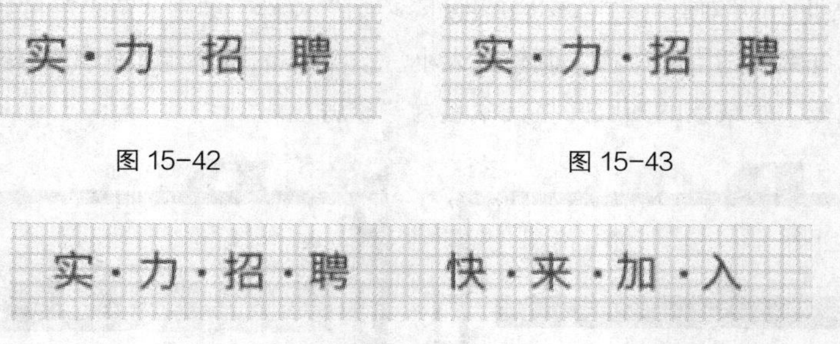

图 15-42　　图 15-43

图 15-44

（12）选择“横排文字”工具 T，在适当的位置输入需要的文字并选取文字。在属性栏中选择合适的字体并设置文字大小，设置文本颜色为深蓝色（其 R、G、B 的值分别为 43、58、96），效果如图 15-45 所示，在“图层”控制面板中生成新的文字图层。按 Alt+ → 组合键，适当调整文字的间距，效果如图 15-46 所示。

图 15-45

图 15-46

15.2.2 制作展示环境图片

（1）在 Photoshop CC 2019 中，选择“自定形状”工具，单击属性栏中的“形状”选项。弹出“形状”面板。单击面板右上方的按钮，在弹出的菜单中选择“自然”命令，弹出提示对话框，单击“确定”按钮。在“形状”面板中选中图形“波浪”，如图 15-47 所示。在属性栏中将填充色设为深蓝色（其 R、G、B 的值分别为 43、58、96），在图像窗口中拖曳鼠标绘制图形，效果如图 15-48 所示，在“图层”控制面板中生成新的图层“形状 1”。

（2）选择“移动”工具，按 Ctrl+J 组合键，复制“形状 1”图层，生成新的图层“形状 1 拷贝”。在按住 Shift 键的同时，水平向右拖曳图形到适当的位置，效果如图 15-49 所示。

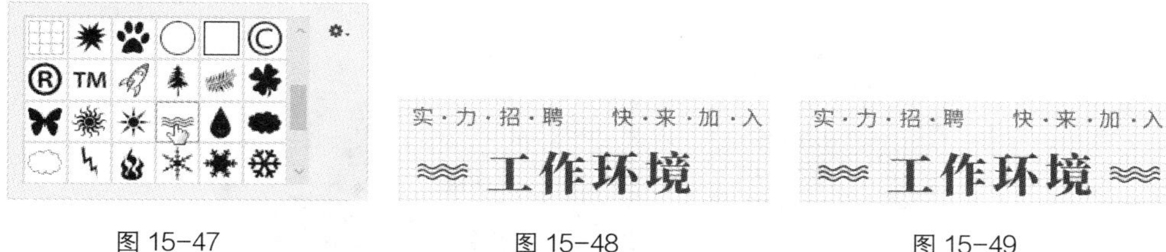

图 15-47　　图 15-48　　图 15-49

（3）选择“矩形”工具，在图像窗口中绘制一个矩形，在属性栏中将填充色设为深蓝色（其 R、G、B 的值分别为 43、58、96），描边色设为无，效果如图 15-50 所示，在“图层”控制面板中生成新图层“矩形 3”。

（4）选择“文件 > 置入嵌入对象”命令，弹出“置入嵌入的对象”对话框。选择云盘中的“Ch15 > 素材 > 文化传媒行业企业招聘 H5 工作环境页设计 > 02”文件，单击“置入”按钮，将图片置入到图像窗口中，再将其拖曳到适当的位置，调整其大小。按 Enter 键确定操作，效果如图 15-51 所示，在“图层”控制面板中生成新的图层并将其命名为“综合办公区”。

图 15-50

图 15-51

（5）按 Alt+Ctrl+G 组合键，为“综合办公区”图层创建剪贴蒙版，图像效果如图 15-52 所示。

选择“横排文字”工具 T，在适当的位置输入需要的文字并选取文字。在属性栏中选择合适的字体并设置文字大小，设置文本颜色为深蓝色（其 R、G、B 的值分别为 43、58、96），效果如图 15-53 所示，在“图层”控制面板中生成新的文字图层。

图 15-52

图 15-53

（6）用相同的方法置入图像并制作剪贴蒙版，添加相应的文字，效果如图 15-54 所示。选择“横排文字”工具 T，在适当的位置输入需要的文字并选取文字。在属性栏中选择合适的字体并设置文字大小，设置文本颜色为深蓝色（其 R、G、B 的值分别为 43、58、96），效果如图 15-55 所示，在“图层”控制面板中生成新的文字图层。

图 15-54

图 15-55

（7）在“图层”控制面板中，按住 Shift 键的同时，将“JOIN US”文字图层和“矩形 1”图层之间的所有图层同时选取。按 Ctrl+G 组合键，编组图层并将其命名为“工作环境”，如图 15-56 所示，图像效果如图 15-57 所示。

图 15-56

图 15-57

（8）文化传媒行业企业招聘 H5 工作环境页制作完成。按 Shift+Ctrl+S 组合键，弹出“另存为”对话框，将其命名为“文化传媒行业企业招聘 H5 工作环境页设计”，保存为 PSD 格式。单击“保存”按钮，弹出“Photoshop 格式选项”对话框，单击“确定”按钮，将文件保存。

15.3 课后习题——文化传媒行业企业招聘 H5 待遇页设计

习题知识要点

在 Photoshop 中，使用“横排文字”工具更改标题文字，使用“椭圆”工具、“描边类型”选项、“横排文字”工具、“字符”控制面板制作福利待遇模块。

效果所在位置

云盘 > Ch15 > 效果 > 文化传媒行业企业招聘 H5 待遇页设计.psd，如图 15-58 所示。

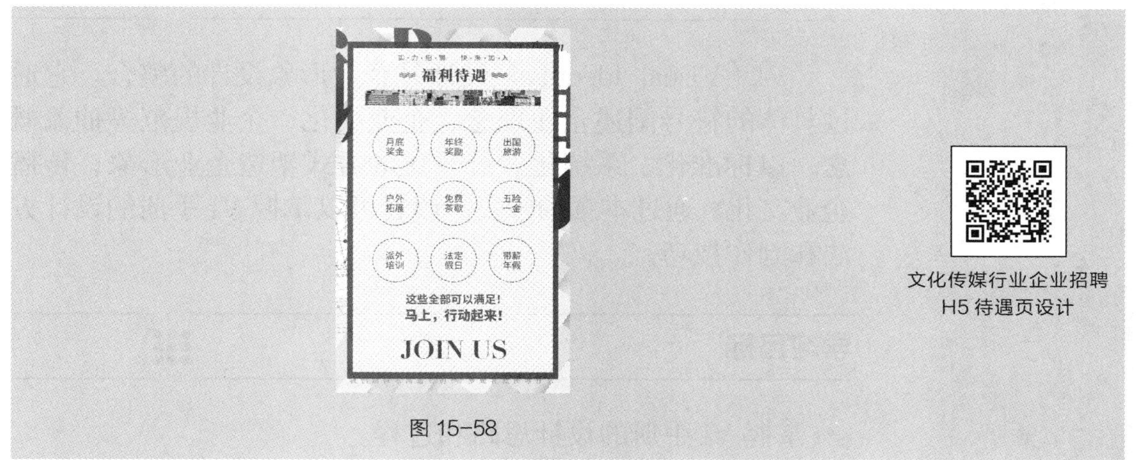

图 15-58

第 16 章 VI 设计

本章介绍

VI（Visual Identity）设计是企业形象设计的整合。它通过具体的符号阐述企业理念、企业文化、企业规范等抽象概念，以标准化、系统化、统一化的方式塑造企业形象，传播企业文化。通过本章的学习，读者可以掌握 VI 手册的设计方法和制作技巧。

学习目标

- 掌握 VI 手册的设计思路和过程。
- 掌握 VI 手册的制作方法和技巧。

技能目标

- 掌握盛发游戏 VI 手册的制作方法。
- 掌握伯仑酒店 VI 手册的制作方法。

16.1 盛发游戏 VI 手册设计

案例学习目标

在 Illustrator 中，学习使用绘图工具、“剪刀”工具、“混合”工具、“文字”工具和其他辅助工具制作 VI 设计手册基础部分和 VI 设计手册应用部分。

案例知识要点

在 Illustrator 中，使用“直线段”工具、“文字”工具、“矩形”工具、“直接选择”工具和“填充”工具制作 VI 手册模板；使用“矩形网格”工具绘制需要的网格，使用“直线段”工具和“文字”工具对图形进行标注，使用“矩形”工具、“钢笔”工具和“镜像”工具制作信封效果，使用“描边”控制面板制作虚线效果。

效果所在位置

云盘 > Ch16 > 效果 > 盛发游戏 VI 手册设计 > 模板 A.ai、模板 B.ai、标志制图.ai、标志组合规范.ai、标志墨稿与反白应用规范.ai、标准色.ai、公司名片.ai、信纸.ai、信封.ai、传真.ai，如图 16-1 所示。

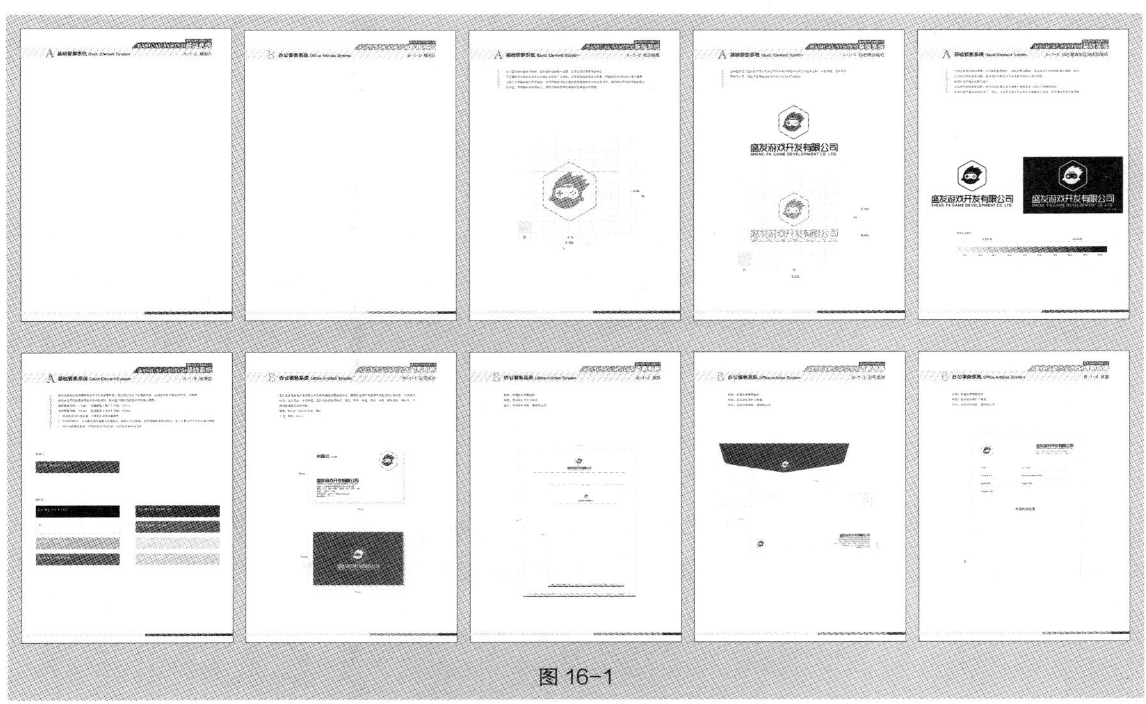

图 16-1

16.1.1 制作模板 A

（1）打开 Illustrator CC 2019，按 Ctrl+N 组合键，新建一个 A4 文档。选择“矩形”工具，绘制一个与页面大小相等的矩形，填充图形为白色，并设置描边色为无，效果如图 16-2 所示。按 Ctrl+2 组合键，锁定所选对象。

图 16-2

（2）选择“直线段”工具，在按住 Shift 键的同时，在页面上方绘制一条直线，设置描边色为浅蓝色（其 C、M、Y、K 的值分别为 22、0、0、0），填充描边，效果如图 16-3 所示。

（3）选择“选择”工具，在按住 Alt+Shift 组合键的同时，垂直向下拖曳直线到适当的位置，复制直线。设置描边色为淡蓝色（其 C、M、Y、K 的值分别为 10、0、0、0），填充描边，效果如图 16-4 所示。

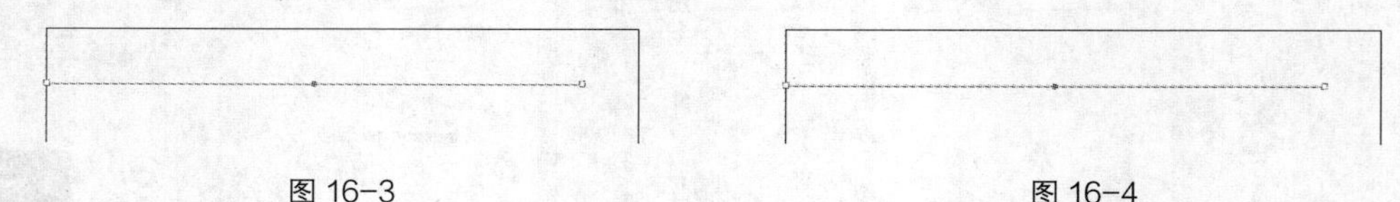
图 16-3　　图 16-4

（4）用框选的方法将所绘制的两条直线同时选取，按 Ctrl+G 组合键，将其编组。在按住 Alt+Shift 组合键的同时，垂直向下拖曳编组直线到适当的位置，复制编组直线，效果如图 16-5 所示。连续按 Ctrl+D 组合键，按需要再复制出多条编组直线，效果如图 16-6 所示。

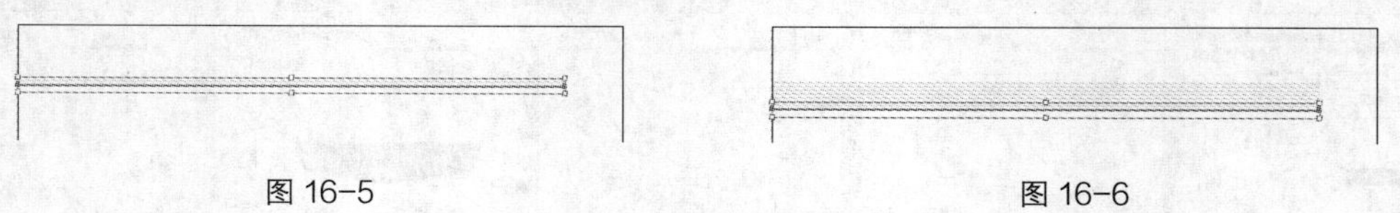
图 16-5　　图 16-6

（5）选择“矩形”工具，在适当的位置绘制一个矩形。设置填充色为天蓝色（其 C、M、Y、K 的值分别为 100、30、0、0），填充图形，并设置描边色为无，效果如图 16-7 所示。

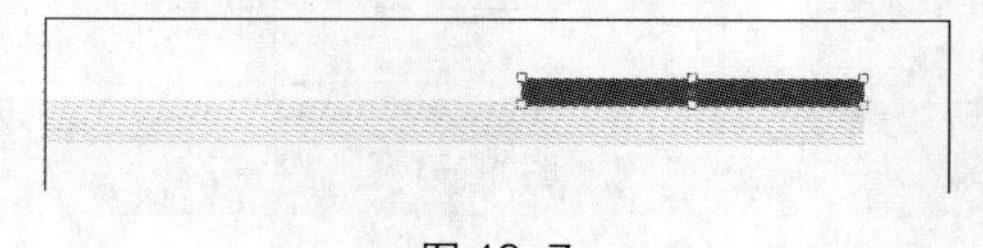
图 16-7

（6）选择“直接选择”工具[icon]，在按住 Shift 键的同时，选中并向右拖曳矩形左上角的锚点到适当的位置，效果如图 16-8 所示。

（7）选择“矩形”工具[icon]，在适当的位置绘制一个矩形。设置填充色为海蓝色（其 C、M、Y、K 的值分别为 95、67、21、9），填充图形，并设置描边色为无，效果如图 16-9 所示。

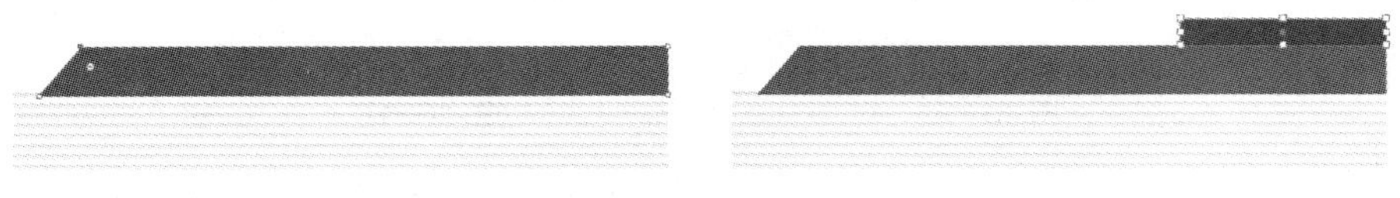

图 16-8　　图 16-9

（8）选择“文字”工具[icon]，在适当的位置分别输入需要的文字。选择“选择”工具[icon]，在属性栏中分别选择合适的字体并设置文字大小，填充文字为白色，效果如图 16-10 所示。选择“文字”工具[icon]，选取文字“基础系统”，在属性栏中选择合适的字体并设置文字大小，效果如图 16-11 所示。

图 16-10　　图 16-11

（9）选择“文字”工具[icon]，在适当的位置分别输入需要的文字。选择“选择”工具[icon]，在属性栏中分别选择合适的字体并设置文字大小，效果如图 16-12 所示。选取英文“A”，设置填充色为青色（其 C、M、Y、K 的值分别为 100、0、0、0），填充文字，效果如图 16-13 所示。

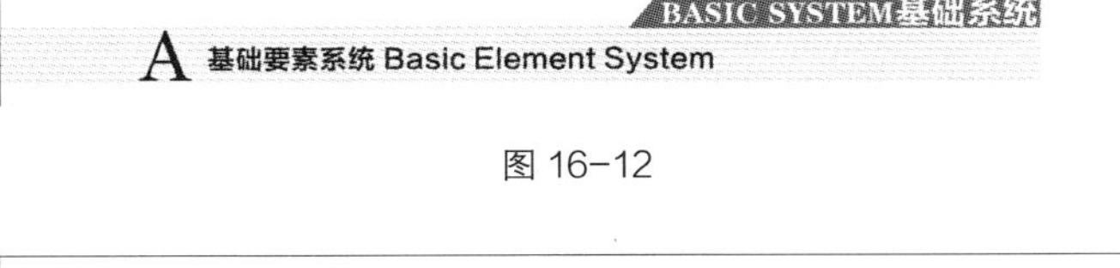

图 16-12

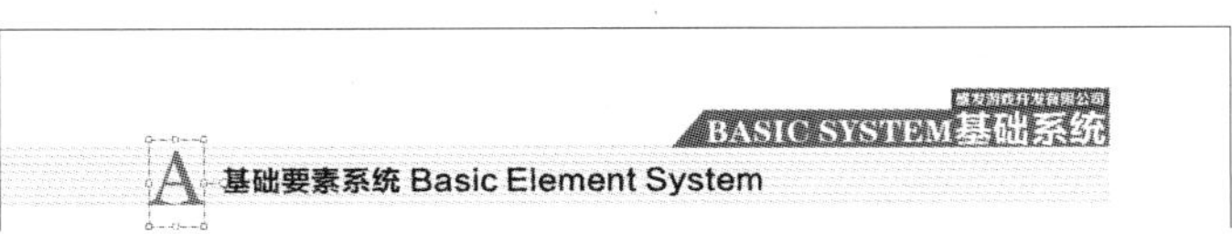

图 16-13

（10）选取右侧需要的文字，设置填充色为海蓝色（其 C、M、Y、K 的值分别为 95、67、21、9），填充文字，效果如图 16-14 所示。选取英文“Basic Element System”，在属性栏中设置文字大小，效果如图 16-15 所示。

图 16-14　　图 16-15

（11）选择“文字”工具[icon]，在适当的位置输入需要的文字。选择“选择”工具[icon]，在属性栏中选择合适的字体并设置文字大小，单击“右对齐”按钮，并微调文字到适当的位置，效果如图 16-16 所示。设置填充色为海蓝色（其 C、M、Y、K 的值分别为 95、67、21、9），填充文字，效果如图 16-17 所示。

图 16-16　　图 16-17

（12）选择“矩形”工具，在适当的位置绘制一个矩形。设置填充色为海蓝色（其 C、M、Y、K 的值分别为 95、67、21、9），填充图形，并设置描边色为无，效果如图 16-18 所示。

（13）按 Ctrl+C 组合键，复制图形，按 Ctrl+F 组合键，将复制的图形粘贴在前面。选择“选择”工具，向左拖曳矩形右边中间的控制手柄到适当的位置，调整其大小。设置填充色为天蓝色（其 C、M、Y、K 的值分别为 100、30、0、0），填充图形，效果如图 16-19 所示。

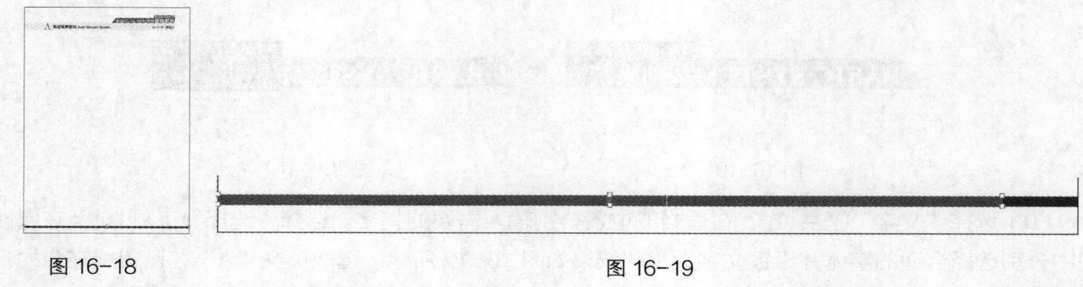

图 16-18　　图 16-19

（14）用相同的方法再复制一个矩形，调整其大小，并设置填充色为淡蓝色（其 C、M、Y、K 的值分别为 10、0、0、0），填充图形，效果如图 16-20 所示。模板 A 制作完成，效果如图 16-21 所示。模板 A 部分为 VI 手册中的基础部分。

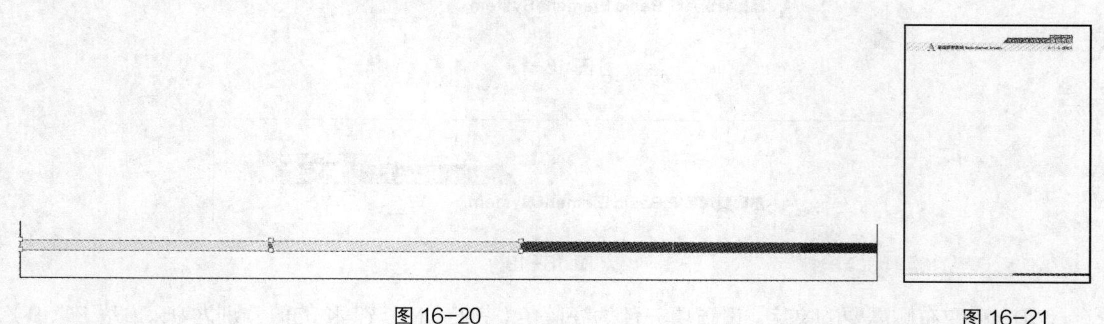

图 16-20　　图 16-21

（15）按 Ctrl+S 组合键，弹出“存储为”对话框，将其命名为“模板 A”，保存为 AI 格式，单击“保存”按钮，弹出“Illustrator 选项”对话框，单击“确定”按钮，将文件保存。

16.1.2　制作模板 B

（1）在 Illustrator CC 2019 中，按 Ctrl+O 组合键，打开云盘中的“Ch16 > 效果 > 盛发游戏 VI 手册设计 > 模板 A.ai”文件，如图 16-22 所示。选择“文字”工具，选取文字“基础”，如图 16-23 所示。重新输入需要的文字，效果如图 16-24 所示。

图 16-22

图 16-23

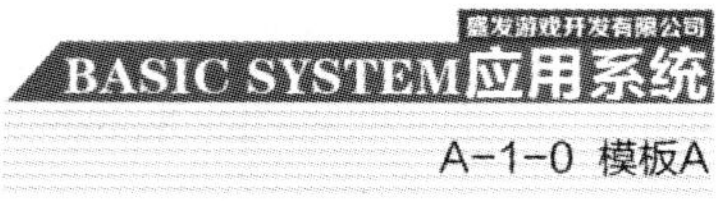

图 16-24

（2）用相同的方法选取并重新输入英文“APPLICATION SYSTEM”，效果如图 16-25 所示。选择“选择”工具，选取需要的图形，向左拖曳图形左边中间的控制手柄到适当的位置，调整其大小，效果如图 16-26 所示。

图 16-25

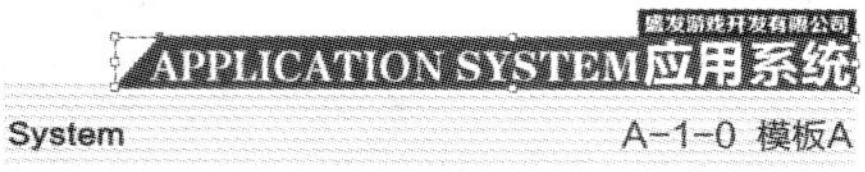

图 16-26

（3）保持图形的选取状态。设置填充色为橙黄色（其 C、M、Y、K 的值分别为 0、45、100、0），填充图形，效果如图 16-27 所示。选取右上方的矩形，设置填充色为深红色（其 C、M、Y、K 的值分别为 0、100、100、33），填充图形，效果如图 16-28 所示。

图 16-27

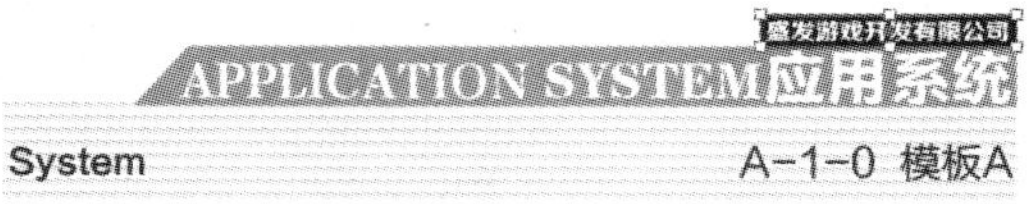

图 16-28

（4）用相同的方法分别修改其他图形和文字，并填充相应的颜色，效果如图 16-29 所示。选择“选择”工具，选取“模板”下方的矩形，设置填充色为深红色（其 C、M、Y、K 的值分别为 0、100、100、33），填充图形，效果如图 16-30 所示。

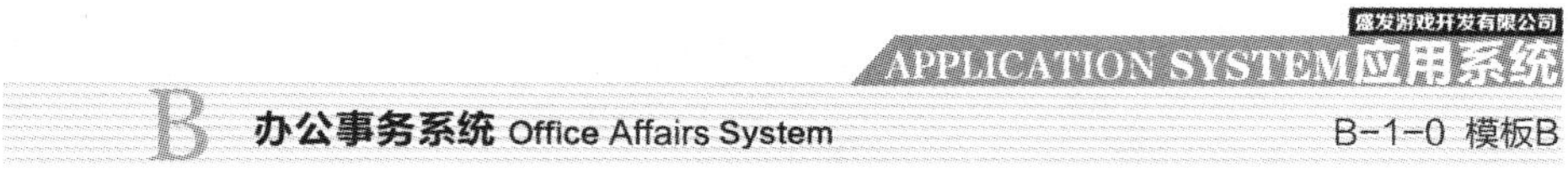

图 16-29

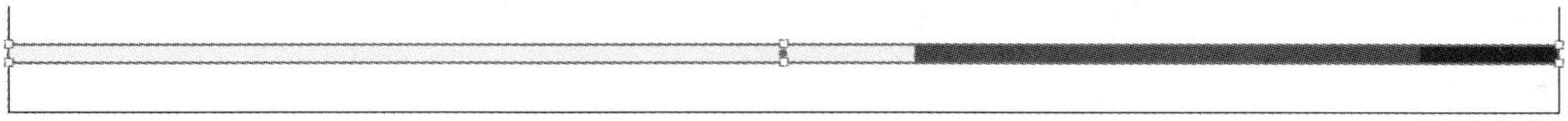

图 16-30

（5）用相同的方法分别选中另外两个矩形，并填充相应的颜色，效果如图 16-31 所示。模板 B 制作完成，效果如图 16-32 所示。模板 B 部分为 VI 手册中的应用部分。

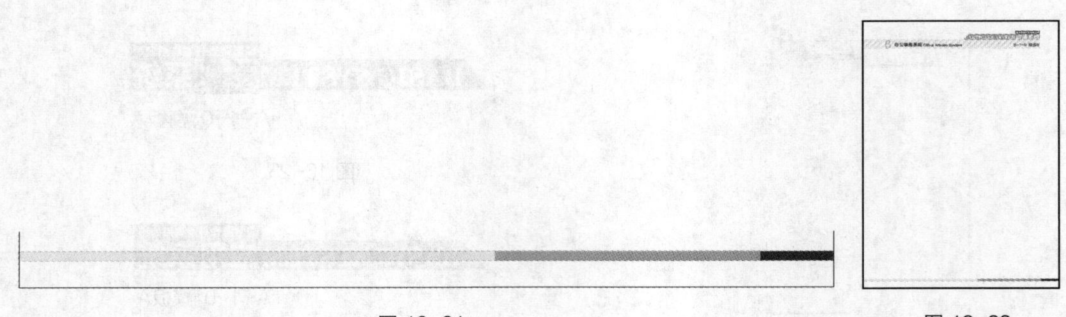

图 16-31

图 16-32

（6）按 Shift+Ctrl+S 组合键，弹出“存储为”对话框，将其命名为“模板 B”，保存为 AI 格式，单击“保存”按钮，弹出“Illustrator 选项”对话框，单击“确定”按钮，将文件保存。

16.1.3 制作标志制图

（1）在 Illustrator CC 2019 中，按 Ctrl+O 组合键，打开云盘中的“Ch16 > 效果 > 盛发游戏 VI 手册设计 > 模板 A.ai”文件，如图 16-33 所示，选择“文字”工具 T，选取并重新输入文字“A-1-2 标志制图”，效果如图 16-34 所示。

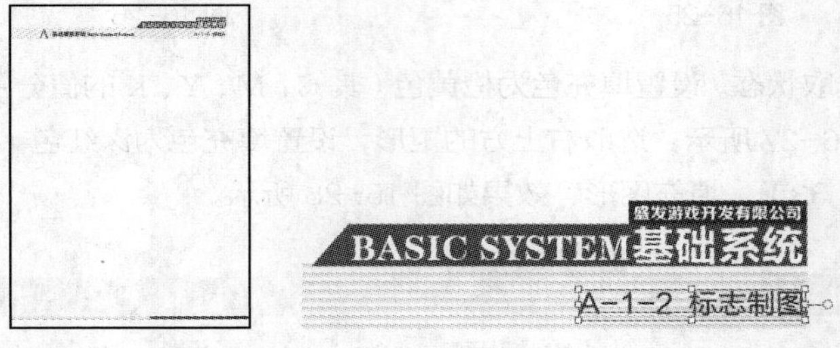

图 16-33

盛发游戏开发有限公司
BASIC SYSTEM基础系统
A-1-2 标志制图

图 16-34

（2）选择“文字”工具 T，在页面中输入需要的文字。选择“选择”工具，在属性栏中选择合适的字体并设置文字大小，效果如图 16-35 所示。

BASIC SYSTEM基础系统
A 基础要素系统 Basic Element System
A-1-2 标志制图

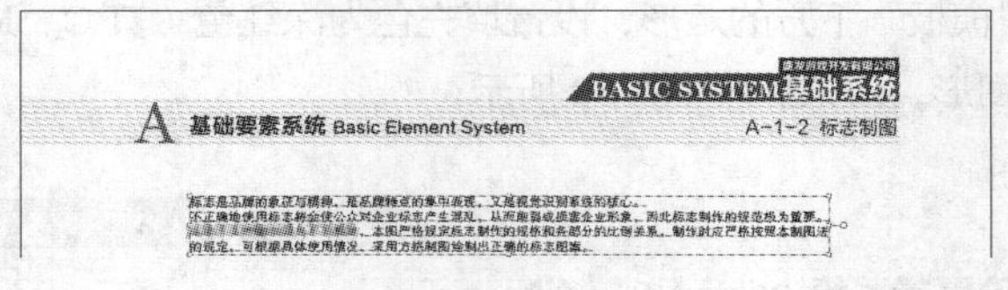

图 16-35

（3）按 Ctrl+T 组合键，弹出“字符”控制面板，将“设置行距”选项设为 15 pt，其他选项的设置如图 16-36 所示。按 Enter 键确定操作，效果如图 16-37 所示。

字符
方正中等线简体
8 pt
15 pt
100%
100%
自动
0

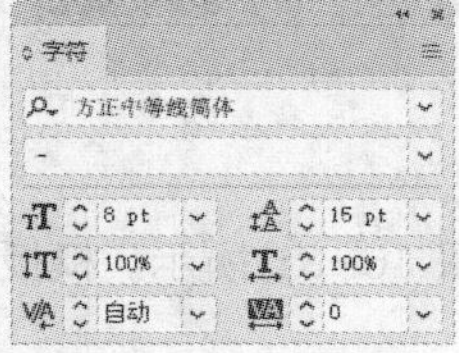

图 16-36

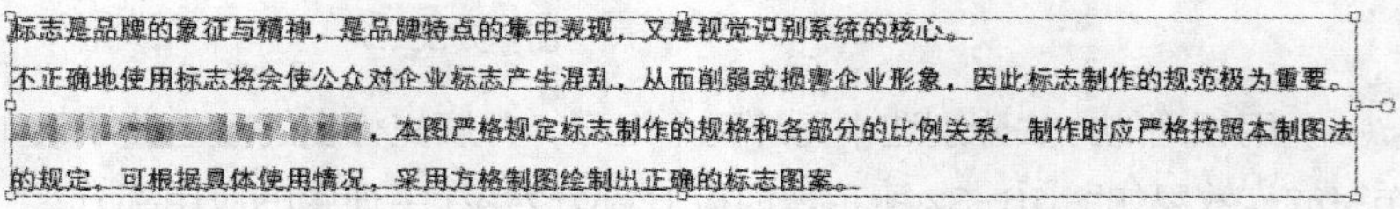

标志是品牌的象征与精神，是品牌特点的集中表现，又是视觉识别系统的核心。
不正确地使用标志将会使公众对企业标志产生混乱，从而削弱或损害企业形象，因此标志制作的规范极为重要。
，本图严格规定标志制作的规格和各部分的比例关系，制作时应严格按照本制图法
的规定，可根据具体使用情况，采用方格制图绘制出正确的标志图案。

图 16-37

（4）选择“矩形”工具，在适当的位置绘制一个矩形。设置填充色为浅灰色（其 C、M、Y、K 的值分别为 0、0、0、25），填充图形，并设置描边色为无，效果如图 16-38 所示。

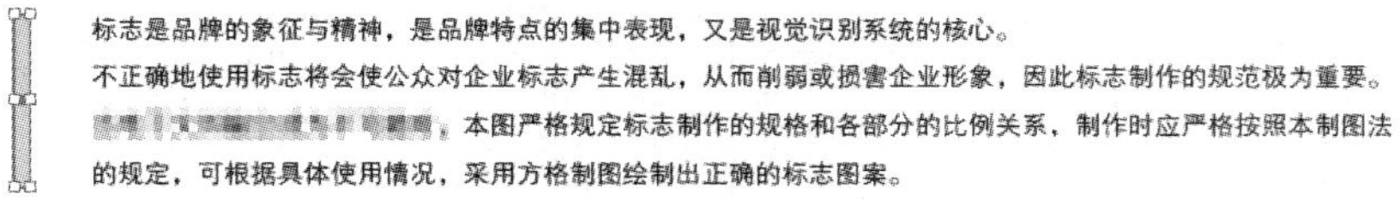

标志是品牌的象征与精神，是品牌特点的集中表现，又是视觉识别系统的核心。
不正确地使用标志将会使公众对企业标志产生混乱，从而削弱或损害企业形象，因此标志制作的规范极为重要。
，本图严格规定标志制作的规格和各部分的比例关系，制作时应严格按照本制图法
的规定，可根据具体使用情况，采用方格制图绘制出正确的标志图案。

图 16-38

（5）选择“矩形网格”工具，在页面外单击鼠标左键，弹出“矩形网格工具选项”对话框，选项的设置如图 16-39 所示。单击“确定”按钮，出现一个网格图形，效果如图 16-40 所示。按 Shift+Ctrl+G 组合键，取消网格图形编组。

矩形网格工具选项
默认大小
宽度 (W): 112 mm
高度 (H): 100 mm
水平分隔线
数量 (M): 39
倾斜 (S):
下方
上方
0%
垂直分隔线
数量 (B): 44
倾斜 (K):
左方
右方
0%
使用外部矩形作为框架 (O)
填色网格 (F)
确定
取消

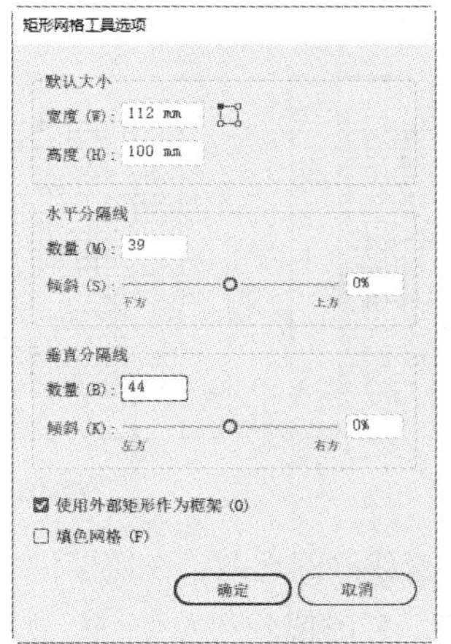

图 16-39

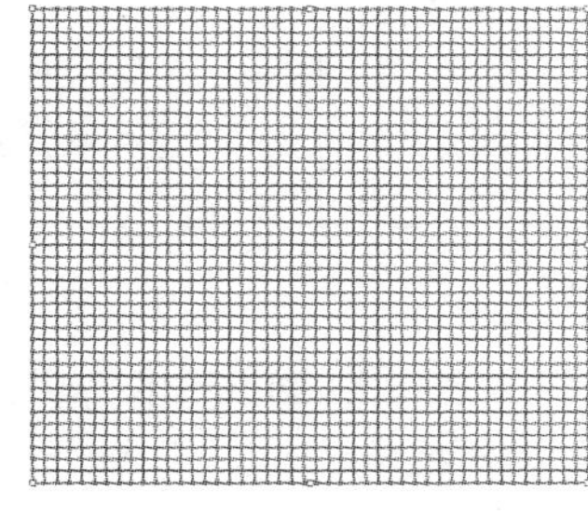

图 16-40

（6）选择“选择”工具，在按住 Shift 键的同时，在网格图形上选取不需要的直线，如图 16-41 所示。按 Delete 键将其删除，效果如图 16-42 所示。使用相同的方法选取不需要的直线将其删除，效果如图 16-43 所示。

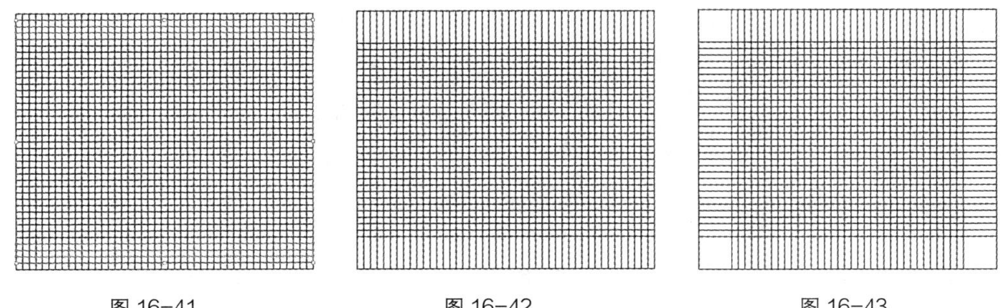

图 16-41

图 16-42

图 16-43

（7）选择“选择”工具，用框选的方法将需要的直线同时选取，如图 16-44 所示。拖曳左边中间的控制手柄到适当的位置，效果如图 16-45 所示。保持图形的选取状态，拖曳直线右边中间的控制手柄到适当的位置，效果如图 16-46 所示。

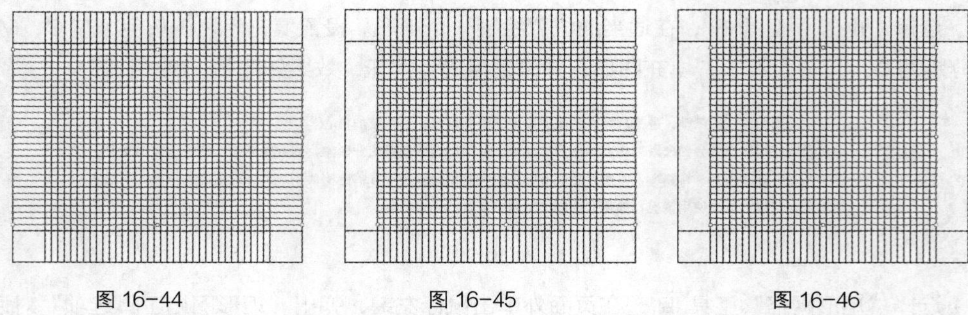

图 16-44　图 16-45　图 16-46

（8）选择“选择”工具▶，按住 Shift 键的同时，选取需要的直线，如图 16-47 所示。向下拖曳上边中间的控制手柄到适当的位置，效果如图 16-48 所示。保持图形的选取状态，向上拖曳直线下边中间的控制手柄到适当的位置，效果如图 16-49 所示。

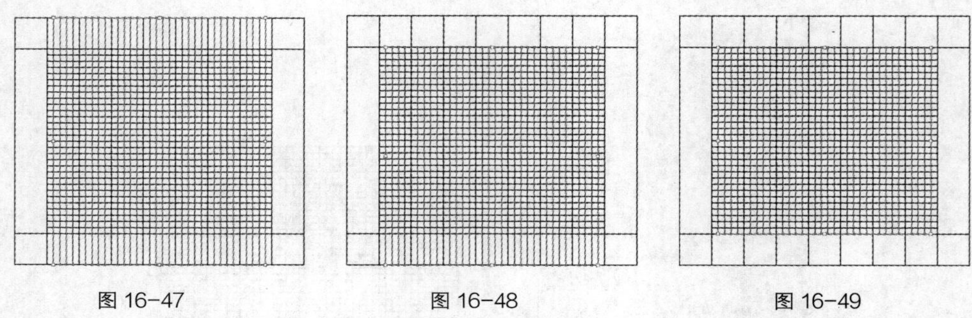

图 16-47　图 16-48　图 16-49

（9）选择“选择”工具▶，用框选的方法将所有直线同时选取，在属性栏中将“描边粗细”选项设置为 0.25 pt，并设置描边色为灰色（其 C、M、Y、K 的值分别为 0、0、0、80），填充直线描边，效果如图 16-50 所示。

（10）选择“选择”工具▶，在按住 Shift 键的同时，依次单击需要的直线将其同时选取，如图 16-51 所示。设置描边色为浅灰色（其 C、M、Y、K 的值分别为 0、0、0、30），填充直线描边，取消选取状态，效果如图 16-52 所示。

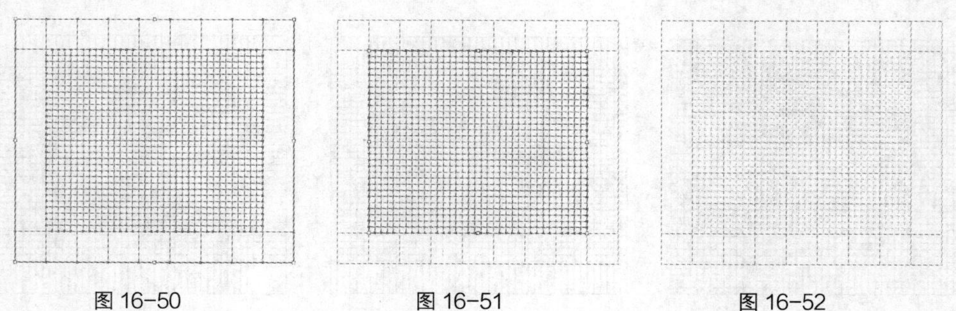

图 16-50　图 16-51　图 16-52

（11）选择“矩形”工具▢，在网格左下方绘制一个矩形。设置填充色为淡灰色（其 C、M、Y、K 的值分别为 0、0、0、10），填充图形，并设置描边色为灰色（其 C、M、Y、K 的值分别为 0、0、0、80），填充描边，效果如图 16-53 所示。选择“选择”工具▶，用框选的方法将所有直线和矩形同时选取。按 Ctrl+G 组合键，将其编组，效果如图 16-54 所示。

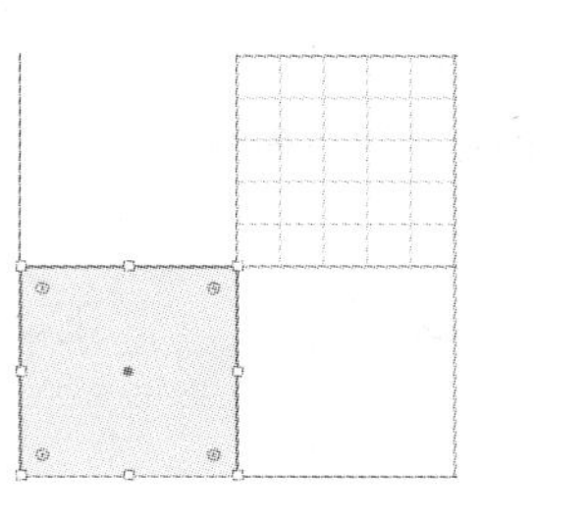

图 16-53

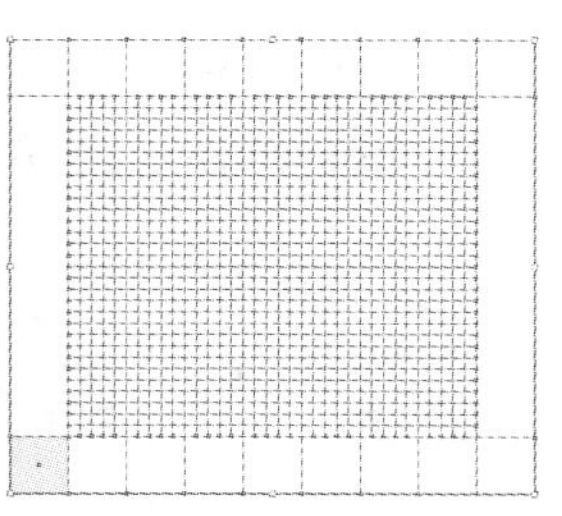

图 16-54

（12）按 Ctrl+O 组合键，打开云盘中的“Ch04 > 效果 > 盛发游戏标志设计 > 盛发游戏标志ai”文件。选择“选择”工具▶，选取需要的标志图形，如图 16-55 所示。按 Ctrl+C 组合键，复制图形。选择正在编辑的页面，按 Ctrl+V 组合键，将其粘贴到页面中，拖曳标志图形到网格上适当的位置并调整其大小，效果如图 16-56 所示。

图 16-55

图 16-56

（13）保持图形的选取状态。设置填充色为灰色（其 C、M、Y、K 的值分别为 0、0、0、50），填充图形，效果如图 16-57 所示。连续按 Ctrl+[组合键，将标志图形向后移至适当的位置，取消选取状态，效果如图 16-58 所示。

（14）选择“直线段”工具／和“文字”工具T，对图形进行标注，效果如图 16-59 所示。标志制图制作完成，效果如图 16-60 所示。

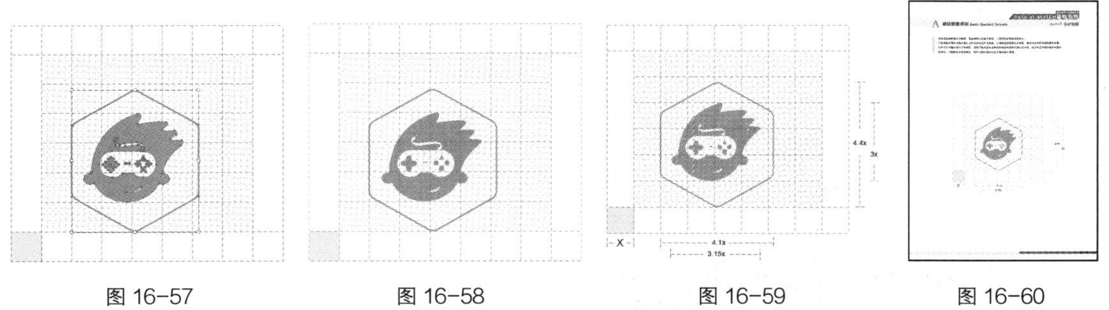

图 16-57　图 16-58　图 16-59　图 16-60

（15）按 Shift+Ctrl+S 组合键，弹出“存储为”对话框，将其命名为“标志制图”，保存为 AI 格式，单击“保存”按钮，弹出“Illustrator 选项”对话框，单击“确定”按钮，将文件保存。

16.1.4　制作标志组合规范

（1）在 Illustrator CC 2019 中，按 Ctrl+O 组合键，打开云盘中的“Ch16 > 效果 > 盛发游戏

VI 手册设计 > 标志制图.ai”文件。选择“选择”工具，选取不需要的图形，如图 16-61 所示。按 Delete 键将其删除，效果如图 16-62 所示。选取网格图形并将其拖曳到适当的位置，效果如图 16-63 所示。

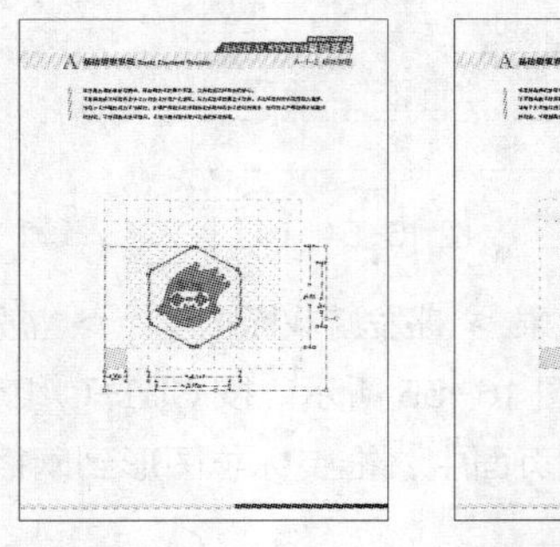
图 16-61

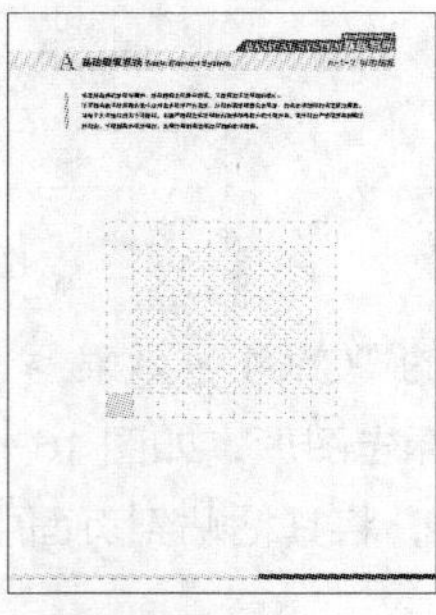
图 16-62

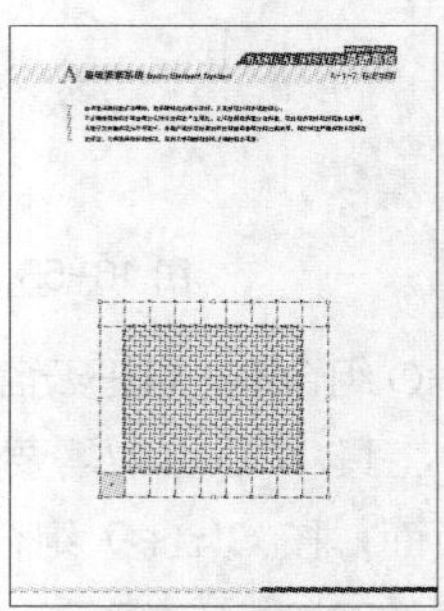
图 16-63

（2）选择“文字”工具，选取并重新输入文字“A-1-4 标志组合规范”，效果如图 16-64 所示。用相同的方法选取并重新输入需要的文字，效果如图 16-65 所示。

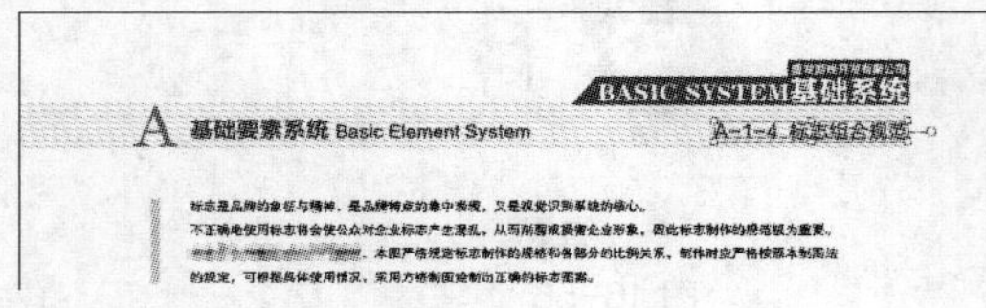

图 16-64

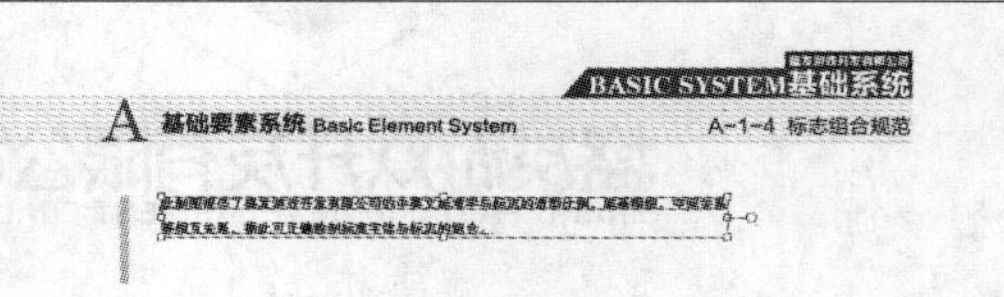

图 16-65

（3）按 Ctrl+O 组合键，打开云盘中的“Ch04 > 效果 > 盛发游戏标志设计 > 盛发游戏标志.ai”文件。选择“选择”工具，选取标志和标准字，如图 16-66 所示。按 Ctrl+C 组合键，复制图形。选择正在编辑的页面，按 Ctrl+V 组合键，将其粘贴到页面中，调整其大小和位置，效果如图 16-67 所示。在按住 Alt 键的同时，向下拖曳标志和标准字到网格图形上适当的位置，效果如图 16-68 所示。

图 16-66

图 16-67

图 16-68

（4）保持图形的选取状态。设置填充色为灰色（其 C、M、Y、K 的值分别为 0、0、0、50），填充图形和文字，效果如图 16-69 所示。连续按 Ctrl+ [组合键，将标志和标准字向后移至适当的位置，取消选取状态，效果如图 16-70 所示。

图 16-69　　图 16-70

（5）根据“16.1.3 制作标志制图”中所讲的方法，对图形进行标注，效果如图 16-71 所示。标志组合规范制作完成，效果如图 16-72 所示。按 Shift+Ctrl+S 组合键，弹出“存储为”对话框，将其命名为“标志组合规范”，保存为 AI 格式。单击“保存”按钮，弹出“Illustrator 选项”对话框，单击“确定”按钮，将文件保存。

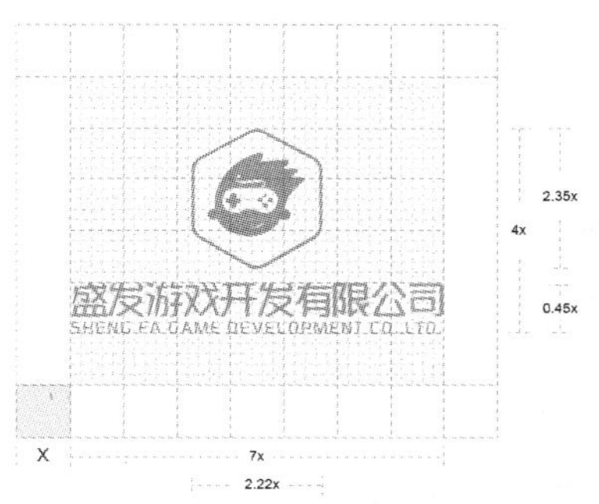

图 16-71　　图 16-72

16.1.5　制作标志墨稿与反白应用规范

（1）在 Illustrator CC 2019 中，按 Ctrl+O 组合键，打开云盘中的“Ch16 > 效果 > 盛发游戏 VI 手册设计 > 模板 A.ai”文件，如图 16-73 所示。选择“文字”工具 T，选取并重新输入文字“A-1-5 标志墨稿与反白应用规范”，效果如图 16-74 所示。

图 16-73　　图 16-74

（2）选择“文字”工具 T，在页面中输入需要的文字。选择“选择”工具 ▶，在属性栏中选择合适的字体并设置文字大小，效果如图 16-75 所示。

盛发游戏开发有限公司
BASIC SYSTEM基础系统
A 基础要素系统 Basic Element System
A-1-5 标志墨稿与反白应用规范

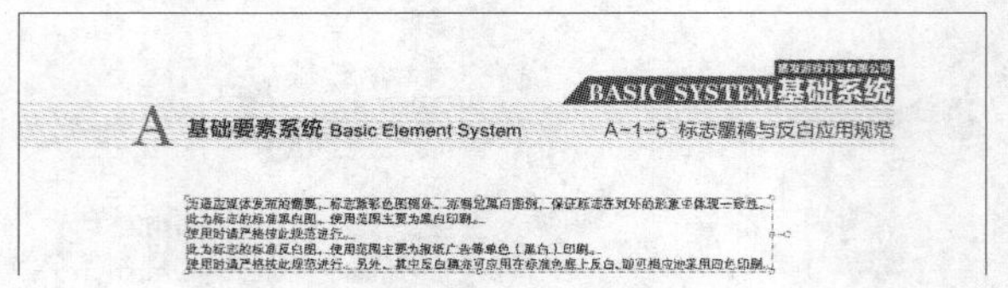

图 16-75

（3）按 Ctrl+T 组合键，弹出“字符”控制面板。将“设置行距”选项设为 15 pt，其他选项的设置如图 16-76 所示。按 Enter 键确定操作，效果如图 16-77 所示。

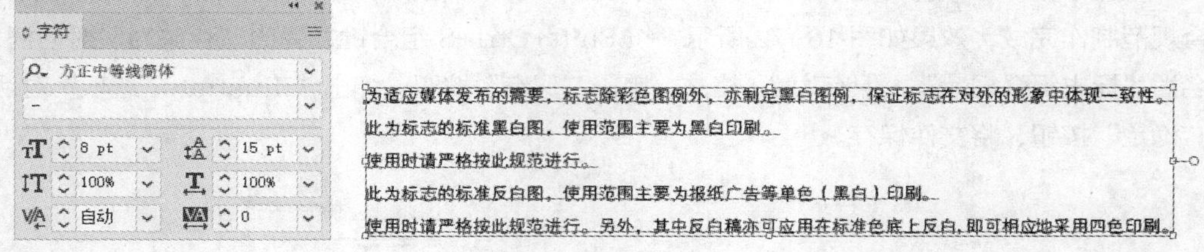

字符
方正中等线简体
8 pt
15 pt
100%
100%
自动
0

图 16-76

为适应媒体发布的需要，标志除彩色图例外，亦制定黑白图例，保证标志在对外的形象中体现一致性。
此为标志的标准黑白图，使用范围主要为黑白印刷。
使用时请严格按此规范进行。
此为标志的标准反白图，使用范围主要为报纸广告等单色（黑白）印刷。
使用时请严格按此规范进行。另外，其中反白稿亦可应用在标准色底上反白，即可相应地采用四色印刷。

图 16-77

（4）选择“矩形”工具，在适当的位置绘制一个矩形。设置填充色为浅灰色（其 C、M、Y、K 的值分别为 0、0、0、25），填充图形，并设置描边色为无，效果如图 16-78 所示。

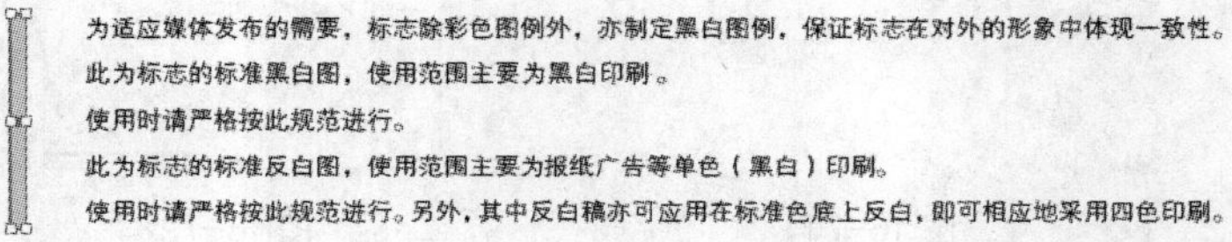

为适应媒体发布的需要，标志除彩色图例外，亦制定黑白图例，保证标志在对外的形象中体现一致性。
此为标志的标准黑白图，使用范围主要为黑白印刷。
使用时请严格按此规范进行。
此为标志的标准反白图，使用范围主要为报纸广告等单色（黑白）印刷。
使用时请严格按此规范进行。另外，其中反白稿亦可应用在标准色底上反白，即可相应地采用四色印刷。

图 16-78

（5）按 Ctrl+O 组合键，打开云盘中的“Ch04 > 效果 > 盛发游戏标志设计 > 盛发游戏标志.ai”文件，选择“选择”工具，选取标志和标准字，如图 16-79 所示，按 Ctrl+C 组合键，复制图形。选择正在编辑的页面，按 Ctrl+V 组合键，将其粘贴到页面中，调整大小和位置，如图 16-80 所示。填充图形为黑色，效果如图 16-81 所示。

盛发游戏开发有限公司
SHENG FA GAME DEVELOPMENT CO.,LTD.

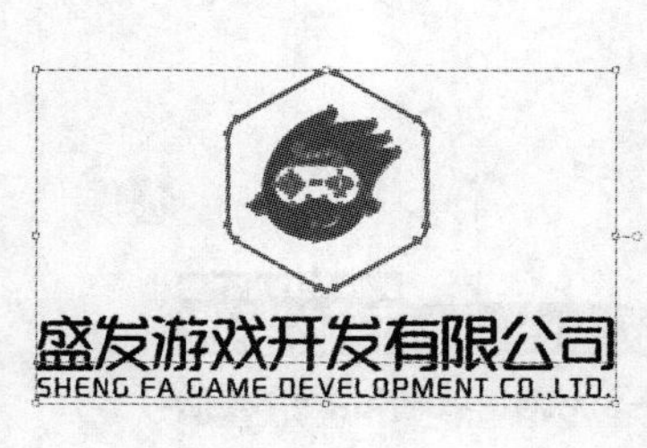

图 16-79

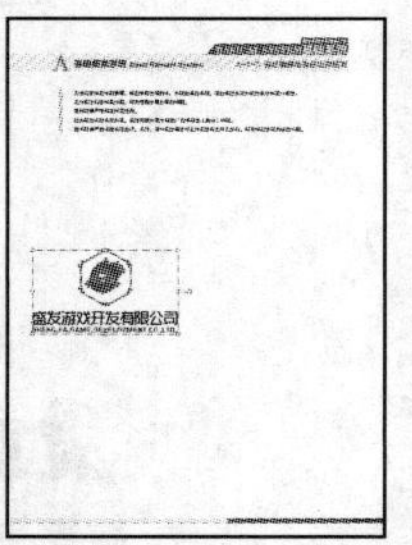

图 16-80

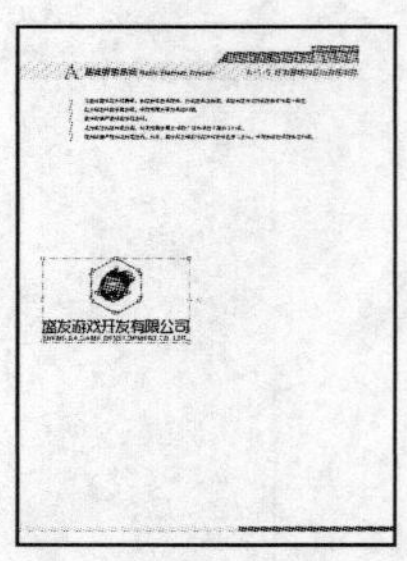

图 16-81

（6）选择“矩形”工具，在适当的位置绘制一个矩形，填充图形为黑色，并设置描边色为无，效果如图 16-82 所示。选择“选择”工具，选取左侧标志和标准字。在按住 Alt+Shift 组合键的同时，水平向右拖曳图形到矩形上，填充图形和文字为白色。按 Shift+Ctrl+]组合键，将其置于顶层，效果如图 16–83 所示。

图 16–82

图 16–83

（7）选择“文字”工具T，在适当的位置输入需要的文字。选择“选择”工具，在属性栏中选择合适的字体并设置文字大小，填充文字为白色。按 Alt+ →组合键，适当调整文字间距，效果如图 16–84 所示。

（8）选择“矩形”工具，在适当的位置绘制一个矩形。设置填充色为浅灰色（其 C、M、Y、K 的值分别为 0、0、0、10），填充图形，并设置描边色为无，效果如图 16–85 所示。

图 16–84

图 16–85

（9）选择“选择”工具，在按住 Alt+Shift 组合键的同时，水平向右拖曳矩形到适当的位置，复制矩形，填充图形为黑色，效果如图 16–86 所示。将两个矩形同时选取，双击“混合”工具，在弹出的“混合选项”对话框中进行设置，如图 16–87 所示。单击“确定”按钮，在两个矩形上单击鼠标左键，生成混合效果，如图 16–88 所示。

图 16–86

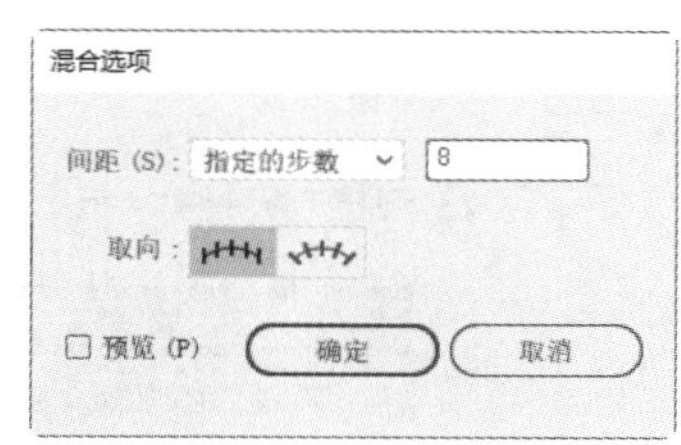

图 16–87

图 16-88

（10）选择“直线段”工具 ，在适当的位置分别绘制需要的线段，效果如图 16-89 所示。选择“文字”工具 T ，在适当的位置分别输入需要的文字。选择“选择”工具 ，在属性栏中分别选择合适的字体并设置文字大小，效果如图 16-90 所示。

（11）标志墨稿与反白应用规范制作完成，效果如图 16-91 所示。按 Shift+Ctrl+S 组合键，弹出“存储为”对话框，将其命名为“标志墨稿与反白应用规范”，保存为 AI 格式。单击“保存”按钮，弹出“Illustrator 选项”对话框，单击“确定”按钮，将文件保存。

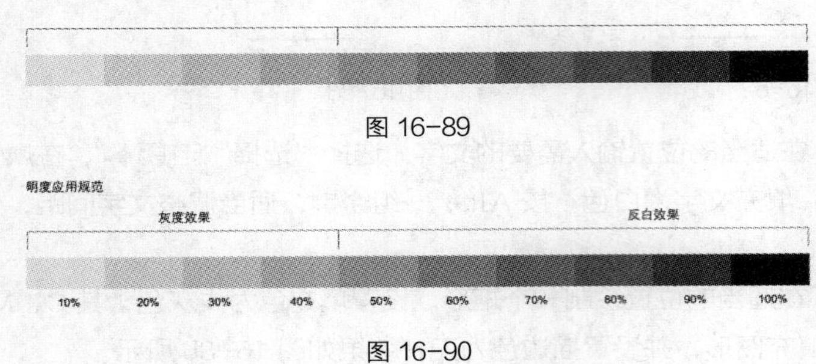

图 16-89

图 16-90

图 16-91

16.1.6 制作标准色

（1）在 Illustrator CC 2019 中，按 Ctrl+O 组合键，打开云盘中的“Ch16 > 效果 > 盛发游戏 VI 手册设计 > 模板 A.ai”文件，如图 16-92 所示。选择“文字”工具 T ，选取并重新输入文字“A-1-6 标准色”，效果如图 16-93 所示。

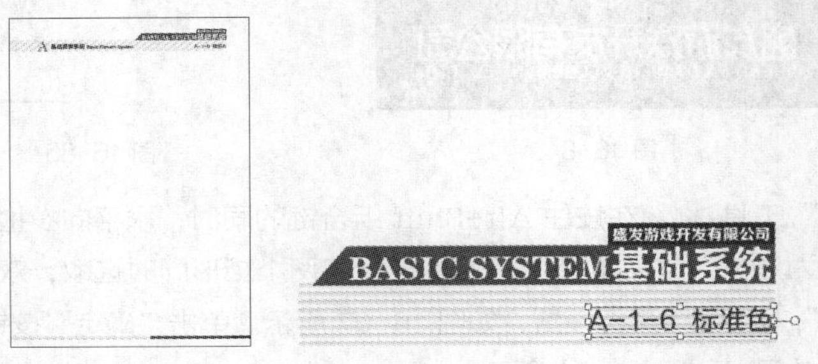

图 16-92

图 16-93

（2）选择“文字”工具 T ，在页面中输入需要的文字。选择“选择”工具 ，在属性栏中选择合适的字体并设置文字大小，效果如图 16-94 所示。

图 16-94

（3）按 Ctrl+T 组合键，弹出“字符”控制面板，将“设置行距”选项设为 15 pt，其他选项的设置如图 16–95 所示。按 Enter 键确定操作，效果如图 16–96 所示。

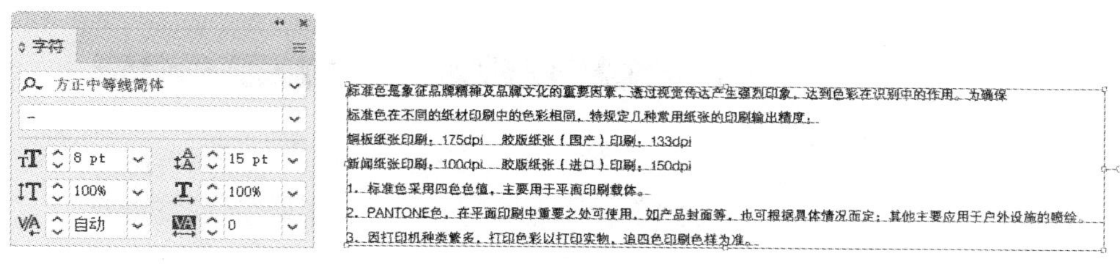

图 16–95　　图 16–96

（4）选择“矩形”工具，在适当的位置绘制一个矩形。设置填充色为浅灰色（其 C、M、Y、K 的值分别为 0、0、0、25），填充图形，并设置描边色为无，效果如图 16–97 所示。

标准色是象征品牌精神及品牌文化的重要因素，透过视觉传达产生强烈印象，达到色彩在识别中的作用。为确保
标准色在不同的纸材印刷中的色彩相同，特规定几种常用纸张的印刷输出精度：
铜板纸张印刷：175dpi　胶版纸张（国产）印刷：133dpi
新闻纸张印刷：100dpi　胶版纸张（进口）印刷：150dpi
1．标准色采用四色色值，主要用于平面印刷载体。
2．PANTONE色，在平面印刷中重要之处可使用，如产品封面等，也可根据具体情况而定；其他主要应用于户外设施的喷绘。
3．因打印机种类繁多，打印色彩以打印实物，追四色印刷色样为准。

图 16–97

（5）选择“矩形”工具，在适当的位置再绘制一个矩形，如图 16–98 所示。选择“选择”工具，按住 Alt+Shift 组合键的同时，垂直向下拖曳矩形到适当的位置，复制矩形，效果如图 16–99 所示。

（6）保持图形的选取状态，在按住 Alt+Shift 组合键的同时，垂直向下拖曳矩形到适当的位置，再复制一个矩形，如图 16–100 所示。连续按两次 Ctrl+D 组合键，按需要再复制出两个矩形，效果如图 16–101 所示。

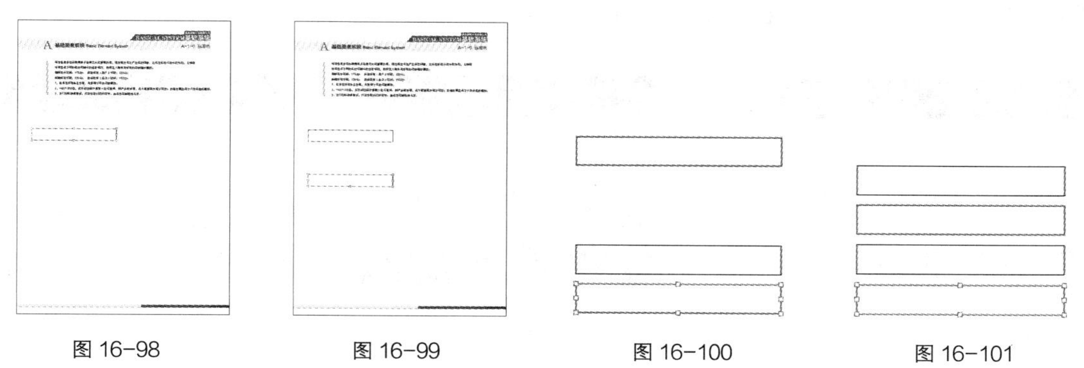

图 16–98　　图 16–99　　图 16–100　　图 16–101

（7）选择“选择”工具，选取第一个矩形，设置填充色为蓝色（其 C、M、Y、K 的值分别为 100、30、0、0），填充图形，并设置描边色为无，效果如图 16–102 所示。分别选取下方的矩形，将其依次填充为黑色、白色、黄色（其 C、M、Y、K 的值分别为 0、20、100、0）、绿色（其 C、M、Y、K 的值分别为 75、0、100、0），并设置描边色为无，效果如图 16–103 所示。

（8）选择“文字”工具，在适当的位置分别输入需要的文字。选择“选择”工具，在属性栏中选择合适的字体并设置文字大小，效果如图 16–104 所示。

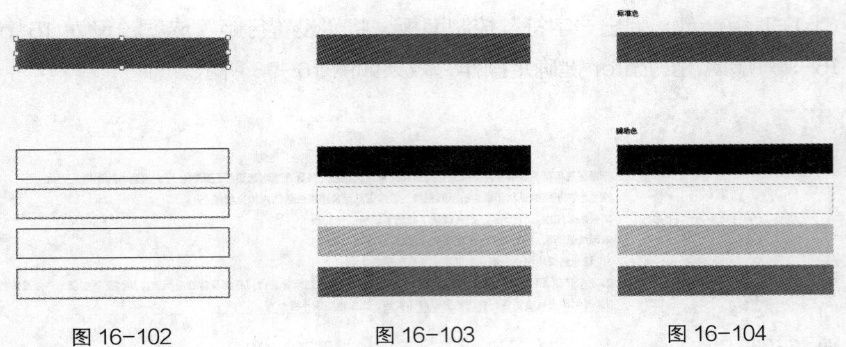

图 16-102　　图 16-103　　图 16-104

（9）选择“文字”工具，在最上方的矩形上输入矩形的 C、M、Y、K 颜色值，选择“选择”工具，在属性栏中选择合适的字体并设置文字大小，填充文字为白色，效果如图 16-105 所示。用相同的方法为下方矩形进行数值标注，效果如图 16-106 所示。

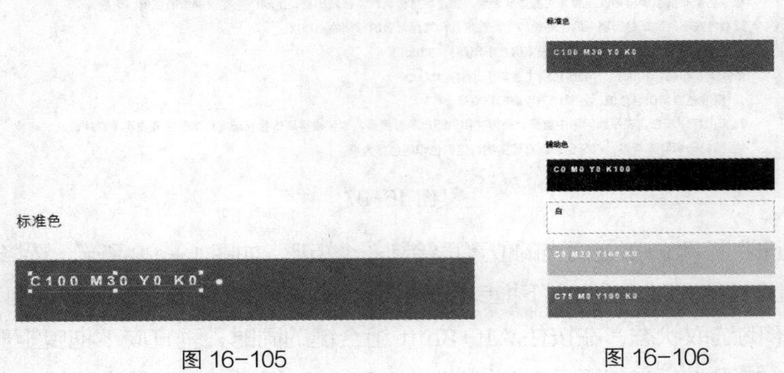

图 16-105　　图 16-106

（10）选择“选择”工具，用框选的方法选取需要的图形，如图 16-107 所示。在按住 Alt+Shift 组合键的同时，水平向右拖曳图形到适当的位置，复制一组图形，效果如图 16-108 所示。

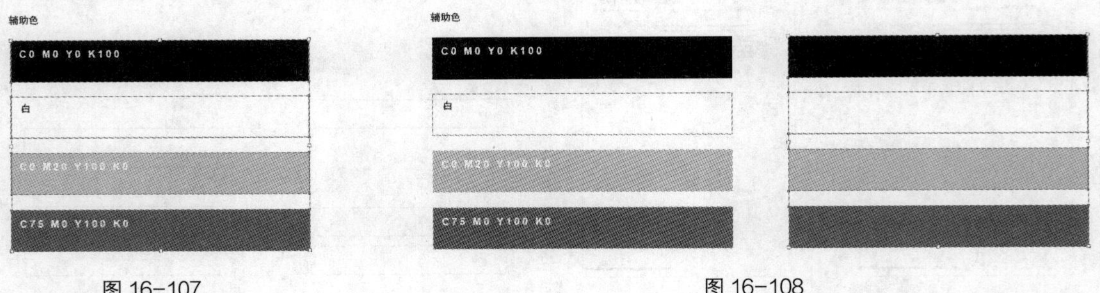

图 16-107　　图 16-108

（11）选择“选择”工具，选取需要的矩形，设置填充色为红色（其 C、M、Y、K 的值分别为 0、100、100、0），填充图形，效果如图 16-109 所示。选择“文字”工具，在矩形上输入矩形的 C、M、Y、K 颜色值。选择“选择”工具，在属性栏中选择合适的字体并设置文字大小，填充文字为白色，效果如图 16-110 所示。

（12）使用相同的方法为下方矩形填充相应的颜色并进行颜色数值标注，效果如图 16-111 所示。标准色制作完成，效果如图 16-112 所示。按 Shift+Ctrl+S 组合键，弹出“存储为”对话框，将其命名为“标准色”，保存为 AI 格式。单击“保存”按钮，弹出“Illustrator 选项”对话框，单击“确定”按钮，将文件保存。

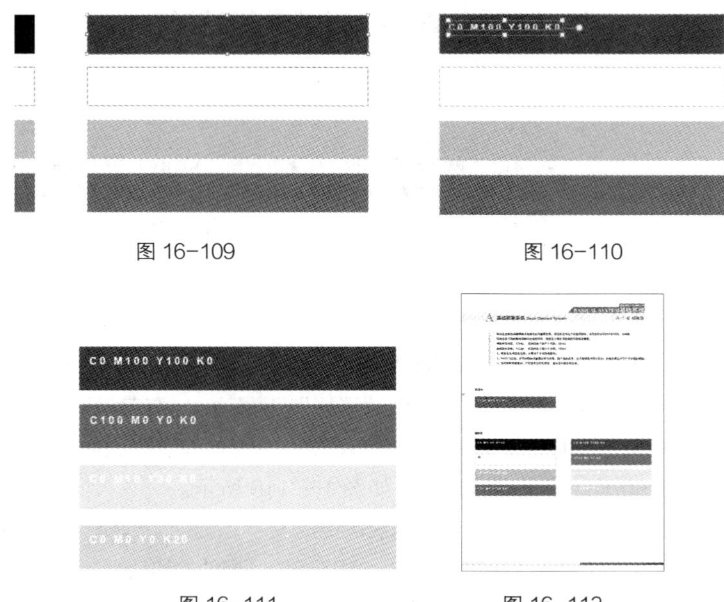

图 16-109　　图 16-110

图 16-111　　图 16-112

16.1.7 制作公司名片

（1）在 Illustrator CC 2019 中，按 Ctrl+O 组合键，打开云盘中的“Ch16 > 效果 > 盛发游戏 VI 手册设计 > 模板 B.ai”文件，如图 16-113 所示。选择“文字”工具 T ，选取并重新输入文字“B-1-1 公司名片”，效果如图 16-114 所示。

图 16-113　　图 16-114

（2）选择“文字”工具 T ，在页面中输入需要的文字。选择“选择”工具 ▶ ，在属性栏中选择合适的字体并设置文字大小，效果如图 16-115 所示。

图 16-115

（3）按 Ctrl+T 组合键，弹出“字符”控制面板，将“设置行距”选项设为 15 pt，其他选项的设置如图 16-116 所示。按 Enter 键确定操作，效果如图 16-117 所示。

字符
方正中等线简体
8 pt
15 pt
100%
100%
自动
0

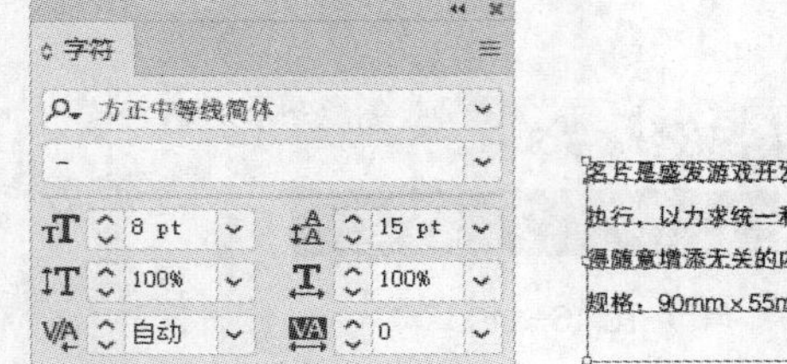

图 16-116

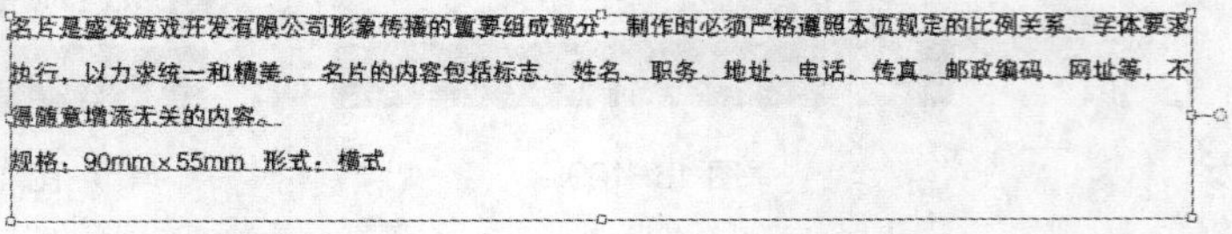

名片是盛发游戏开发有限公司形象传播的重要组成部分，制作时必须严格遵照本页规定的比例关系、字体要求执行，以力求统一和精美。名片的内容包括标志、姓名、职务、地址、电话、传真、邮政编码、网址等，不得随意增添无关的内容。
规格：90mm×55mm 形式：横式

图 16-117

（4）选择“矩形”工具，在页面中单击鼠标左键，弹出“矩形”对话框，选项的设置如图 16-118 所示。单击“确定”按钮，得到一个矩形。选择“选择”工具，拖曳矩形到页面中适当的位置，在属性栏中将“描边粗细”选项设为 0.25 pt，填充图形为白色并设置描边色为灰色（其 C、M、Y、K 的值分别为 0、0、0、50），填充描边，效果如图 16-119 所示。

（5）选择“文字”工具，在矩形中分别输入需要的文字。选择“选择”工具，在属性栏中分别选择合适的字体并设置文字大小。分别按 Alt+ →组合键，调整文字间距，效果如图 16-120 所示。

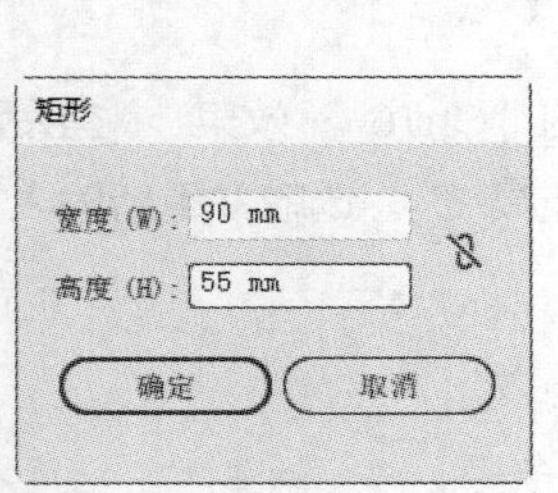

矩形
宽度（W）：90 mm
高度（H）：55 mm
确定
取消

图 16-118

图 16-119

郑国红 总经理

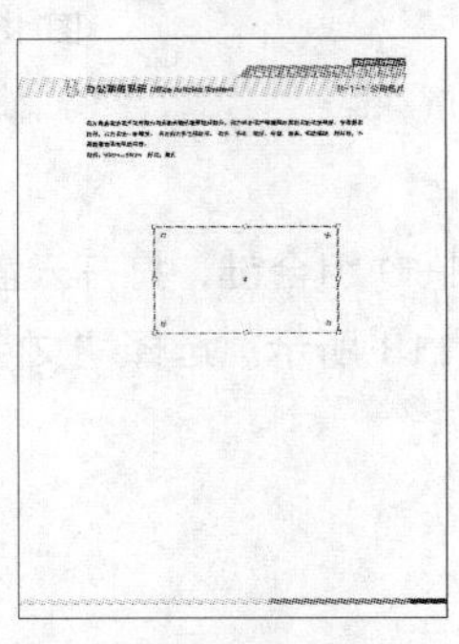

图 16-120

（6）按 Ctrl+O 组合键，打开云盘中的“Ch04 > 效果 > 盛发游戏标志设计 > 盛发游戏标志.ai”文件。选择“选择”工具，选取标志和标准字，如图 16-121 所示。按 Ctrl+C 组合键，复制图形。选择正在编辑的页面，按 Ctrl+V 组合键，将其粘贴到页面中，分别调整其大小和位置，效果如图 16-122 所示。

（7）选择“文字”工具，在标准字下方输入需要的文字。选择“选择”工具，在属性栏中选择合适的字体并设置文字大小，效果如图 16-123 所示。

盛发游戏开发有限公司
SHENG FA GAME DEVELOPMENT CO.,LTD.

图 16-121

郑国红 总经理
盛发游戏开发有限公司
SHENG FA GAME DEVELOPMENT CO.,LTD.

图 16-122

郑国红 总经理
盛发游戏开发有限公司
SHENG FA GAME DEVELOPMENT CO.,LTD.

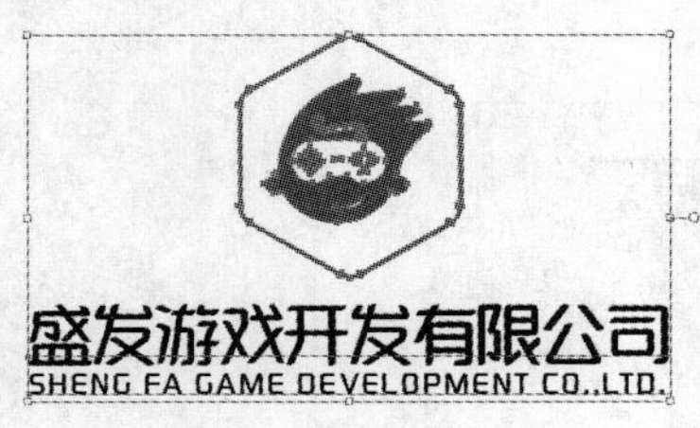

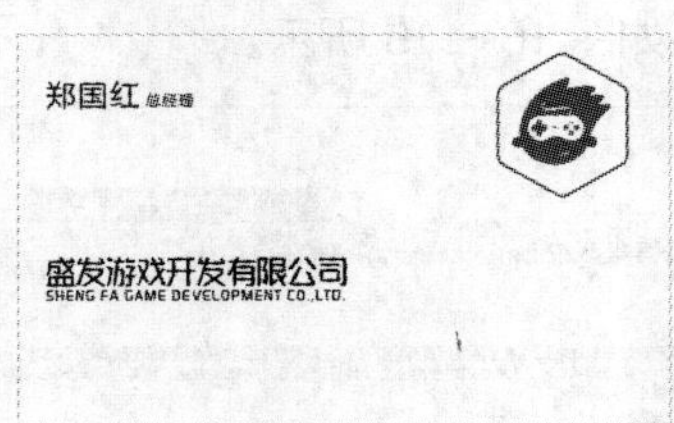

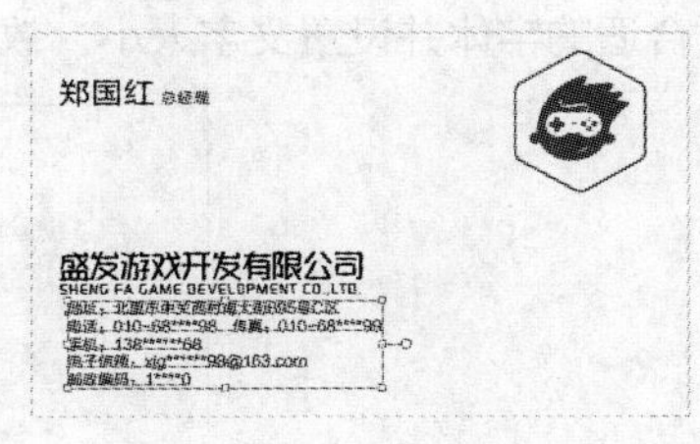

图 16-123

（8）选择“选择”工具，在按住 Shift 键的同时，依次单击需要的文字将其同时选取，如图 16-124 所示。在属性栏中单击“水平左对齐”按钮，对齐文字，效果如图 16-125 所示。

图 16-124　　图 16-125

（9）选择“选择”工具，选取白色矩形。按 Ctrl+C 组合键，复制矩形，按 Ctrl+B 组合键，将复制的矩形粘贴在后面。分别按→和↓键，微调矩形到适当的位置，效果如图 16-126 所示。设置填充色为浅灰色（其 C、M、Y、K 的值分别为 0、0、0、10），填充图形，并设置描边色为无，效果如图 16-127 所示。

图 16-126

图 16-127

（10）选择“直线段”工具和“文字”工具，对图形进行标注，效果如图 16-128 所示。选择“选择”工具，在按住 Shift 键的同时，单击需要的图形和文字，将其同时选取，如图 16-129 所示。

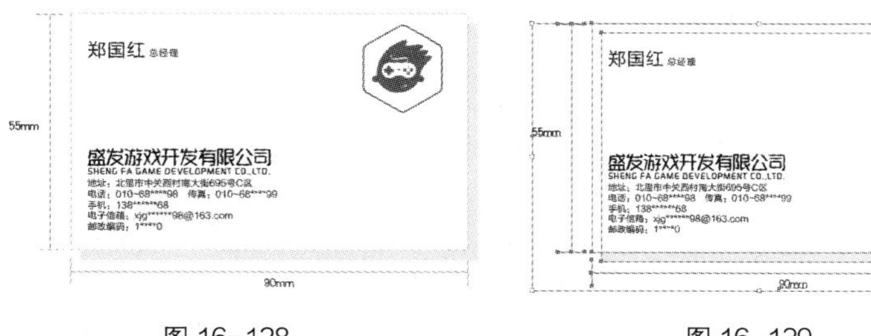

图 16-128　　图 16-129

（11）按住 Alt+Shift 组合键的同时，垂直向下拖曳图形到适当的位置，复制一组图形，效果如图 16-130 所示。选择“选择”工具，选取需要的图形，设置填充色为蓝色（其 C、M、Y、K 的值分别为 100、0、0、15），填充图形，效果如图 16-131 所示。

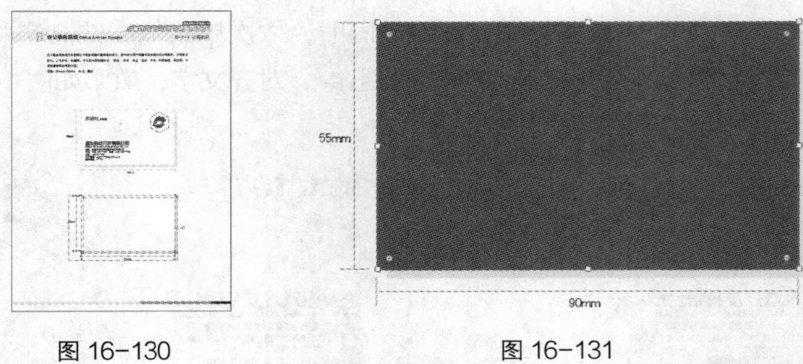

图 16-130　　图 16-131

（12）选择“盛发游戏标志”页面。选择“选择”工具，选取并复制标志和标准字，将其粘贴到页面中适当的位置并调整其大小，填充图形为白色，效果如图 16-132 所示。

（13）公司名片制作完成，效果如图 16-133 所示。按 Shift+Ctrl+S 组合键，弹出“存储为”对话框，将其命名为“公司名片”，保存为 AI 格式。单击“保存”按钮，弹出“Illustrator 选项”对话框，单击“确定”按钮，将文件保存。

图 16-132　　图 16-133

16.1.8　制作信纸

（1）在 Illustrator CC 2019 中，按 Ctrl+O 组合键，打开云盘中的“Ch16 > 效果 > 盛发游戏 VI 手册设计 > 模板 B.ai”文件，如图 16-134 所示。选择“文字”工具，选取并重新输入文字“B-1-2 信纸”，效果如图 16-135 所示。

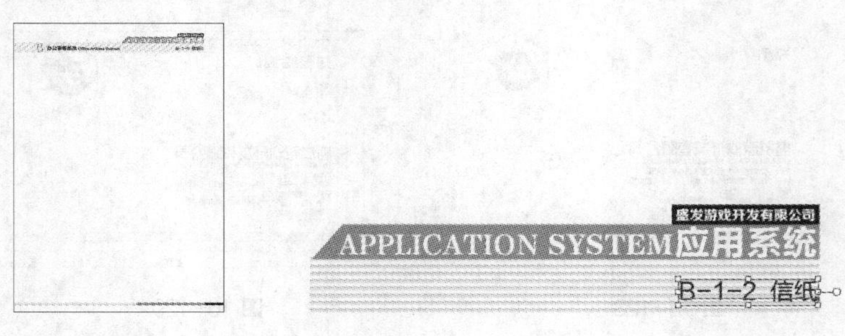

图 16-134　　图 16-135

（2）选择“文字”工具，在页面中输入需要的文字。选择“选择”工具，在属性栏中选择合适的字体并设置文字大小，效果如图 16-136 所示。

（3）按 Ctrl+T 组合键，弹出“字符”控制面板，将“设置行距”选项设为 15 pt，其他选项的设置如图 16–137 所示。按 Enter 键确定操作，效果如图 16–138 所示。

图 16–136　　图 16–137　　图 16–138

（4）选择“矩形”工具，在页面中单击鼠标左键，弹出“矩形”对话框，选项的设置如图 16–139 所示。单击“确定”按钮，得到一个矩形。选择“选择”工具，拖曳矩形到页面中适当的位置，在属性栏中将“描边粗细”选项设为 0.25 pt，填充图形为白色并设置描边色为深灰色（其 C、M、Y、K 的值分别为 0、0、0、90），填充描边，效果如图 16–140 所示。

（5）按 Ctrl+O 组合键，打开云盘中的“Ch04 > 效果 > 盛发游戏标志设计 > 盛发游戏标志.ai”文件。选择“选择”工具，选取标志和标准字，按 Ctrl+C 组合键，复制图形。选择正在编辑的页面，按 Ctrl+V 组合键，将其粘贴到页面中，拖曳图形到适当的位置，并调整其大小，效果如图 16–141 所示。

图 16–139　　图 16–140　　图 16–141

（6）选择“直线段”工具，按住 Shift 键的同时，在适当的位置绘制一条直线，设置描边色为灰色（其 C、M、Y、K 的值分别为 0、0、0、70），填充描边。在属性栏中将“描边粗细”选项设为 0.6 pt，按 Enter 键，确定操作，效果如图 16–142 所示。

图 16–142

（7）选择“矩形”工具，在适当的位置绘制一个矩形。设置填充色为红色（其 C、M、Y、K 的值分别为 0、100、100、15），填充图形，并设置描边色为无，效果如图 16–143 所示。

图 16–143

（8）选择“文字”工具 T，在适当的位置输入需要的文字。选择“选择”工具 ▶，在属性栏中选择合适的字体并设置文字大小，效果如图 16-144 所示。

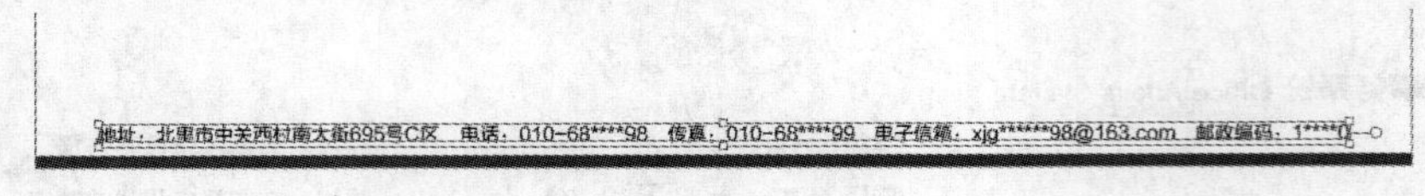

图 16-144

（9）选择“直线段”工具 ／ 和“文字”工具 T，对信纸进行标注，效果如图 16-145 所示。使用上述方法在适当的位置制作出一个较小的信纸图形，效果如图 16-146 所示。

（10）信纸制作完成，效果如图 16-147 所示。按 Shift+Ctrl+S 组合键，弹出“存储为”对话框，将其命名为“信纸”，保存为 AI 格式。单击“保存”按钮，弹出“Illustrator 选项”对话框，单击“确定”按钮，将文件保存。

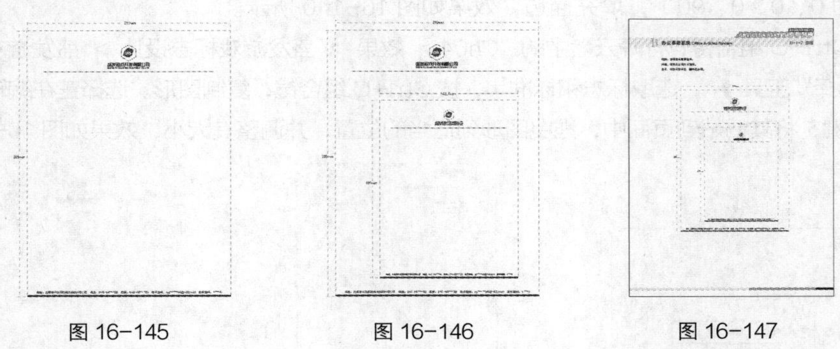

图 16-145　　图 16-146　　图 16-147

16.1.9 制作信封

（1）在 Illustrator CC 2019 中，按 Ctrl+O 组合键，打开云盘中的“Ch16 > 效果 > 盛发游戏 VI 手册设计 > 信纸.ai”文件。选择“选择”工具 ▶，选取不需要的图形，如图 16-148 所示。按 Delete 键将其删除，效果如图 16-149 所示。选择“文字”工具 T，选取并重新输入文字“B-1-3 五号信封”，效果如图 16-150 所示。

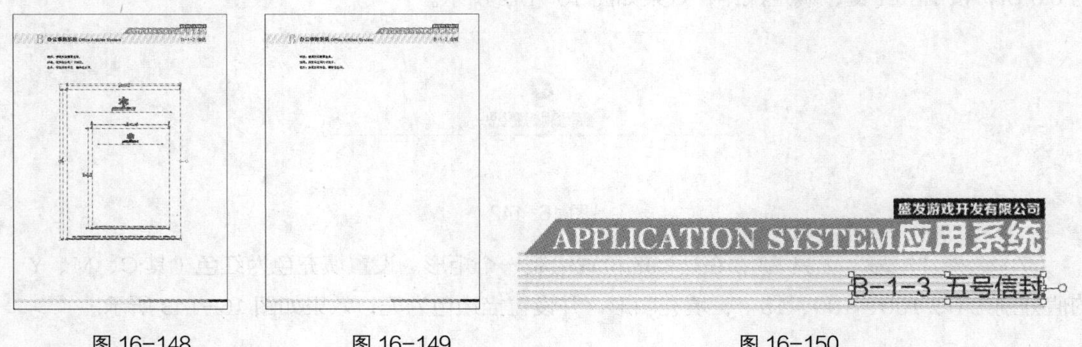

图 16-148　　图 16-149　　图 16-150

（2）选择“矩形”工具 ▢，在页面中单击鼠标左键，弹出“矩形”对话框，选项的设置如图 16-151 所示。单击“确定”按钮，得到一个矩形。选择“选择”工具 ▶，拖曳矩形到页面中适当的位置。在属性栏中将“描边粗细”选项设为 0.25 pt，填充图形为白色并设置描边色为灰色（其 C、M、Y、

K 的值分别为 0、0、0、80），填充描边，效果如图 16-152 所示。

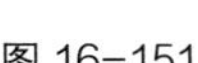

图 16-151

图 16-152

（3）选择“钢笔”工具，在页面中绘制一个不规则图形，如图 16-153 所示。选择“选择”工具，在属性栏中将“描边粗细”选项设为 0.25 pt，填充图形为白色并设置描边色为灰色（其 C、M、Y、K 的值分别为 0、0、0、50），填充描边，效果如图 16-154 所示。

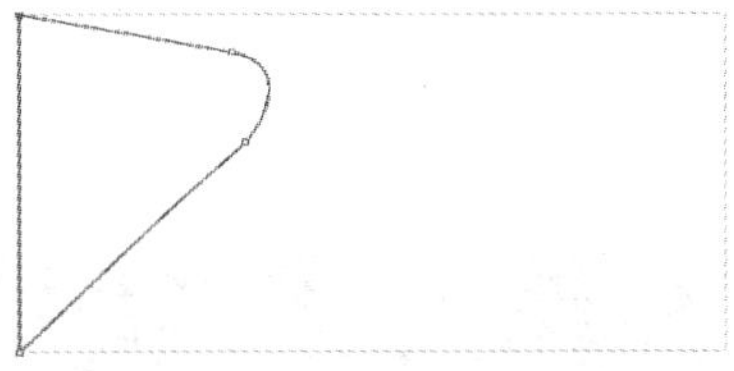

图 16-153

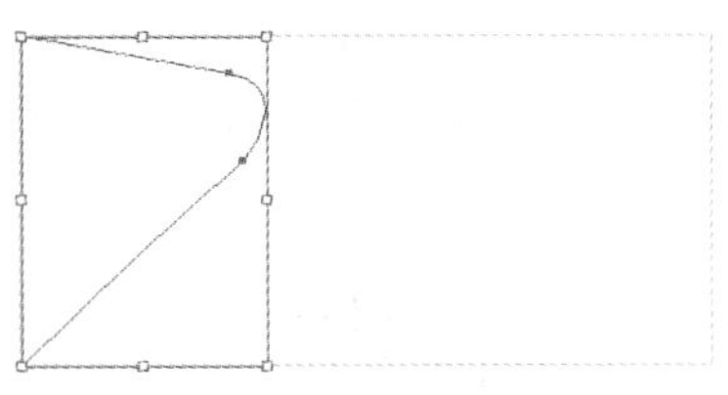

图 16-154

（4）保持图形的选取状态，双击“镜像”工具，弹出“镜像”对话框，选项的设置如图 16-155 所示。单击“复制”按钮，复制并镜像图形，效果如图 16-156 所示。

图 16-155

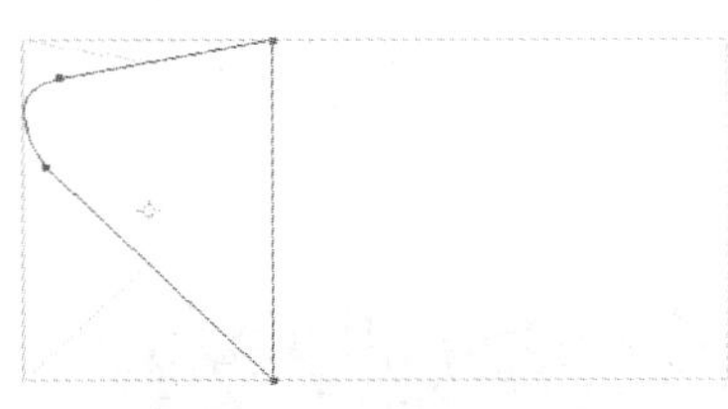

图 16-156

（5）选择“选择”工具，在按住 Shift 键的同时，单击后方矩形将其同时选取，如图 16-157 所示。在属性栏中单击“水平右对齐”按钮，效果如图 16-158 所示。

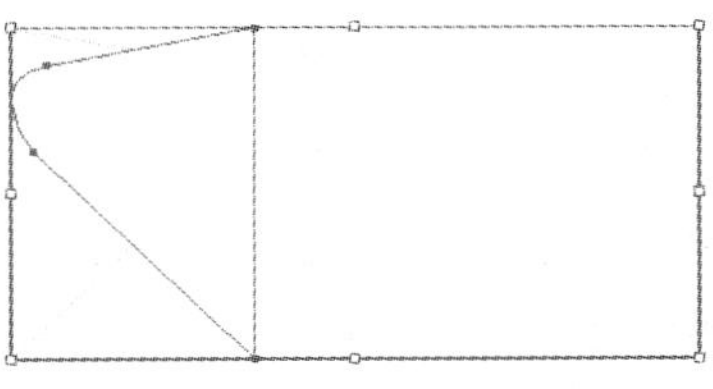

图 16-157

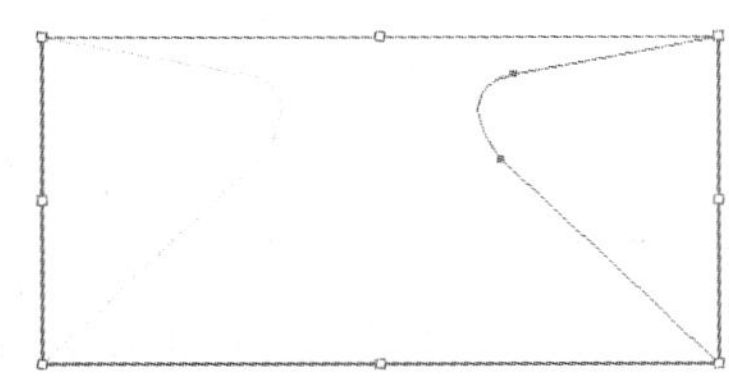

图 16-158

（6）选择“钢笔”工具，在页面中绘制一个不规则图形。在属性栏中将“描边粗细”选项设为 0.25 pt，设置描边色为灰色（其 C、M、Y、K 的值分别为 0、0、0、50），填充描边，效果如图 16-159 所示。使用相同的方法再绘制一个不规则图形，设置填充色为蓝色（其 C、M、Y、K 的值分别为 100、50、0、0），填充图形，并设置描边色为无，效果如图 16-160 所示。

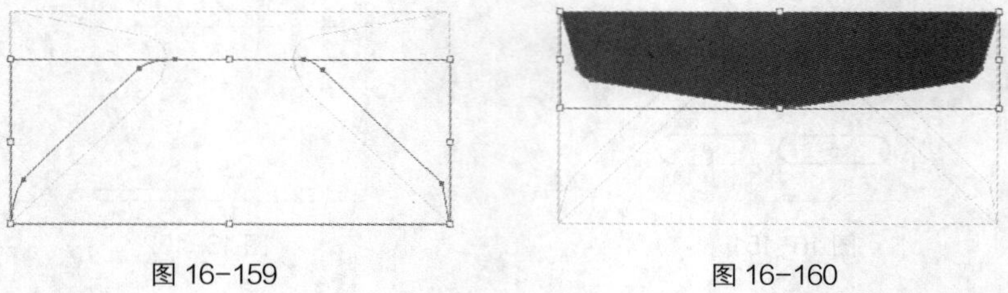

图 16-159　　图 16-160

（7）按 Ctrl+O 组合键，打开云盘中的“Ch04 > 效果 > 盛发游戏标志设计 > 盛发游戏标志.ai”文件。选择“选择”工具，选取标志图形，如图 16-161 所示。按 Ctrl+C 组合键，复制图形。选择正在编辑的页面，按 Ctrl+V 组合键，将其粘贴到页面中，拖曳标志图形到适当的位置，并调整其大小，填充图形为白色，取消选取状态，效果如图 16-162 所示。

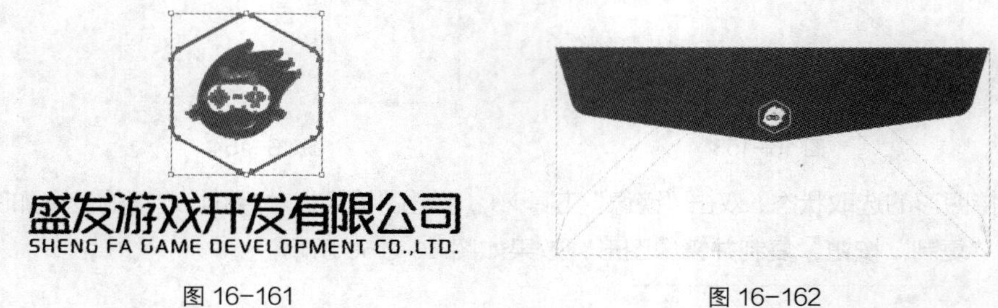

图 16-161　　图 16-162

（8）选择“选择”工具，选取需要的图形，如图 16-163 所示。按 Ctrl+C 组合键，复制图形，按 Shift+Ctrl+V 组合键，将复制的图形原位粘贴，并拖曳图形到适当的位置，效果如图 16-164 所示。

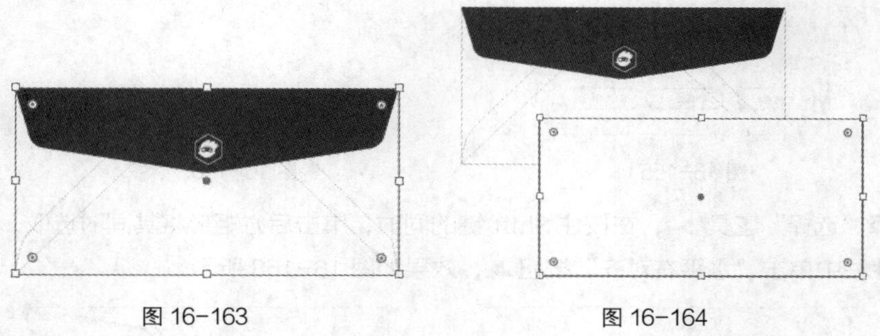

图 16-163　　图 16-164

（9）选择“矩形”工具，在页面中单击鼠标左键，弹出“矩形”对话框，选项的设置如图 16-165 所示。单击“确定”按钮，得到一个矩形。选择“选择”工具，拖曳矩形到页面中适当的位置，在属性栏中将“描边粗细”选项设为 0.25 pt，并设置描边色为红色（其 C、M、Y、K 的值分别为 0、100、100、0），填充描边，效果如图 16-166 所示。

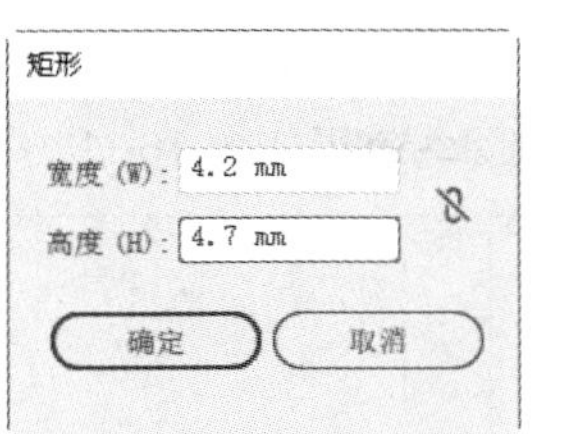

图 16-165

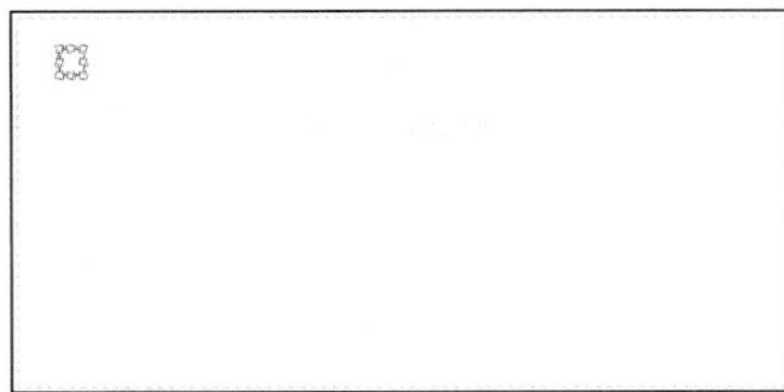

图 16-166

（10）选择“选择”工具，在按住 Alt+Shift 组合键的同时，水平向右拖曳矩形到适当的位置，复制一个矩形，如图 16-167 所示。连续按 Ctrl+D 组合键，按需要再复制出多个矩形，效果如图 16-168 所示。

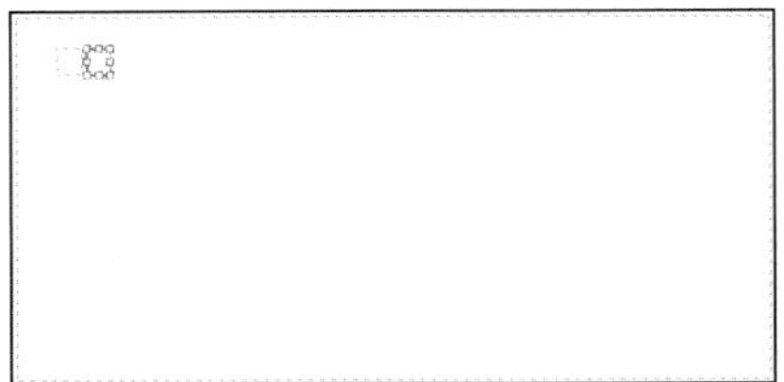

图 16-167

图 16-168

（11）选择“矩形”工具，在按住 Shift 键的同时，在适当的位置绘制一个正方形，在属性栏中将“描边粗细”选项设为 0.25 pt，如图 16-169 所示。选择“选择”工具，在按住 Alt+Shift 组合键的同时，水平向右拖曳图形到适当的位置，复制一个正方形，如图 16-170 所示。

图 16-169

图 16-170

（12）选取第一个正方形，如图 16-171 所示。选择“窗口 > 描边”命令，弹出“描边”控制面板，勾选“虚线”复选框，数值被激活，各选项的设置如图 16-172 所示。按 Enter 键确定操作，效果如图 16-173 所示。

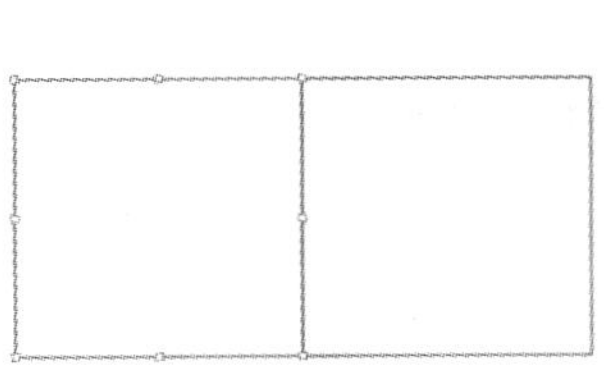

图 16-171

图 16-172

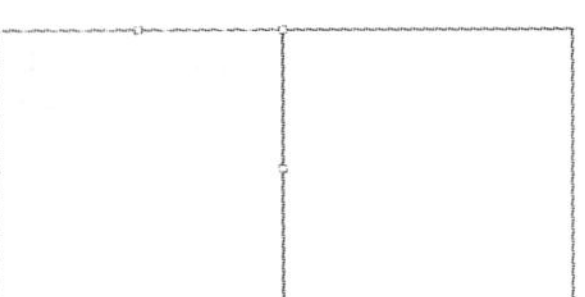

图 16-173

（13）选取第二个正方形，如图 16–174 所示。选择“剪刀”工具，在需要的节点上单击，选取不需要的直线，如图 16–175 所示。按 Delete 键，将其删除，效果如图 16–176 所示。

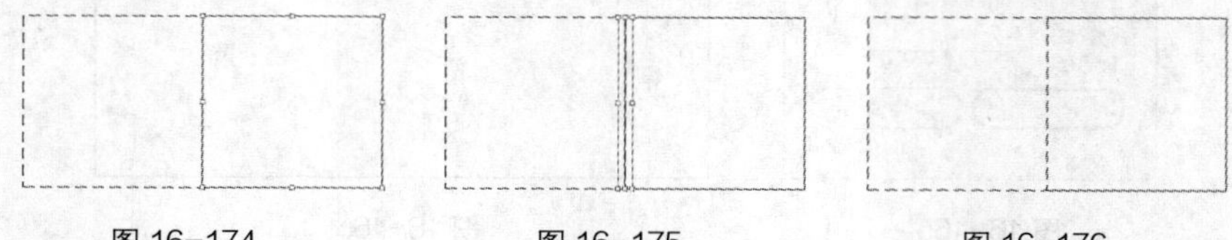

图 16–174　　图 16–175　　图 16–176

（14）选择“文字”工具，在页面中输入需要的文字。选择“选择”工具，在属性栏中选择合适的字体并设置文字大小，效果如图 16–177 所示。

（15）在“字符”控制面板中，将“设置所选字符的字距调整”选项设为 660，其他选项的设置如图 16–178 所示。按 Enter 键确定操作，效果如图 16–179 所示。

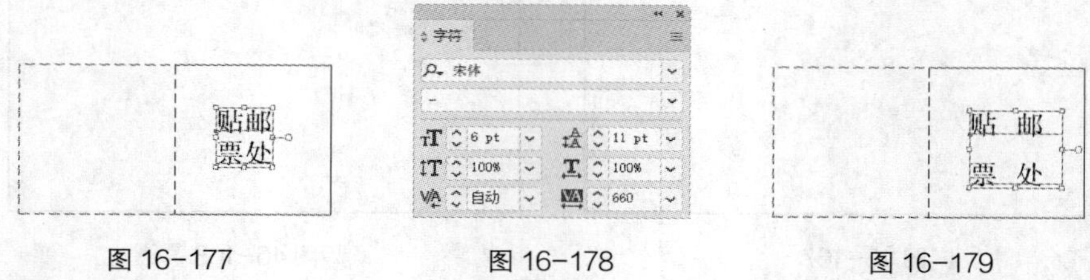

图 16–177　　图 16–178　　图 16–179

（16）选择“盛发游戏标志”页面，选择“选择”工具，选取并复制标志图形，将其粘贴到页面中，分别将标志和标志文字拖曳到适当的位置并调整其大小，效果如图 16–180 所示。

（17）选择“直线段”工具，在按住 Shift 键的同时，在适当的位置绘制一条直线，效果如图 16–181 所示。

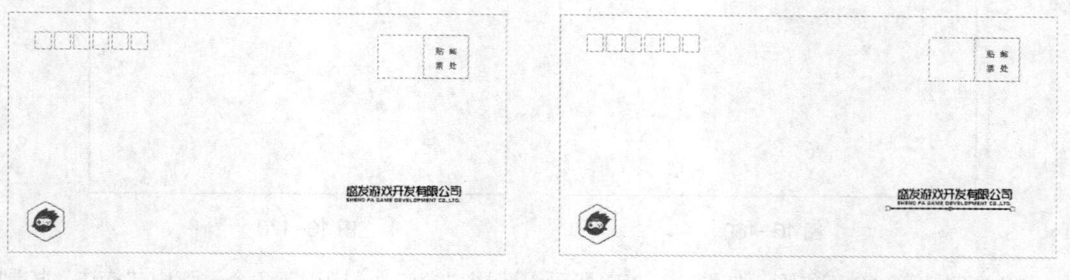

图 16–180　　图 16–181

（18）选择“选择”工具，在按住 Alt+Shift 组合键的同时，垂直向下拖曳直线到适当的位置，复制一条直线。在属性栏中将“描边粗细”选项设置为 0.25 pt，按 Enter 键确定操作，效果如图 16–182 所示。选择“文字”工具，在属性栏中单击“右对齐”按钮，输入需要的文字。选择“选择”工具，在属性栏中选择合适的字体并设置文字大小，效果如图 16–183 所示。

图 16–182　　图 16–183

（19）选择“矩形”工具，在适当的位置绘制一个矩形，如图 16–184 所示。在“描边”控制面板中，勾选“虚线”复选框，数值被激活，各选项的设置如图 16–185 所示。按 Enter 键确定操作，取消选取状态，效果如图 16–186 所示。

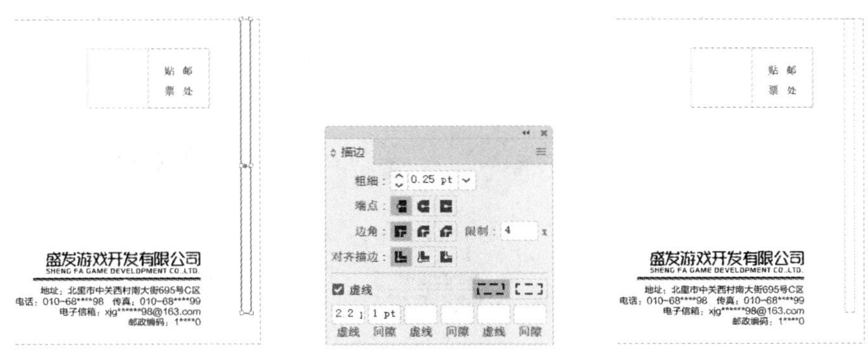

图 16–184 图 16–185 图 16–186

（20）选择“矩形”工具，在适当的位置绘制一个矩形。在“描边”控制面板中，取消勾选“虚线”复选框，将“粗细”选项设为 0.25 pt，按 Enter 键确定操作，效果如图 16–187 所示。

（21）选择“窗口 > 变换”命令，弹出“变换”控制面板，在“矩形属性：”选项组中，将“圆角半径”选项设为 0 mm 和 0.9 mm，如图 16–188 所示，按 Enter 键确定操作，效果如图 16–189 所示。

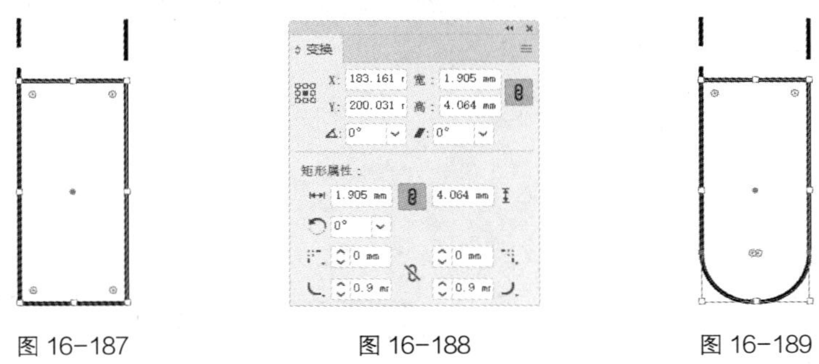

图 16–187 图 16–188 图 16–189

（22）选择“钢笔”工具，在相减图形的左侧绘制一个不规则图形，填充图形为黑色，并设置描边色为无，效果如图 16–190 所示。选择“文字”工具，在属性栏中单击“左对齐”按钮，输入需要的文字。选择“选择”工具，在属性栏中选择合适的字体并设置文字大小，效果如图 16–191 所示。

（23）双击“旋转”工具，弹出“旋转”对话框，选项的设置如图 16–192 所示。单击“确定”按钮，旋转文字，效果如图 16–193 所示。

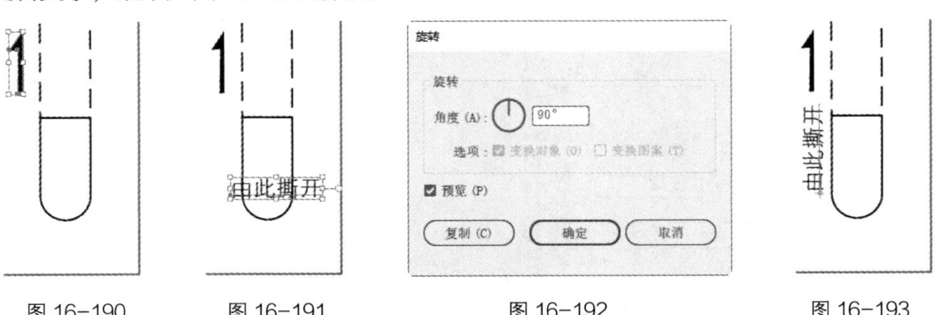

图 16–190 图 16–191 图 16–192 图 16–193

（24）选择“直线段”工具 ，和“文字”工具 T，对图形进行标注，效果如图 16-194 所示。信封制作完成，效果如图 16-195 所示。按 Shift+Ctrl+S 组合键，弹出“存储为”对话框，将其命名为“信封”，保存为 AI 格式。单击“保存”按钮，弹出“Illustrator 选项”对话框，单击“确定”按钮，将文件保存。

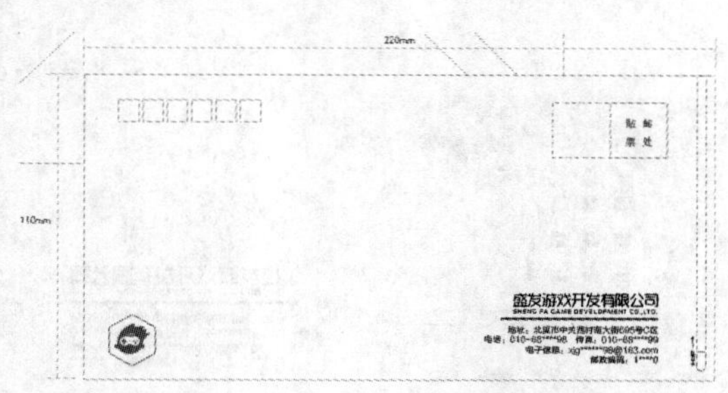

图 16-194　　图 16-195

16.1.10 制作传真

（1）在 Illustrator CC 2019 中，按 Ctrl+O 组合键，打开云盘中的“Ch16 > 效果 > 盛发游戏 VI 手册设计 > 信封.ai”文件。选择“选择”工具 ，选取不需要的图形，如图 16-196 所示。按 Delete 键将其删除，效果如图 16-197 所示。选择“文字”工具 T，选取并重新输入文字“B-1-4 传真”，效果如图 16-198 所示。

图 16-196　　图 16-197　　图 16-198

（2）选择“矩形”工具 ，在页面中单击鼠标左键，弹出“矩形”对话框，选项的设置如图 16-199 所示。单击“确定”按钮，得到一个矩形。选择“选择”工具 ，拖曳矩形到页面中适当的位置。在属性栏中将“描边粗细”选项设为 0.25 pt，填充图形为白色，效果如图 16-200 所示。

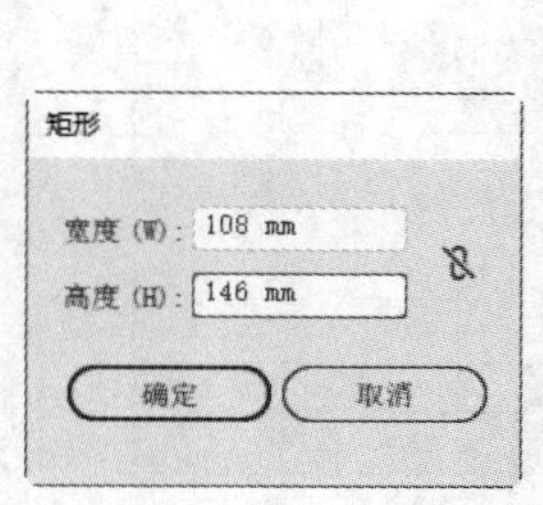

图 16-199

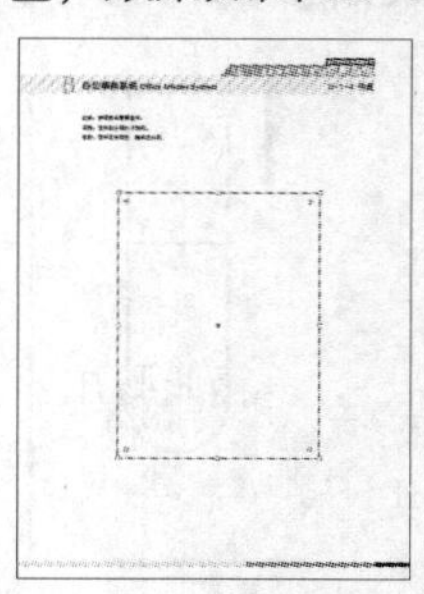

图 16-200

（3）按 Ctrl+O 组合键，打开云盘中的“Ch04 > 效果 > 盛发游戏标志设计 > 盛发游戏标志.ai”文件，选择“选择”工具，选取标志和标准字，按 Ctrl+C 组合键，复制图形。选择正在编辑的页面，按 Ctrl+V 组合键，将其粘贴到页面中，分别调整其大小和位置，效果如图 16-201 所示。

（4）选择“文字”工具，在页面中输入需要的文字。选择“选择”工具，在属性栏中选择合适的字体并设置文字大小，效果如图 16-202 所示。

图 16-201　　图 16-202

（5）选择“文字”工具，在页面中分别输入需要的文字。选择“选择”工具，在属性栏中分别选择合适的字体并设置文字大小，效果如图 16-203 所示。将输入的文字同时选取，在“字符”控制面板中，将“设置行距”选项设为 23 pt，其他选项的设置如图 16-204 所示。按 Enter 键确定操作，效果如图 16-205 所示。

图 16-203　　图 16-204　　图 16-205

（6）选择“直线段”工具，在按住 Shift 键的同时，在适当的位置绘制一条直线，在属性栏中将“描边粗细”选项设为 0.2 pt，效果如图 16-206 所示。选择“选择”工具，在按住 Alt+Shift 组合键的同时，垂直向下拖曳直线到适当的位置，复制一条直线，如图 16-207 所示。连续按 Ctrl+D 组合键，按需要再复制出多条直线，效果如图 16-208 所示。

图 16-206 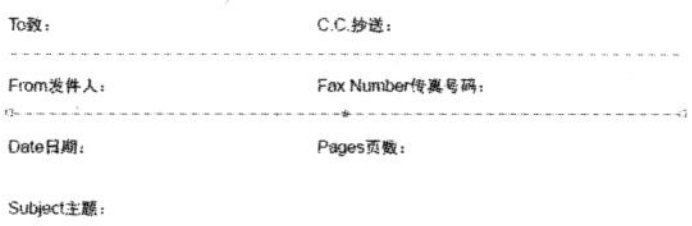　　图 16-207 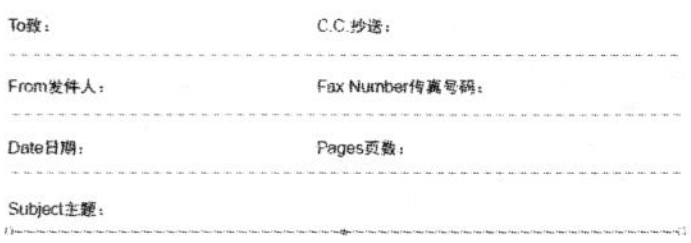　　图 16-208

（7）选择“文字”工具，在页面中输入需要的文字。选择“选择”工具，在属性栏中选择合适的字体并设置文字大小，效果如图 16-209 所示。传真制作完成，效果如图 16-210 所示。

（8）按 Shift+Ctrl+S 组合键，弹出“存储为”对话框，将其命名为“传真”，保存为 AI 格式。单击“保存”按钮，弹出“Illustrator 选项”对话框，单击“确定”按钮，将文件保存。

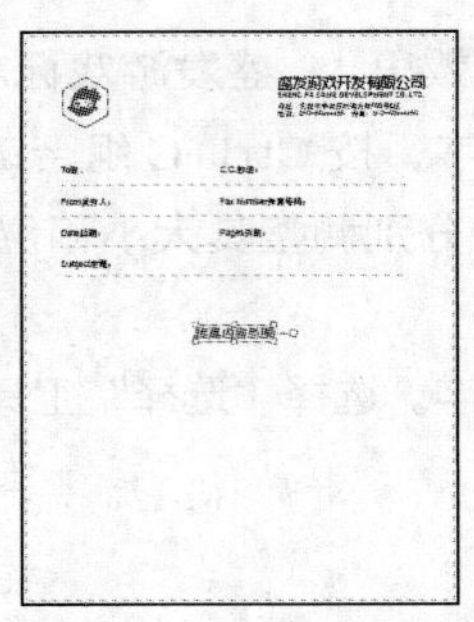

图 16-209

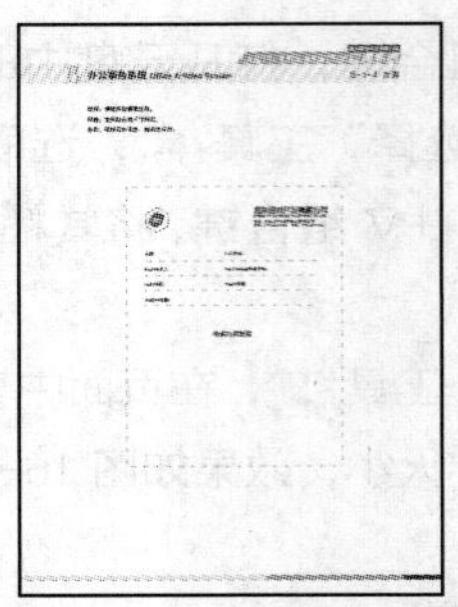

图 16-210

16.2 课后习题——伯仑酒店 VI 手册设计

习题知识要点

在 Illustrator 中，使用“矩形”工具、“变换”控制面板、“椭圆”工具和“文字”工具制作模板 A 和 B，使用“矩形网格”工具绘制需要的网格，使用“直线段”工具和“文字”工具对图形进行标注，使用“矩形”工具、“混合”工具和“文字”工具制作标准色，使用“矩形”工具、“钢笔”工具和“镜像”工具制作信封，使用“矩形”工具、“渐变”工具和“直线段”工具制作文件夹。

效果所在位置

云盘 > Ch16 > 效果 > 伯仑酒店 VI 手册设计 > 模板 A.ai、模板 B.ai、标志组合规范.ai、标准色.ai、公司名片.ai、信封.ai、纸杯.ai、文件夹.ai，如图 16-211 所示。

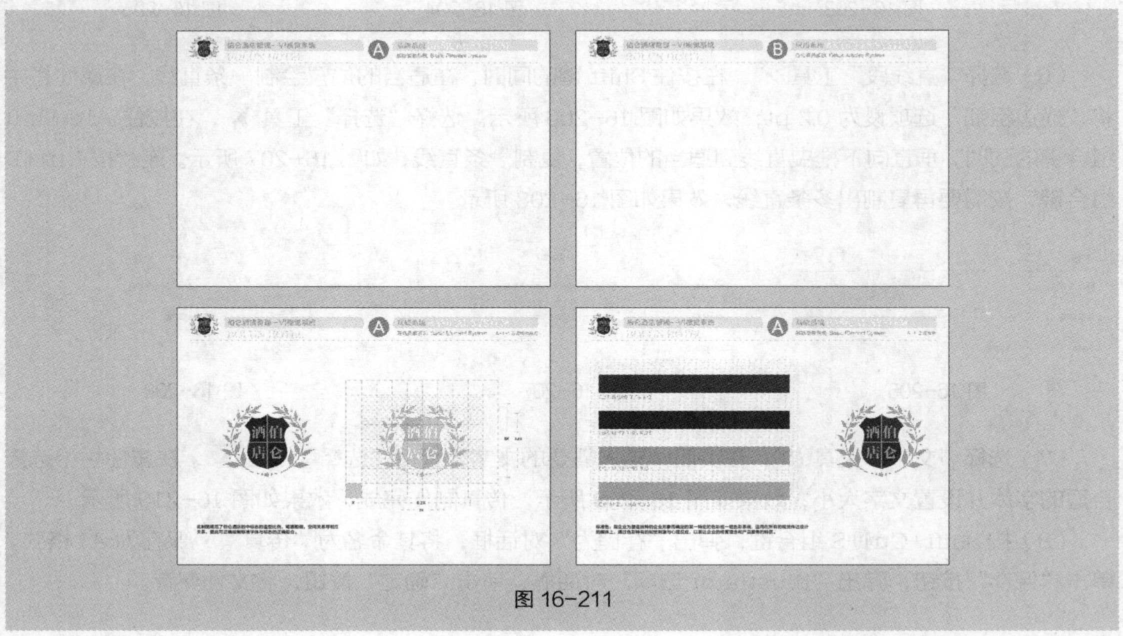

图 16-211

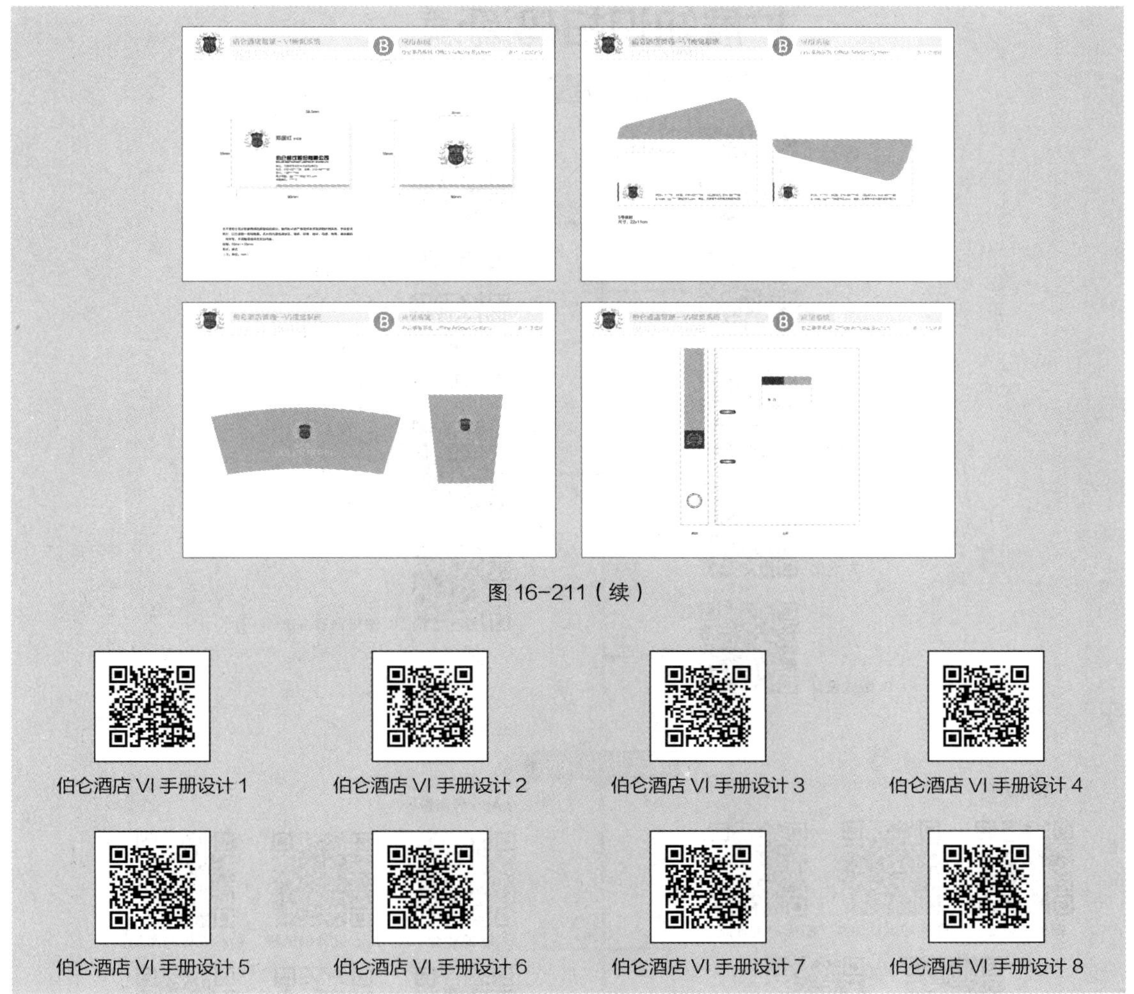

图 16-211（续）

伯仑酒店 VI 手册设计 1

伯仑酒店 VI 手册设计 2

伯仑酒店 VI 手册设计 3

伯仑酒店 VI 手册设计 4

伯仑酒店 VI 手册设计 5

伯仑酒店 VI 手册设计 6

伯仑酒店 VI 手册设计 7

伯仑酒店 VI 手册设计 8

扩展知识扫码阅读

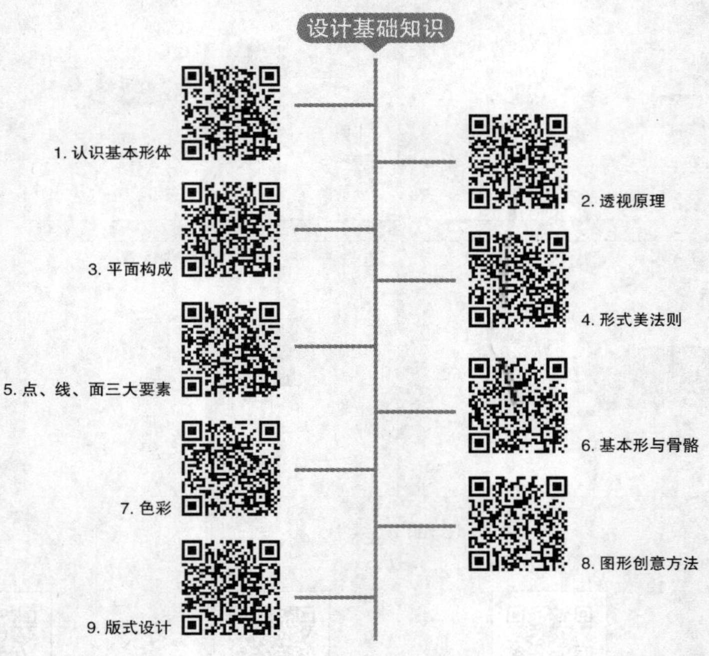

设计基础知识
1. 认识基本形体
2. 透视原理
3. 平面构成
4. 形式美法则
5. 点、线、面三大要素
6. 基本形与骨骼
7. 色彩
8. 图形创意方法
9. 版式设计

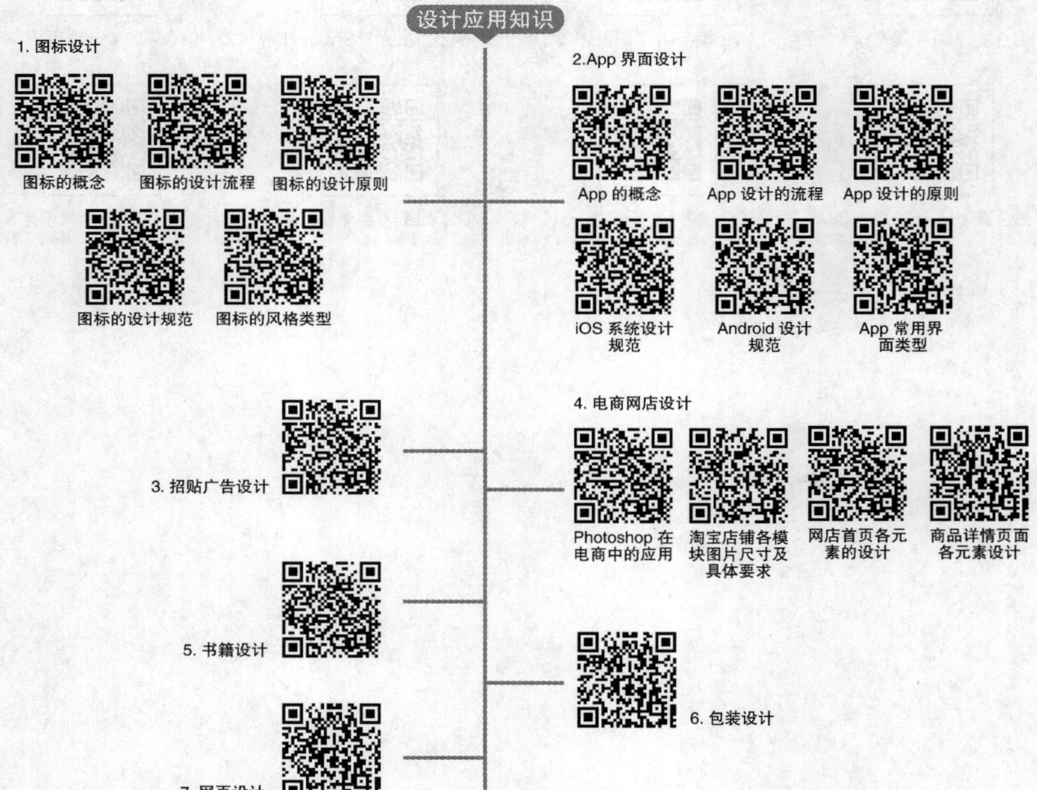

设计应用知识
1. 图标设计
图标的概念
图标的设计流程
图标的设计原则
图标的设计规范
图标的风格类型
2.App 界面设计
App 的概念
App 设计的流程
App 设计的原则
iOS 系统设计规范
Android 设计规范
App 常用界面类型
3. 招贴广告设计
4. 电商网店设计
Photoshop 在电商中的应用
淘宝店铺各模块图片尺寸及具体要求
网店首页各元素的设计
商品详情页面各元素设计
5. 书籍设计
6. 包装设计
7. 网页设计